EDA 工程技术丛书

Cadence高速PCB设计

基于手机高阶板的案例分析与实现

Cadence high-speed PCB design

Case analysis and implementation based on mobile HDI board

李卫国　张彬　林超文◎编著
Li Weiguo　　Zhang Bin　　Lin Chaowen

清华大学出版社
北京

内 容 简 介

本书系统讲述如何使用 Cadence Allegro 软件设计高阶手机线路板,从 Allegro 的使用方法开始,逐步深入讲解手机的硬件架构和设计。

本书分为两篇,开发基础篇(第1~9章)详细介绍 Cadence Allegro 软件的使用及手机线路板的重要组成部分,包括元件库管理、Padstack 建立及 PCB 的详细操作,从手机的硬件框架和机构器件开始,引入手机线路板设计;实战操作篇(第10~13章)逐步讲解一个手机线路板设计的实战案例,以及 EDA 工程师如何处理生产中遇到的问题,如何根据仿真报告调整走线等,助力读者快速上手 PCB 设计。

本书面向 PCB 设计的初学者和对手机线路板设计感兴趣的各类工程技术人员,也可作为相关培训机构的参考用书。

图书在版编目(CIP)数据

Cadence 高速 PCB 设计:基于手机高阶板的案例分析与实现/李卫国,张彬,林超文编著.—北京:清华大学出版社,2021.2(2022.12 重印)

(EDA 工程技术丛书)

ISBN 978-7-302-56533-8

Ⅰ.①C… Ⅱ.①李…②张…③林… Ⅲ.①印刷电路-计算机辅助设计-应用软件
Ⅳ.①TN410.2

中国版本图书馆 CIP 数据核字(2020)第 182917 号

责任编辑:赵佳霓
封面设计:李召霞
责任校对:时翠兰
责任印制:沈 露

出版发行:清华大学出版社

　　　　　　网　　址:http://www.tup.com.cn,http://www.wqbook.com
　　　　　　地　　址:北京清华大学学研大厦 A 座　　　　　　**邮　　编:**100084
　　　　　　社 总 机:010-83470000　　　　　　　　　　　　**邮　　购:**010-62786544
　　　　　　投稿与读者服务:010-62776969,c-service@tup.tsinghua.edu.cn
　　　　　　质量反馈:010-62772015,zhiliang@tup.tsinghua.edu.cn
　　　　　　课件下载:http://www.tup.com.cn,010-83470236
印　装　者:涿州市般润文化传播有限公司
经　　销:全国新华书店
开　　本:185mm×260mm　**印　张:**22.25　　**字　　数:**520 千字
版　　次:2021 年 4 月第 1 版　　　　　**印　　次:**2022 年 12 月第 3 次印刷
印　　数:3001~3300
定　　价:89.00 元

产品编号:085776-01

随着网络的普及和人们沟通效率的提高,手机已经成为人们日常生活、户外出行必备的工具。在地铁、汽车、餐厅到处可以见到大家通过手机聊微信、打电话、上网的场景,人们对手机的依赖性增强,同时也促使手机的设计水平不断地提高。

近些年来,EDA 在国内发展得很快,人才的需求也越来越大,特别是随着 5G 的普及,高密高阶板设计的 EDA 工程师严重缺乏,已经出现了 EDA 工程师薪资高于硬件工程师的趋势。一个优秀的 EDA 工程师需要有全面的知识结构,不仅要了解电子方面自身工作需要的知识,还要有机械安装、机械制图、线路板生产、贴片、测试以及软件方面的知识储备,属于多知识面结合的复合型人才。EDA 设计是实践性很强的工作,EDA 工程师最重要的是在设计规则中积累经验。为了提高学习的实用性效率,本书按照 EDA 工程师具体的工作流程安排章节,避免了菜单式的讲解。

本书分为两篇,开发基础篇(第1~9章)详细介绍 Cadence Allegro 软件的使用及手机线路板的重要组成部分,从手机的硬件框架和机构器件开始,引入手机线路板设计;实战操作篇(第10~13章)介绍一个手机线路板设计的案例供读者学习,并讲解 EDA 工程师如何处理生产中遇到的问题等。

在开发基础篇,第 1 章介绍手机的基本组成及常用的硬件模块、传感器、结构组件。第 2 章介绍线路板和 EDA 的基础知识,让读者更快进入实践学习中。第 3 章详细讲解 OrCAD 的使用方法,包括元器件库管理、原理图放置 Part、原理图编辑和工程文件管理、输出方法。第 4 章是本书的重点,系统讲述 Allegro 的使用方法,包括 PCB 元器件库管理、Padstack 建立和新建各种 Package 的方法,PCB 的详细操作、Rule 的设置和走线操作等。第 1~4 章为基础知识,从第 5 章开始有视频讲解,扫描书中二维码即可观看。第 5 章介绍五大系统中最重要和庞大的射频系统,随着进入 5G 时代,射频系统的规模也会更加庞大。第 6 章讲解手机系统中电源树、电源分布、走线和通孔的通流能力以及走线的 3 种方式,一个好的电源系统是手机系统运行的基础保障。第 7 章介绍手机系统中常用的 MIC、Speaker、Receiver、Audio Jack 和 Audio PA 电路。第 8 章介绍手机系统中常用实时时钟和逻辑电路主时钟两大时钟系统。第 9 章讲解手机 MIPI 系统的作用、常用的驱动设备和手机中 MIPI 接口的分配。

在实战操作篇,第 10 章介绍高通 SDM439 平台五大系统硬件模块的原理图部分、PCB 摆件和走线,以及信号层的规划、走线优先级和走线优化。第 11 章逐步介绍如何制作设计文件、制板文件和生产文件,讲解制板文件和生产文件的作用和包含的文件信息。第 12 章介绍如何进行工程确认文件的反馈,试产报告问题的分析和解决方法。第 13 章讲解信号完整性仿真和电源完整性仿真的概念和如何提交、分析仿真报告,以及 EDA 工程师如何根据仿真报告来调整走线。

本书由上海卫红实业有限公司易元互连工作室和深圳 EDA 设计智汇馆的工程师历时一年编写而成,感谢小伙伴的努力付出,上海卫红实业有限公司易元互连工作室长期

前言

从事手机高密板的培训工作,鉴于市场上缺乏可用的培训教材,于是将平时培训的资料归纳总结起来出版。单亚威和李凯负责资料图片和专业术语的收集,张彬负责实战部分的编写和视频录制,EDA设计智汇馆创始人林超文先生在章节的规划和后期的修改中做了大量的工作。感谢清华大学出版社的赵佳霓编辑,在编写的过程中给了我们专业的写作指导,使本书能顺利出版。

虽然笔者根据广大EDA同仁提供的建议进行了多次修改,但书中难免存在错漏,恳请广大读者给予批评和指正。

编 者

2021 年 1 月

目录

目录

目录

目录

目录

目录

目录

开发基础篇

第1章 概述

手机的问世最早可追溯到 1940 年，美国贝尔实验室为军方生产了一台定制移动电话机。1958 年，苏联工程师列昂尼德·库普里扬诺维奇发明了 JIK-1 型移动电话。1973 年，美国摩托罗拉工程师马丁·库帕发明了世界上第一部商业化手机。

1.1　手机组成介绍

手机是把很多功能集中到线路板上的一台小型计算机，它的组成和计算机相似，都是由 CPU、存储设备、输入输出设备组成的。存储设备一般包含内置的 NorFlash、NandFlash 及最新的 eMMC 芯片，输入设备一般包含键盘、触摸屏、话筒和各类其他传感器，输出设备包含扬声器和显示屏等。

硬件是我们能看到的各种电子设备，打开手机后看到靓丽的 4×4 或 5×5 宫格界面和各种 App 应用，这是软件运行的结果。

手机的英文翻译有 Cellphone、Handset 和 Mobilephone 3 种，按照发展历程可分为功能机和智能机（Smartphone）。

1.1.1　功能机

20 世纪末，以摩托罗拉、诺基亚、夏新等为代表的功能机（Feature phone）出现，开启了数字通信的时代，主要代表机型有：

摩托罗拉：V998、V3、L6。

诺基亚：7650、1101、N95、7280、2600。

其他：夏新 A30。

现在功能机几乎退出了历史舞台，功能机按结构分可分为直板机、翻盖机、滑盖机和旋转盖手机。

1. 直板机（Bar Phone）

直板机线路板一般只有一块主板，诺基亚公司的 Nokia 2600 手机如图 1.1 所示，该款手机是 2G 功能机时代的销售量冠军。

2. 翻盖机(Clamshell/Flip Phone)

翻盖机结构比较复杂,因为有一大一小两块屏幕,并且线路板主要由主板、副板、主FPC(软板)等共3～5块板子构成,摩托罗拉公司生产的超薄翻盖机"刀锋"Motorola Razr V3如图1.2所示。

图 1.1　诺基亚 2600 手机　　　　图 1.2　摩托罗拉 V3 手机

合上盖后该机总厚度只有 13.9mm,在 2G 翻盖机时代创造出了最薄的厚度。

3. 滑盖机(Slide Phone)

滑盖机是由翻盖机衍生出来的一种结构,分为上滑和侧滑两种结构,线路板也由主板、副板、主 FPC(软板)等共 3～5 块板子构成。

诺基亚公司生产的上滑盖手机 Nokia N95 手机如图 1.3 所示,这部手机被称为 2G功能机时代的"机皇",代表功能机时代手机设计和制造的最高水平,同时已经有了智能的 Office 办公系统,被称为半智能手机。

诺基亚公司生产的侧盖手机 Nokia C6 手机如图 1.4 所示,侧滑盖手机的键盘不再是常规的 20 键键盘,因为空间比较大,一般是全键盘,该手机外形的颜值很高,还有多种靓丽的颜色可选,很受女性消费者喜欢。

图 1.3　Nokia　N95 手机　　　　图 1.4　Nokia C6 手机

4. 旋转盖手机(Swivel Phone)

1.1.2 智能机

智能机按照结构可分为直板机、折叠屏手机和卷轴屏手机。2007 年 6 月,苹果第一代 iPhone 手机正式面世,开启了手机智能化时代,人们对手机使用的需求不再局限于打电话和发短信,并且在 GPRS 出现后,手机也具备了上网的功能,人们可以通过手机进行收发邮件、网络聊天、购物、文字处理等一系列活动,使手机具备了计算机的部分功能。

智能机一般以苹果的原型直板机为主,正面有 1 个按键(虚拟键或机械按键),背面或正面中间键为指纹采集键。华为 P30 Pro 的拆机图片如图 1.5 所示。

图 1.5　HUAWEI　P30 Pro 手机拆机图

从拆机图可以看到内部结构非常复杂,由于智能机的功能增多和屏幕变大,导致手机功耗增加,一般智能机充满电后可使用时间只有 1～2 天,而功能机超长待机时间可以达到 30 天。而且目前手机采用的电池为锂电池,其存储电量的大小与自身的体积大小成正比,越大的电量就意味着更大的电池体积。为了能提供更大电量的电池,现在智能机的线路板一般采用图 1.5 的断板外形设计,这种设计可以为电池提供更大的安装空间和电量。

根据图 1.5 可以看到,上部为主板,下部为充电的副板,主板和副板由附在电池上的主 FPC 软板连接,还能看到无线充电、摄像头、侧键的连接软板。

1.1.3 手机的电子料和结构料

功能机时代,手机上的电子料最小使用 0402 封装,元器件一般在 100 颗左右,随着智能时代到来和电子制造工艺的提高,现在最小的电子元器件封装已经从 0201 过渡到 01005,一个主板的元器件数量已经超出 1200 颗,其数量已经接近台式计算机的主板,但外形尺寸还不到台式计算机主板的十分之一。

手机设计都要经历硬件设计和结构设计,硬件工程师(HW)和结构工程师(ME)会根据项目需求选用自己熟悉的元器件,为了分清设计界限,手机中的元器件分为电子料和结构料两种。

1. 电子料

电子料是硬件工程师设计硬件电路原理图时选用的元器件。一般指焊接在线路板上的电子元器件,例如电容、电阻、电感、芯片和模组。手机上一般电子料居多,电子料体积小,放置环境灵活。

2. 结构料

结构料一般是结构工程师设计结构图时选用的元器件。一般是板子边缘上的各类连接器和板外的模块,例如 USB 插口、耳机插口、屏蔽罩、侧键、显示屏、SIM 卡卡座、SD 卡卡座、指纹采集键、摄像头、电池连接器、话筒、扬声器、红外灯、听筒、天线、各类公头和母座等。

1.2 手机硬件功能介绍

功能机目前只占据了小众市场,而智能机已经占据了主角地位,本书的硬件结构介绍部分将按照一般智能机来介绍。手机已经具备上网、导航、聊天、看电影、打游戏、文字处理等功能,但这些功能的支持离不开手机内硬件电路的支持,例如上网要具备 WiFi 和 4G 功能,导航要具备 GPS 或 BDS(北斗导航系统)功能,打游戏要有重力加速和方向传感器等。

为了方便后续的学习,激发大家学习的兴趣,在介绍之前,带大家先看一下智能手机的拆机图,了解一下手机的内部具体构造。

华为 P30 Pro 的手机拆机主板图片如图 1.6 所示,P30 Pro 手机目前代表华为手机设计的较高水平,尤其是后置 4 个摄像头的设计结构,主摄像头采用徕卡四摄,分别是4000 万像素广角镜头、2000 万像素超广角镜头、800 万像素长焦镜头,以及 ToF 镜头,使拍照时具有 50 倍的变焦功能,被国内业界称为智能机的"机皇"。

从图 1.6 可以看到正面屏蔽罩内为基带部分,包含 CPU、DDR4、音乐芯片、电源等模组,CPU 和 DDR 芯片由于采用最新的立体贴装 PoP(Package-on-Package)工艺技术,CPU 芯片被贴在 DDR4 芯片的下方,所以拆机图片上看不到 CPU 芯片。

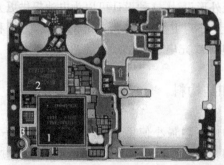

1—麒麟980处理器+海力士LPDDR4X存储芯片; 2—美光JZ064 128 GB闪存;
3—海思HI6405音频芯片

图 1.6 HUAWEI P30 Pro 手机主板正面

背部屏蔽罩内为射频部分,包含射频收发芯片、射频 PA 芯片、蓝牙、WiFi、GPS 等模组,屏蔽罩外连接器为背部 4 个摄像头、前摄像头、电池、无线充电线圈、OLED 屏、USB-C副板的连接器接口如图 1.7 所示。

下面详细介绍手机中应用到的各类硬件功能模块。

1.2.1 4G 通信模块

手机的硬件设计又分为射频(RF)设计和基带(BB)设计,4G 通信部分属于射频工程师设计范畴。2G 功能机时代的射频很简单,发展到 4G 和 5G 以后,国内三大通信运营商各自拥有不同的频段。3G 时代移动有 TD-SCDMA,联通有 WCDMA,电信有 CDMA2000,而且 4G 以后,频率的宽度也在不断地增加,要兼容这些不同的频段,射频部分变得非常庞大,几乎占据了线路板一半的空间,大家常听说的 5 模 13 频,就是要兼容 TD-LTE、FDD-LTE、TD-SCDMA、WCDMA、GSM 这 5 种模式和 13 种频段,所谓的全网通是在 5 模 13 频基础上兼容了中国电信的 3G 和 4G 的两种模式和 4 种频段,又称 7 模 17 频。

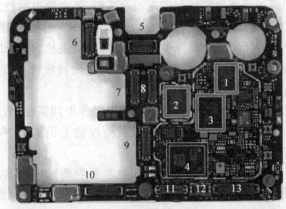

1—海思HI6363收发器;   2—海思HI6363收发器;   3—SKY78191 4G射频功放;
4—Qorvo 77031 2G射频功放;   5—前摄像头接口;   6—后摄像头广角镜头接口;
7—后摄像头感光镜头接口;   8—后摄长焦镜头接口;   9—后摄TOF镜头接口;
10—屏幕连接器;   11—副板连接口(充电);   12—电池连接器;
13—副板连接口(音频、SIM)

图 1.7 HUAWEI P30 Pro 手机主板背面

射频部分一般由主天线、副天线、收发器(TRM)芯片、2G 射频功放(RF PA)、4G 射频功放(RF PA)和 CPU 射频功能区构成。

1.2.2 蓝牙(BT)功能

蓝牙的英文全称是 Bluetooth,简称 BT,它是一种无线技术标准,可实现固定设备、移动设备和楼宇个人域网之间的短距离数据交换,蓝牙技术最初由电信巨头爱立信公司于 1994 年开发,当时是作为 RS232 数据线的替代方案而设计的。蓝牙可连接多个设备,克服了数据同步的难题。

功能机时代,蓝牙就应用到手机上了,用来作为手机之间传递数据的一种解决方案,现在出现了蓝牙音箱、蓝牙防丢器、蓝牙灯泡等设备,可以用手机通过蓝牙来控制这些设备,蓝牙 6.0 是最新的技术,使蓝牙的功耗降低,同时传输的距离变长,室外传输距离最长可以达到 100m。蓝牙主要由蓝牙芯片和外围电路组成,蓝牙芯片的主要生产商有高通、博通、英飞凌、TI 和 ST 等。不过现在大部分手机的 CPU 已经集成了蓝牙功能,不需要外置蓝牙模块。

蓝牙的传输频率为2.4GHz,有BR/EDR和BLE两种传输模式,智能机、平板和计算机上使用的一般是双模蓝牙,能够同时接收这两种模式发来的信息。

1.2.3 指纹功能

指纹,英文名称为Fingerprint,指纹识别即指通过比较不同指纹的细节特征点来进行鉴别。指纹识别技术涉及图像处理、模式识别、计算机视觉、数学形态学、小波分析等众多学科。由于每个人的指纹不同,并且即使同一人的十指之间指纹也有明显区别,因此指纹可用于身份鉴定。由于每次捺印的方位不完全一样,着力点不同会带来不同程度的变形,又存在大量模糊指纹,如何正确提取特征和实现正确匹配,是指纹识别技术的关键。

指纹按键一般在手机背部或正面屏下中间,红米Note 5的指纹键在背部,如图1.8所示,但以华为P30 Pro为代表的全面屏手机,为了增大屏占比,指纹识别模块使用了一颗高清晰的光线传感器,创造出了屏内指纹的概念,指纹键被放置在正面屏内,从外形看不到指纹按键。

指纹识别技术使手机在互联网支付、身份识别中操作更加简便,效率更高,例如在支付宝付款时不需要输入密码,可以直接把手指放在指纹键上识别,这样省去了输入密码这一步操作,从而节省了时间。

指纹识别芯片的厂商有AuthenTec(2012年被苹果收购)、FPC、Synaptics等几个国际大厂,国内的有汇顶科技、迈瑞微、费恩格尔、信炜、芯启航、贝特莱、思立微、集创北方、比亚迪等十多家企业,其中汇顶科技的销量目前居于首位,包括中兴、华为、小米、vivo等大型手机公司都在使用其指纹识别芯片。

图1.8 红米Note 5指纹键

1.2.4 定位系统

在使用导航时,手机要用到定位功能,目前手机的定位主要有基站定位、WiFi热点定位、卫星导航定位和AGPS定位。

1. 基站定位

基站定位是通过搜索该手机所处蜂窝的LBS基站的位置来实现定位的。移动运营商将通信的区域划分为多个蜂窝区,每个蜂窝区都有一个 LBS 基站来进行信号传递,每个 LBS 基站都有固定的经纬度坐标,当手机处于某个蜂窝区时,手机系统会自动获取该位置的坐标从而可识别该手机的位置。

只要手机连接网络,就可以通过基站自动定位,但实际位置是通信基站的位置,此定位方法只能判定手机位置处于该蜂窝区,根据蜂窝区的大小,定位误差也比较大,一般误差在 300m 左右。但随着越来越多伪基站的出现,这种定位方式的可靠性也在降低。

2. WiFi 热点定位

随着宽带的普及,WiFi 热点也越来越多,每个 WiFi 热点和对应的宽带都有一个固定的 IP 地址,当手机通过 WiFi 热点上网时,软件系统会根据 WiFi 热点的 IP 地址来判断具体的位置。

同样,现在大量涌现出虚假 IP 地址的 WiFi 热点,通过 WiFi 热点来定位被认为是最不靠谱的一种定位方式。

3. 导航卫星定位

GNSS 的全称是全球导航卫星系统(Global Navigation Satellite System),它是泛指所有的卫星导航系统,包括全球的、区域的和增强的,例如美国的 GPS、俄罗斯的 Glonass、欧洲的 Galileo、中国的北斗卫星导航系统(BDS)。

国内手机常用的是 GPS 和 BDS 两种导航系统,这种定位系统依靠通信卫星来确定手机位置,其精度最高可以达到民用级的 3m 左右,是所有手机定位中精度最高的,导航中此种定位方式被广泛使用。由于要连续定位,不间断地接受卫星信号,因此使用卫星定位时,手机耗电增加,手机电池的电量也会加速耗尽。

目前,国际上知名芯片开发企业有 SiRF、u-box、博通、意法半导体等,国内导航芯片企业有北斗星通、东方联星、国腾电子、泰斗微电子、华力创通等。在导航芯片研发领域,国际知名公司拥有绝对的实力。大多数导航芯片公司的产品在硬件上兼容了 GPS、Glonass、BDS 和 Galileo 系统,实际应用中主要看软件支持哪种导航系统。

4. AGPS 定位

辅助全球卫星定位系统(Assisted Global Positioning System,AGPS)指的是一种 GPS 的运行方式。它可以利用手机基地站的资讯,配合传统导航卫星 GPS 系统,让定位的速度更快。

卫星定位虽然很精确,但由于传输距离远,在雨雪、大风、阴云的天气里,卫星的信号被削弱,定位会有很大的偏差,而且寻找卫星也耗时较长,尤其在电梯、车库和楼宇内等地方,通信卫星的信号根本无法正常接收,这个时候就必须通过 LBS 通信基站来辅助定位。卫星定位和基站定位两者互相配合来完成快速、准确定位。

1.2.5 WiFi 介绍

WiFi 的发音主要来自法语,是智能手机必备的一种功能,在手机流量贵如油的当前,WiFi热点是一种廉价到免费的上网接入方式。很多人去餐厅吃饭,可能不会先去点菜,而是去问 WiFi 密码是多少,有很多的餐厅、宾馆、影院等公众服务区域贴上了 WiFi 热点的名称和密码。

WiFi 的通信频率和蓝牙一样,都采用 2.4GHz,现在新型的路由器可使用 2.4GHz 和 5GHz 两种频率模式,WiFi 芯片的主要生产厂商有博通、德州仪器(TI)、意法半导体(ST)、联发科(MTK)、美满电子(Marvell)、瑞昱半导体(Realtek)等。

1.2.6 NFC 介绍

NFC 的全称为 Near Field Communication,中文译作近场通信,是一种新兴的技术,使用了 NFC 技术的设备(例如手机)可以在彼此靠近的情况下进行数据交换,是由非接触式射频识别(RFID)及互连互通技术整合演变而来,通过在单一芯片上集成感应式读卡器、感应式卡片和点对点通信的功能,利用移动终端实现移动支付、电子票务、门禁、移动身份识别、防伪等应用。

NFC 的安全性比蓝牙要高,而且可以实现多对 1 通信,即多个 NFC 设备对一个读卡器设备进行通信,NFC 一般在中高档手机上才有,可以代替公交卡、银行卡等实现移动支付和身份识别。NFC 的射频频率为 13.56MHz,传输距离最长为 10cm,NFC 硬件部分由 CLF(非接触前端模块)、射频天线、SE(Secure Element 安全区域)三部分构成。

NFC 的生产厂商主要有飞利浦(Philips)、恩智浦(NXP)、意法半导体(ST)、英飞凌、博通等,国内也有很多生产厂商,例如上海飞聚、深圳创新佳、复旦微电子等。

NFC 功能不能像红外那样,通过查看手机外形就可以看到,需要通过软件来查看是否有 NFC 功能,一般打开手机设置菜单,找到"网络与无线连接"设置板块,如果手机支持 NFC,该板块里应该有 NFC(近场通信)开关,单击此开关可设置打开状态。

1.2.7 FM 介绍

FM 是调频(Frequency Modulation)的英文缩写,是一种超短波的信号传播方式,因其传输距离较短,常用于地方电台的收音机广播,一般频率为 76~108MHz。

在手机中,FM 功能一般被蓝牙、WiFi、GPS、CPU 等芯片集成在内部,不需要独立的电路来实现,同时和 GPS 等共用天线。

1.2.8 红外(IR)介绍

红外 (Infrared Ray)功能是手机通过红外线遥控空调、冰箱、电视等,同时也可以与计算机进行数据传输。但其传输的功率要比蓝牙大得多,距离也比蓝牙小,主要用来遥控家用电器。

红外功能一般应用在低端手机上而高端手机上没有采用,红外发射器一般在手机的前端,通过观察前端手机壳体的开口情况就可以判断此手机是否有红外功能。如图 1.9 所示,从前端可以看到红外发射器的开口。

图 1.9　红外发射器

1.2.9　无线充电介绍

2017 年,苹果 X 和苹果 8 发布,这两部手机都添加了无线充电的功能,而其他的手机品牌为了打开市场,提高市场竞争力,便纷纷为手机加入了无线充电功能。

无线充电是利用磁场感应的原理来实现的,刚开始的时候因为无线充电技术不成熟,并且手机的外壳大部分是塑料的,所以对无线充电没有太大的影响,但是有的手机厂家为了保护手机便利用金属来制作手机壳,而金属会严重影响磁场,这是影响无线充电的原因之一,这样就会造成无线充电的效率不高。现在越来越多的手机厂家逐渐在用玻璃代替金属后壳,以此来提高无线充电的效率。

无线充电一般由充电座和手机内的感应线圈组成,如图 1.10 所示,无线充电的距离很有限,要后壳里面的充电线圈放置到充电座上,而且充电的时间也比较长,目前最大功率只有 20W,而有线充电快充一般是 30W。例如充一个 0 电量的手机,无线充电充满需要两个小时,而有线充电一般只需要 1h,相比之下有线充电所需的时间比较短,充电时间上占有优势。

图 1.10　无线充电

无线充电的优点还是有很多的,例如,不需要携带充电线,如果要出去旅行,带两部手机,一部手机是苹果的,充电接口是 Lightning,另一部手机是安卓的,充电接口是 TYPE-C 的,有线充电就需要携带两根充电线,而无线充电就不需要这么麻烦了,可以共用一个充电座为两部手机充电。

如果无线充电能突破距离的限制,则可以脱离充电座,传输距离如果能够达到4m以上,则可以实现一边充电,一边拿着手机在房间内随处走动,这样便比有线充电在走动时还要拖着一根很长的充电线要方便得多。

1.3　各种传感器介绍

同人体的五大感官系统一样,手机也有很多传感器,通过这些传感器能感知外界的变化,例如手机屏能根据外部的光线来调整背光的强度,手机导航的时候能感知使用者运动的方向和速度。为了能深入地理解手机,下面就逐个介绍一下手机常用传感器,对这方面熟悉的读者,建议也耐心看一下,尤其记住这些传感器的英文简写名称,因为这些单词在本书原理图部分讲解中会经常出现。

1.3.1　磁场传感器(M-sensor)

磁场传感器(电子罗盘),也叫数字指南针,是利用地磁场来确定北极的一种方法。虽然GPS在导航、定位、测速、定向方面有着广泛的应用,但由于其信号常被地物等遮挡,导致精度大大降低,甚至不能使用。尤其在高楼林立的城区和植被茂密的林区,GPS信号的有效性仅为6%,并且在静止的情况下,GPS也无法给出航向信息。为弥补这一不足,可以采用组合导航定向的方法。电子罗盘产品正是为满足用户的此类需求而设计的,它可以对GPS信号进行有效补偿,保证导航定向信息100%有效,即使在GPS信号失锁后也能正常工作,做到"丢星不丢向"。

磁场传感器在各家公司原理图中有很多简称,如表1.1所示。

表 1.1　磁场传感器的简称

英 文 全 称	英 文 简 称	翻　　译
Magnetic sensor	M-sensor	磁场(地磁)传感器
Magnetometer	MAG	磁力计
Electronic compass	E-compass	电子罗盘、电子指南针

以后当大家看到原理图中有上述几种名称,只要明白实际上是同一种传感器就行,当然这三种传感器在工艺和集成度上有所不同,但作为EDA工程师,只要明白功能就可以了,不需要深究原理。图1.11就是一个3轴磁场传感器(AK8963C)的原理图,通信接口是I^2C。

另外,磁场传感器很容易受外界环境干扰,例如发动机、扬声器、听筒、话筒、霍尔器件内部都有线圈,工作时会产生磁场,磁场传感器要远离这些元器件。

1.3.2　重力加速度传感器(G-sensor)

重力加速度传感器实际包含了重力传感器(Gravity Sensor,简称GV-sensor)和加速度传感器（Acceleration Transducer），在原理图中一般标记为 G-sensor，也有标记为 Accelerometer（加速度计）。

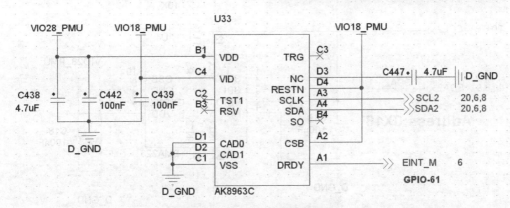

图 1.11　AK8963C 的原理图

重力传感器实际上是一个二维的方向传感器（O-sensor），它是苹果公司率先开发的一种设备，现在将其率先运用在了 iPhone 上面，通过重力传感器来实现屏幕自动旋转功能。说得简单点就是，你本来把手机拿在手里是竖着的，当你将它转 90°，也就是横过来，它的页面就跟随手机的重心自动反转过来，也就是说页面也转了 90°，极具人性化。

加速度传感器也叫运动传感器，实际上是三维的方向传感器，它能捕捉手机的几种典型运动模式，如摇晃、甩动、翻转等，从而达到用运动控制手机的目的。例如微信中的"摇一摇"和计步功能，以及手机来电后翻转手机自动挂断通话功能。加速度传感器可能是一种最为成熟的微机电产品，市场上的加速度传感器种类很多。手机中常用的加速度传感器有 BOSCH（博世）的 BMA 系列、AMK 的 897X 系列和 ST 的 LIS3X 系列等。这些传感器一般提供 ±2～±16g 的加速度测量范围，采用 I^2C 或 SPI 接口和 MCU 相连，数据精度小于 16bit。BMA223 的原理图如图 1.12 所示，使用 I^2C 串口通信。

1.3.3　陀螺仪传感器（Gyro-sensor）

陀螺仪传感器英文为 Gyro-sensor，返回 x、y、z 三轴的角加速度数据。加速度的单位是 rad/s。陀螺仪传感器实际上属于加速度传感器的一种，它的测量物理量是偏转、倾斜时的转动角速度。在手机上，仅用加速度传感器无法测量或重构出完整的 3D 动作，测不到转动的动作，G-sensor 只能检测轴向的线性动作。但陀螺仪则可以对转动、偏转的动作做很好的测量，这样就可以精确分析并判断出使用者的实际动作。然后再根据动作对手机做相应的操作。

陀螺仪传感器一般中高档的手机才有，目前在手机上主要应用在三方面。

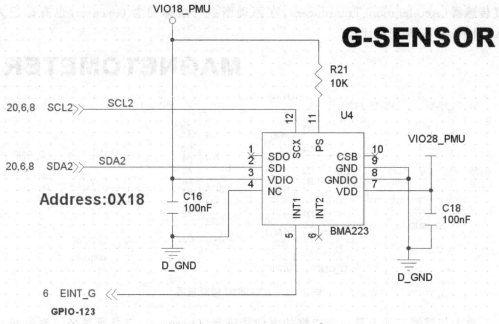

图 1.12　BMA223 的原理图[①]

1. 游戏中的应用

例如在极品飞车的游戏中,可以通过倾斜手机角度来控制赛车的方向;可以当作游戏手柄,挥动手机进行击打网球;还可以在浏览网页时,倾斜或左右移动手机来实现上下滑动浏览条等。

2. 拍照中的应用

拍照时使图像稳定,防止手的抖动对拍照质量产生不良影响。在按下快门时,记录手的抖动动作,将手的抖动反馈给图像处理器,可以抓到更清晰稳定的图像。

3. GPS 中的应用——惯性导航

陀螺仪如果配合手机中的 GPS 使用,那么它的导航能力将得到极大地提高。特别是在没有 GPS 信号的隧道、桥梁或高楼附近,陀螺仪会测量运动的方向和速度,将速度乘以时间获得运动的距离,实现精确定位导航,并能修正导航线路,从而继续导航,这个在导航中被称为惯性导航。

MPU6500 方案的原理图如图 1.13 所示,MPU6500 芯片内部集成了重力加速和陀螺仪传感器。

1.3.4　距离传感器(D-sensor)

距离传感器又叫位移传感器,英文全称 Distance Sensor,简称为 D-sensor,距离传感

---

① 本书原理图使用 cadence 16.6 绘制,为与软件界面保持一致,元器件符号未做修改。

器一般被放置在手机听筒的两侧或者在手机听筒凹槽中,这样便于它工作。当用户在接听或拨打电话时,将手机靠近头部,距离传感器可以测出手机与头部之间的距离,当达到了一定距离后便通知屏幕背景灯熄灭,当拿开手机时再度点亮背景灯,这样防止接电话时,脸碰到手机屏幕,从而触动挂机键,同时也更省电。红米 Note 5 的距离传感器位置如图 1.14 所示。

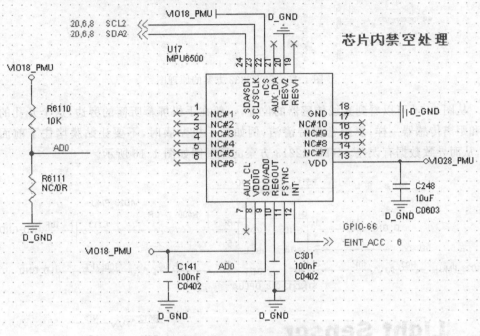

图 1.13　MPU6500 方案的原理图

图 1.14　红米 Note 5 的距离传感器

图 1.15 选用距离传感器的芯片是 STK3332 方案,一般在原理图中的标识为 ALS PS。

1.3.5　光线传感器(L-sensor)

光线传感器英文全称为 Light Sensor,简称为 L-sensor,光线感应器是用来感应光线强弱的,然后反馈到手持设备,自动调节屏幕亮度,从而达到省电的目的,或者在拍照时自动打开闪光灯,加强外界的拍照光线强度。

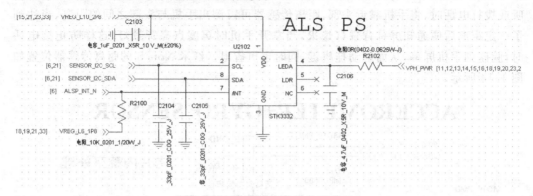

图 1.15　STK3332 方案的原理图

从图 1.16 可以看到光线传感器的位置,一般在手机屏幕听筒的旁边,这个开孔的位置和距离传感器一样,要经常保持清洁,例如在手机贴膜时,不要让贴膜堵住了前面的孔,从而导致数据有误差。STK 22213 方案的原理图如图 1.16 所示。

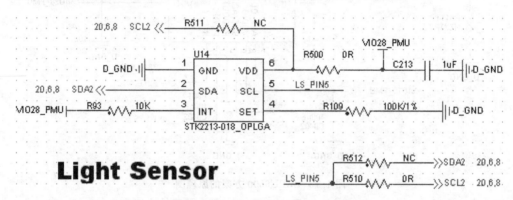

图 1.16　STK2213 方案的原理图

1.3.6　气压传感器(P-sensor)

气压传感器首次在智能手机上使用是在 Galaxy Nexus 上,之后推出的一些 Android 旗舰手机里也包含了这一传感器,像 Galaxy S III、Galaxy Note 2 和小米 2 手机上也都有,不过大家对于气压传感器仍非常陌生。与字面的意思一样,气压传感器就是用来测量气压的,测量气压对于普通的手机用户来说有以下几个作用。

1. 海拔高度测量

对于喜欢登山的人来说,都会非常关心自己所处的海拔高度。海拔高度的测量,一般有两种方式:一是通过 GPS 全球定位系统;二是通过测出大气压,然后根据气压值计算出海拔高度。

由于受到技术和其他方面原因的限制,通过 GPS 计算海拔高度一般误差有 10m 左右,而如果在树林里或者是在悬崖下面时,有时候甚至接收不到 GPS 卫星信号。而通过气压的方式来测量海拔高度可选择的范围会广些,而且可以把成本控制在比较低的水平。另外像 Galaxy Nexus 等手机的气压传感器还包括温度传感器,它可以捕捉到温度来对结果进行修正,以增加测量结果的精度。所以在手机原有 GPS 的基础上再增加气压传感器这一功能,可以让它的三维定位更加精准。

2. 导航辅助

现在不少开车人士会用手机来进行导航,不过常会有人抱怨在高架桥上导航常会出错。例如在高架桥上时,GPS 说向右转,而实际上右边根本没有右转出口,这主要是由于 GPS 无法判断你是在桥上还是在桥下而造成的错误导航。一般高架桥上下两层的高度会有几米到十几米的距离,而 GPS 的误差可能会有几十米,所以发生上面的事情也就可以理解了。

而如果手机里增加一个气压传感器就不一样了,它的精度可以达到 1m 的误差,这样就可以很好地辅助 GPS 来测量出所处的高度,错误导航的问题也就容易解决了。

3. 室内定位

由于在室内无法很好地接收 GPS 信号,所以当使用者进入一幢很高的楼宇时,内置感应器可能会失去卫星的信号,所以无法识别用户的地理位置,并且无法感知垂直高度。而如果手机加上气压传感器再配合加速计、陀螺仪等技术就可以做到精准的室内定位。这样以后你在商场购物时,就可以通过手机导航来告诉你,想购买的产品在商场的几楼和行走方向。

1.3.7 温度传感器(T-sensor)

温度传感器是用来检测手机温度的,例如在充电或打游戏时,一旦手机温度过高,它就会启动保护装置,强制手机关机或处于低功耗状态,这样可以避免烧毁内部元器件,从而保护好手机。还有一种用处就是检测外部环境的温度,可以实时地在手机上显示出来,让我们更方便地知道外部环境温度的变化情况。

如图 1.17 所示,现在手机电池一般自带一块过充保护的线路板,上面焊接有温度传感器芯片,如果电池温度过高,就会有报警。当然大家如果把手机电池取下来,一般看不到这块保护板的,那是因为手机电池为了保持美观和紧凑性,会用隔热和防辐射的黑胶塑料带把电池芯和保护板包起来。我们揭开胶带就可以看到这块线路板了。

当然如果不确信自己的手机里是否有温度传感器,例如可以在小米手机拨号界面,输入"＊＃＊＃4636＃＊＃＊"后,会自动出现一个测试界面,单击"电池信息"按钮,然后就可以查看电池的当前温度和电压之类的参数,如图 1.18 所示。

不同品牌的手机都设置有一些键盘命令来方便设计者查询和测试,例如华为手机输入"＊＃06＃",可以查询手机的 IMEI 串号。键盘命令还包括一些进入工程模式的命令,可以调试各个传感器参数、手机音量、背光亮度、射频灵敏度等。这些内容比较多,而且不同平台的 CPU 和厂家设置的键盘命令也不一定相同,对这些有兴趣的读者可以联系作者,键盘命令对手机维修有很大的帮助。

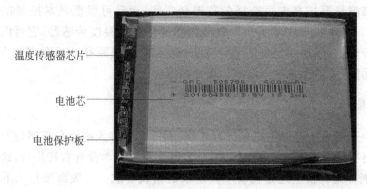

温度传感器芯片

电池芯

电池保护板

图 1.17 带充电 IC 保护的锂电池

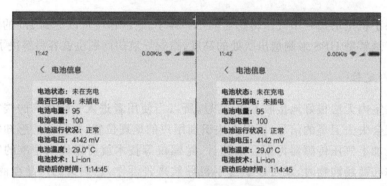

图 1.18 手机电池信息查询

1.3.8 霍尔开关(Hall Switch)

霍尔开关英文为 Hall Switch,属于有源磁电转换元器件,它是在霍尔效应原理的基础上,利用集成封装和组装工艺制作而成,它可以方便地把磁输入信号转换成实际应用中的电信号,同时又具备工业场合实际应用易操作和可靠性的要求。

霍尔开关是由干簧管升级而来的,当靠近磁场时呈打开状态,远离磁场时呈关闭状态,这个开关经常在翻盖机和滑盖机中使用,用于检测上下盖是闭合还是打开状态。磁体放在下盖,霍尔开关放在上盖,当上下盖闭合时,霍尔开关就处于闭合状态。当上下盖打开时,霍尔开关就处于关闭状态。

现在智能机一般是直板的,很少用到这个传感器,因此一直处于被遗弃的角落。但2019 年 3 月初,华为率先推出了 Mate X 折叠屏手机,如图 1.19 所示,vivo、Oppo、小米,包括苹果都相继推出了自家折叠屏手机的计划。霍尔开关这个传感器重新被使用,进入了智能机的市场。

以上是手机上常用的各类传感器,这些传感器一般对安装位置有很高的要求,所以在摆件时,结构工程师会在 DXF 文件中给出这些传感器的位置,如果没有给出,EDA 工程师摆件时需要和硬件工程师、结构工程师一起协商并确认位置。

图 1.19　华为 Mate X 折叠屏手机

1.4　其他结构件介绍

手机上除了各种传感器,还有很多地方需要结构工程师的参与,例如屏蔽罩、各类 SIM 卡托、音频接口、红外接口等。下面分别介绍这些元器件,希望读者在看的同时,要花些精力来记住这些元器件的英文名称和简称,因为在技术领域,很多情况下工程师之间的交流,元器件都是用专用英文称呼的。

1.4.1　屏蔽罩(Shielding Case)

屏蔽罩是用来屏蔽电子信号的工具。它的作用是屏蔽外界电磁波对内部电路的影响和阻止内部产生的电磁波向外辐射。手机中一般有基带(BB)屏蔽罩(CPU＋DDR＋eMMC)、射频(RF)屏蔽罩(TRM＋2G PA)、4G 屏蔽罩、NFC 屏蔽罩和 GPS 屏蔽罩这几种,高度一般有 1.2mm、1.4mm 和 1.8mm,特殊需求还有更高的。

屏蔽罩一般焊接在线路板的屏蔽筋(Shielding Wall)上,根据安装可分为整体式和分离式两种。

1. 整体式屏蔽罩

整体式屏蔽罩如图 1.20 所示,整体由镀锡马口铁或洋白铜片冲压而成,洋白铜片在焊接和散热方面比较好,但价格也相对较高。

2. 屏蔽框(Shielding Frame)＋屏蔽盖(Shielding Cover)

整体式屏蔽罩在加工方面很简单,但也有很多缺陷,例如在拐角处有缝隙,会降低电磁干扰(EMI)的效果。另外维修时要先把整个屏蔽罩去掉,去掉的过程中要长时间加热,其他元器件可能也连带被去掉。同时洋白铜片的价格较高,大面积使用对成本也有影响,因此就出现了分离式的屏蔽罩。

分离式屏蔽罩最初由屏蔽框和屏蔽盖组成,如图 1.21 所示,其中屏蔽框的材质为洋白铜片,屏蔽盖的材质为马口铁或洋白钢片。有些屏蔽框为了焊接时定位方便,会在焊接面加些插入线路板中的定位脚。

图 1.20　整体式屏蔽罩

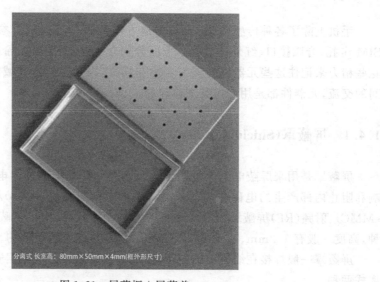

分离式 长宽高：80mm×50mm×4mm(框外形尺寸)

图 1.21　屏蔽框＋屏蔽盖

3. 屏蔽夹(Shielding Clip)＋屏蔽盖(Shielding Cover)

屏蔽框的制作成本比较高，不同尺寸要使用不同模具，由于不同项目摆件不同，共用屏蔽框的情况不多，这就造成了开一个新项目，就要重新做屏蔽框，增加了模具制作的成本。因此，厂家就把屏蔽框分割成几段，每段做成一个标准长度的屏蔽夹，这样就可以在不同的项目中达到共用来降低成本。

如图 1.22 所示，屏蔽夹有很多种，有表贴(SMT)的，也有插针(DIP)的。焊接时，屏蔽夹焊接到线路板上，然后屏蔽盖下压进屏蔽夹内，为了保证屏蔽夹和屏蔽盖接触的牢固性，屏蔽夹中一般会有压紧弹钩。

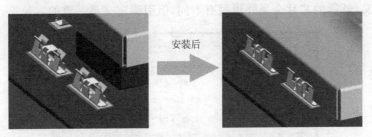

图 1.22　屏蔽夹＋屏蔽盖

1.4.2　SIM 卡座(SIM Socket)

目前 SIM 卡有标准卡、Micro-SIM 卡和 Nano-SIM 卡 3 种尺寸,其中 Nano-SIM 卡的尺寸最小,如图 1.23 所示。

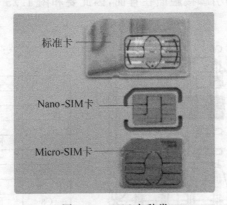

图 1.23　SIM 卡种类

对应这 3 种卡的卡座(Socket)种类根据安装需要,其外形有百种之多,按照安装方式一般分为插拔式、掀盖式、自弹(PUSH-PUSH)式、双卡双层 2 合 1 式、抽屉式、双卡＋SD卡 3 合 1 式等,如图 1.24 所示。

图 1.24　SIM Socket 的种类

以上几种 SIM Socket 的引脚定义基本相同,都与 SIM 电话卡的引脚定义相对应,图 1.25 是标准 SIM 电话卡的引脚定义,SIM 电话卡标准由联通、电信、移动三大移动通信公司来定义,外露的芯片金属外形稍有不同,但引脚定义是一致的。

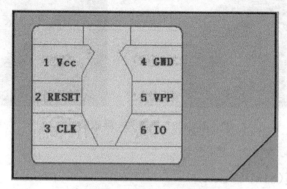

图 1.25　SIM 卡引脚定义

SIM 卡座的引脚定义也要和 SIM 卡的引脚定义相对应,图 1.26 是 Micro SIM 卡座的引脚定义,此时 SIM 的引脚接触面在背面,因此要和图 1.25 中的 SIM 卡引脚呈镜像对应关系。

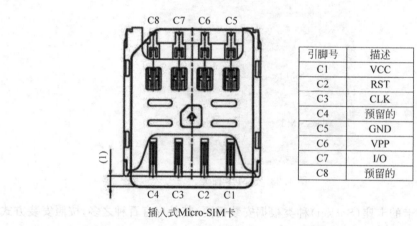

引脚号	描述
C1	VCC
C2	RST
C3	CLK
C4	预留的
C5	GND
C6	VPP
C7	I/O
C8	预留的

图 1.26　SIM Card Socket 引脚定义

华为和小米手机上也经常出现 SIM 和 SD 存储卡共用一个卡槽的设计,现在手机内存越来越大,可以不用单独再插入一张存储卡,这样可以节省出来一个卡槽的空间,同时也兼顾部分消费者有插内存卡的需求。

当然现在已经有了 eSIM 技术,直接将 SIM 信息烧录在芯片内,这样手机无须插入 SIM 卡,便可以上网、打电话,大大节省了手机设计的空间。

1.4.3　SD 卡座(SD Socket)

SD 卡是 Secure Digital Card 的英文缩写,直译为"安全数字卡",手机上使用的是微型(Micro)SD 卡,也称 TF(Trans-flash)卡。

SD 卡座(Socket)也有很多种,如图 1.27 所示,从左到右依次为简易插拔式、掀盖式、自弹式,当然还有图 1.24 所示的 3 合 1 卡座。

图 1.27 TF 卡座种类

TF 卡一般有 SDIO 和 SPI 两种数据传输模式,图 1.28 是标准 TF 卡的各引脚的定义,Vss 和 Vdd 的接触点都比较长,这样在热插拔时,电源信号线先连接后断开,能够保证存储数据的安全性。

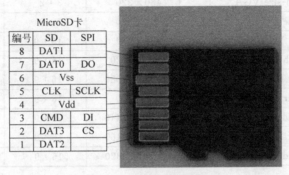

MicroSD 卡		
编号	SD	SPI
8	DAT1	
7	DAT0	DO
6	Vss	
5	CLK	SCLK
4	Vdd	
3	CMD	DI
2	DAT3	CS
1	DAT2	

图 1.28 TF 卡引脚定义

TF 卡连接器的焊盘布局在板子上和 SIM 卡连接器外观比较像,只要记住除了加固的焊点外,SIM 卡座是 6 个信号脚,而 TF 卡座是 8 个信号脚,这样就很容易分辨了。

1.4.4 LCD 模组(LCM)

LCD 模组的英文为 LCD Module,简称为 LCM,一般由外屏(保护玻璃、触摸屏)、内屏(液晶屏)和软排线(FPC)组成,如图 1.29 所示。

手写板排线 —— 手写板排线

图 1.29 LCM 总成

从图1.29可以看到,从屏内伸出两个FPC板,每个板上都有连接器与主板相连。现在手机内屏和外屏一般采用全贴合的方式,这样才能使手机做得很薄。但同时也给手机维修增大了很大的难度,如果外屏损坏,必须有专业的设备才能将内外屏分离。

手机屏的种类很多,按分辨率分类如表1.2所示。

表1.2　常用手机屏的分辨率

名　称	英文名称	分　辨　率	纵　横　比	备　注
VGA	Video Graphics Array	640×480	4:3	480P,标清
QVGA	Quarter VGA	320×240	4:3	VGA的1/4
WQVGA	Wide QVGA	400×240	5:3	扩展的QVGA
HVGA	Half-size VGA	480×320	3:2	VGA的1/2
WVGA	Wide VGA	800×480	5:3	扩展的VGA
FWVGA	Full WVGA	854×480	16:9	满显的WVGA
HD	High Definition	1280×720	16:9	720P,高清
FHD	Full HD	1920×1080	16:9	1080P,全高清
qHD	Quarter HD	960×540	16:9	小Q
QHD	Quad HD	2560×1440	16:9	2K,大Q
UHD	Ultra HD	3840×2160	16:9	4K,超(高)清
QUHD	Quad UHD	7680×4320	16:9	8K

VGA是计算机显示器的显示标准,手机屏幕最初比较小,只有1.2英寸,分辨率更没有显示器的高,当时参照计算机显示器的分辨率来进行设计,后来随着手机屏幕变大,同时为了满足更高的清晰度,出现了高清的HD。屏幕分辨率从720P、1080P发展到当今的2K屏,其分辨率已经超出了一般计算机显示器的分辨率,4K和8K目前在大屏幕电视和投影仪上应用得比较多,手机上暂时还没有应用。

随着智能手机的普及,手机都具有自适应横屏模式,竖屏是16:9,横屏是9:16,同一个屏有两种分辨率。同时主副双屏的手机也很多,最为典型就是流行的折叠屏手机,例如,华为的Mate X,折叠时主屏分辨率为2480×1148,副屏分辨率为2480×892,展开后主副屏合为1个分辨率为2480×2200的大屏,算上横屏模式,共支持6种分辨率。

表1.2中分辨率是屏幕硬件本身的分辨率,这个和我们在看电视的时候,视频的显示格中显示的分辨率不相同。图1.30是显示器中播放优酷视频的格式,指的是视频软件视频解码清晰度的格式,可以看到高清为540P,超清为720P,蓝光为1080P,蓝光是指Blue-ray Disc,缩写为BD,是一种优于1080P的视频格式,1080P以上的都可以称为蓝光技术。这种是软件的编码技术,例如,虽然计算机显示器的分辨率是标清的640×480,但可以播放极清4K的视频,当然显示效果肯定不如标清。

1.4.5　摄像头(Camera)

现在,拍照和录像是手机的必备功能之一,摄像头一般分前摄(Front Camera)和后

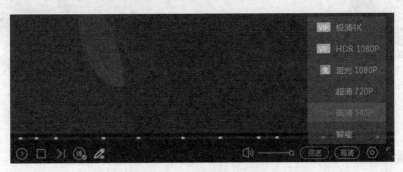

摄（Back/Rear Camera）。为了追求更好的拍摄效果，2016 年国内手机商华为率先推出了背部双摄的 Mate 9 手机，各大厂商也纷纷跟随推出了自己的多摄手机。

图 1.30　优酷视频分辨率

因此后摄像头根据功能又细分为主摄（Main Camera）和辅摄（AUX Camera），华为 P30 Pro 后摄使用的摄像头已经达到 4 个，图 1.31 是 4 个摄像头的分工，右图是拆机后看到的 4 个后摄像头和前摄像头，这种设计对硬件和结构工程师是一个很大的挑战。

超广角2000W像素
主摄4000W像素
长焦800W像素
ToF测距

图 1.31　华为 P30 Pro 背部 4 摄功能

1.4.6　按键（Key）

功能机时代手机的按键很多，而到了智能机时代，键盘输入基本采用触摸屏来替代了，但为了提高效率，仍把常用的按键保留了下来，例如开关机键、音量键、主菜单、返回键等。老人机为了方便老人使用，还设有亲情键、手电筒开关键、FM 开关键、SOS 键等。

目前智能的按键分虚拟按键和机械按键，安卓手机界面下方常用的 3 个按键一般是虚拟按键，机械按键一般在侧边，被称为侧键（Side Key）。虚拟按键是在屏下方显示出来，实际上是通过触摸屏来实现输入的。侧键一般有两种：一种是软板（FPC）上的锅仔片，如图 1.32（a）所示；一种是机械式的按键开关，如图 1.32（b）所示。常用的软板按键通过 FPC 上的连接器连接到主板上。

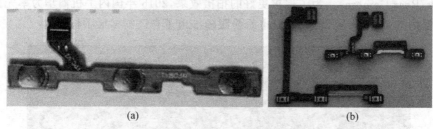

(a)　　　　　　　　　　　　(b)

图 1.32　锅仔片侧键

1.4.7　数据接口（USB）

USB 是英文 Universal Serial Bus（通用串行总线）的缩写，它是一个外部总线标准，用于规范计算机或手机与外部设备的连接和通信。现在手机数据接口大多数使用 USB2.0 标准，安卓手机常用的数据接口为 Mini-USB、Micro-USB 和 Type-C。进入 USB3.1 后，USB3.1 只能支持 USB TypeA、USB TypeB、USB TypeC 这 3 种接口，USB TypeA 是计算机常用的接口，USB TypeB 就是 Micro-USB。2015 年 4 月，国产手机乐视发布第一款采用 Type-C 接口的乐视 1 手机，从接口的物理结构看，两边的信号对称，可以正反插，同时也可以支持最高 3A 的充电电流，更重要的是它可以作为信号源传输使用，也就是我们熟知的 HDMI、DVI 等信号都可以兼容，甚至可以兼容雷电接口及 4K 的显示器，就是说可以直接把手机和计算机显示屏连接。苹果手机一般使用 Lightning 接口，这种接口和 Type-C 接口相似，也可以正反插和实现大电流充电，如图 1.33 所示。

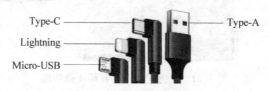

图 1.33　手机常用数据接口

图 1.34 是常用 Micro USB 的数据接口的定义，一般的充电线只有红黑两根电源线连接，不能作为连接计算机的数据线使用。

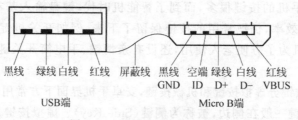

图 1.34　Micro USB 接口定义

数据线的插头，英文名称是 Male Header，中文称作公头。数据线连接的另外一端为插座，英文名称是 Female Connector，中文称作母座，手机线路板上使用的是与数据线连接的母座连接器,USB母座有很多种,分为立式、躺式、贴片式、插针式、卷边沉板式和直边沉板式等。图1.35是常用的5 Pin卷边沉板式的Micro USB母座连接器。母座与公头的连接口处使用卷边,更方便公头插入时定位。在和厂家索取连接器资料时,厂家可能会问"您要公的还是母的?",新手EDA工程师就会有疑惑,连接器怎么还分公的和母的?

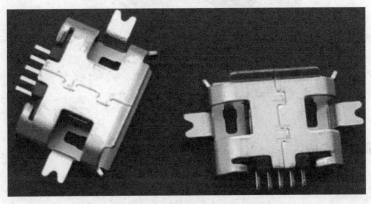

图1.35　5 Pin沉板式 Micro USB 母座

1.4.8　扬声器(Speaker)

扬声器也叫喇叭,英文称作Speaker,它的作用是将电信号转换为声音,手机上的扬声器考虑到空间有限,其尺寸很小,扬声器发出信号后,通过发音腔,声音从侧面出音孔发出,一般扬声器的功率为0.5~2W,部分老人机因为需要更大的音量,采用3D的立体声扬声器,功率会更大。从CPU或电源管理器(PMU)出来的音频信号比较弱,必须通过一个音频放大器(Audio PA)进行放大,然后才能驱动扬声器发出声音,如图1.36所示。

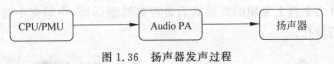

图1.36　扬声器发声过程

有些低端的平台,例如展讯2G的平台,已经将Audio PA集成在CPU内部,这样可以减少外围电路。

手机上的扬声器根据外形分为椭圆形、跑道形、圆形和方形,按照安装方式分为焊线式和压接式,贴片焊接式用得很少,图1.37是焊线式的2840扬声器。红色为正极,黑色为负极,手机上大多使用单声道,只有一个扬声器,只要有电流,扬声器的正负极焊接反向也没有问题,如果电路是双声道,当使用两个扬声器的时候,扬声器的正负极就不能搞错了。

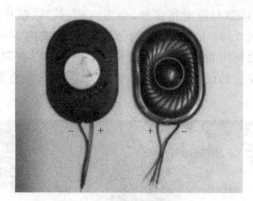

图1.37　焊线式的2840扬声器

1.4.9　话筒(MIC)

话筒,学名为传声器,是将声音信号转换为电信号的能量转换器件,由 Microphone 这个英文单词音译而来,英文简称 MIC,中文也称话筒、受话器、微音器、咪头、咪芯、麦克和传声器。话筒一般在手机的下部,我们可以看到一个小孔,那就是话筒的位置,如图1.38所示。

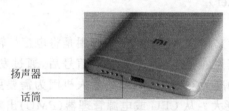

图1.38　扬声器和话筒

手机上使用的话筒有很多种,按安装方式分为焊线式、压接式和贴片式,外形有方形和圆形,图1.39为手机上常用的焊接式后进声硅微型话筒,中间有个通孔,和板子上的通孔对应作为进音孔。

图1.39　焊接式后进声硅微型话筒

1.4.10　发动机(MOT)

发动机也叫马达,它的英文为 Motor,简称 MOT,在手机上发动机的作用就是振动,一般是在静音状态下振动发声。有的手机省去了发动机,使用大功率的扬声器来振动发音,如图1.40所示。

一般手机上的发动机有扁平型和空心杯型。扁平型发动机按照直径和厚度,有1027、0827、1030、1234等很多种不同规格,一般是通过焊线连接到主板上。空心杯型是通过一端偏心的转子旋转后振动的,根据直径和长度也有512、610、408等很多不同的规格,与主板的连接有压接、贴片和焊线3种方式。

发动机内部有线圈,只要有电流就可以转动,即使正负极被互换,仍然可以产生振动的效果,但从设计严谨性上讲,还是要按照厂家资料来正确连接正负极性。

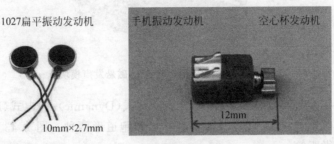

图 1.40　各类手机发动机

1.4.11　听筒(REC)

听筒的英文全称是 Receiver,简称 REC,硬件原理图中一般简写为 REC,听筒和扬声器有点类似,都是把电信号转换为声音信号。但两者工作的场景不同,听筒的设立是为了保证通话的私密性,听筒的声音比较小,当接通电话时,首先耳朵听到听筒发出的声音,旁边的人一般听不到。只有在我们通话时,单击"听筒"按钮,这个时候扬声器才开始工作,发出声音,可以让其他人听到。听筒在手机上部,方便我们耳朵接触到,如图 1.41所示。

图 1.41　手机的听筒

2018 年 10 月,国产手机著名生产商小米推出了 MIX 概念手机,开启了全屏时代。为了追求更大的屏占比,各大厂家相继推出了流海屏、美人指屏,听筒的位置在屏上就看不到了,以华为的 P30 Pro 美人指屏为例,屏的上面只有一个前摄像头,如图 1.42 所示。这并不是说没有听筒了,而是采用了最新的磁悬发声技术,它的工作方式类似振动扬声器,它通过玻璃屏幕振动发声。这一模块中间的驱动部分有一个磁铁线圈,它与振动屏幕部分相连,紧紧地粘在屏幕的背面。手机屏幕即为听筒,无须在中框开孔,可以实现超窄边框。通话声音由屏幕振动产生,与此同时,屏幕振动还将声音通过骨传导传递到耳朵。

图 1.42　华为 P30 Pro 的磁悬发声模块

手机中使用的听筒也有很多种,可分为动圈式(Dynamic)、静电式(Electrostatic)、压电式、动铁式、气动式、电磁式等。外形有方形和跑道形两种。图 1.43 是常用的焊接式和压接式电磁微听筒。

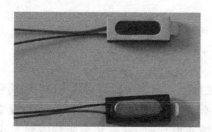

图 1.43　焊接式和压接式电磁微听筒

听筒和扬声器的发声原理是相同的,只不过功能和安装位置不同,另外听筒的功率比较小,发出的声音也比扬声器小得多。现在有一些手机为增大外放的声音,新具备了双扬功能,就是说听筒也作为扬声器使用,与扬声器一起组成两个扬声器,听起来很简单,但实现起来难度很大,硬件上一个声音大,一个声音小,就像男女合唱一样,需要通过软件调整两者声音达到一个好的音效。

1.4.12　音频接口(Audio Jack)

音频接口的英文为 Audio Jack,通常在手机的侧边,一般按插入公头的直径尺寸分为 2.5mm 和 3.5mm 两种,包含耳机和话筒两种功能。

如果发现你的手机上没有耳机接口,这也不要失望,很多手机在设计的时候考虑到了接口的共用,例如华为 P30 Pro 手机,拿到后会发现找不到耳机插孔,通过官网就可以找到音频接口的信息,发现 Type-C 接口的耳机才能与其匹配。也就是说 Type-C 接口具备了充电和音频两种功能。图 1.44 是通用的耳机插头,手机上通常是一个声道,所以插头一般是 3 节的,左右声道被连通变成同一节了。

音频接口的接听键可以被重新定义后做成多种手机的延伸产品,例如 360 智键就是将它插入音频接口后,按下按键,接通接听键来实现一键拍照、录音、打开手电筒等功能的。另外手机如果没有 IR 红外功能，又想将它当遥控器使用，可以买个红外模块，将模块插入音频接口，通过接听键来实现红外遥控，图 1.45 是常用贴片式 3.5mm 耳机插座。

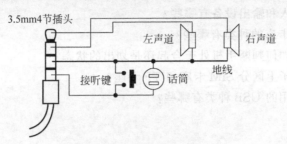

图 1.44　4 节插头功能图

图 1.45　3.5mm 耳机插座

1.5　小结

本章主要讲解了手机的发展和种类，使读者对手机的硬件框架和各功能模块有一个大致的了解。

（1）介绍了手机的组成，手机是由 CPU、存储设备、输入输出设备组成的。存储设备一般包含内置的 NorFlash、NandFlash 及最新的 eMMC 芯片，输入设备一般包含键盘、触摸屏、话筒和各类传感器，输出设备包含扬声器、听筒和显示屏。

（2）介绍了功能机和智能机，其中功能机按结构分为直板机、翻盖机和滑盖机，滑盖机又细分为上滑和侧滑两种。

（3）介绍了手机上电子料和结构料的区别。

（4）介绍了常用的电子和机构功能模块。

其中英文术语比较多，读者要牢记。以后在工作过程中，这些专业术语应用的场景会比较多，理解了这些术语的发音和拼写，就为以后工程师之间的技术沟通打下了很好的基础。

1.6　习题

（1）简述手机的硬件框架。

（2）简述近距离传感器的用途和应用场景。

（3）手机允许横屏的功能是通过哪种传感器来实现的？

（4）手机的输入和输出设备有哪些？

（5）SIM 卡和卡座的种类有哪些？

（6）滑盖手机如何判断手机处于合起还是划出的状态？

（7）如何在板子上区分 SIM 卡座和 TF 卡座？

（8）手机上常用的 USB 种类有哪些？

第2章 手机平台发展及EDA介绍

2.1 手机网络介绍

通过手机上网现在已经成为大部分人每天都要做的事情,以前专属于计算机的打游戏、看视频,已经慢慢由手机替代,因此手机网络的发展可谓日新月异。手机网络经历了三十多年的发展,从最初的模拟信号发展到现在数字 5G 时代,G 代表 Generation,例如 5G,翻译为第5 代移动通信系统。

2.1.1 1G 时代——频分多址(FDMA)

对于如今的 90 后和 00 后而言,1G(第一代移动通信技术)网络似乎已经遥不可及,仅有的记忆也是停留在 20 世纪 90 年代老电影上的大哥大,如图 2.1 所示。

图 2.1 大哥大

然而 1G 时代的来临,也给人们的生活带来了翻天覆地的变化。但是局限于当时通信资源的贫乏,1G 通信采用分频传输-频分多址(Frequency Division Multiple Access,FDMA)的编码方式,总带宽被分隔成多个正交的信道,每个用户占用一个信道。例如,把分配给无线蜂窝电话通信的频段分为 30 个信道,每个信道都能够传输语音通话、数字服务和数字数据。简单点说,就是大家一起说话,谁的声音大谁的声音就能被听到。

1 个大哥大的价格当时也是十分昂贵的,达到了 2 万元左右,而且由于信号传输距离等原因,大哥大也仅限于市区内使用,并且由于其网络资费昂贵(动辄上千元),大哥大也就成了当时的奢侈物品,不是一般的消费者可以使用的。

虽然大哥大的体积在今人看来是相当惊人的,但是其包含的功能却令人不敢恭维,仅仅只能进行语音传输,也就是接打电话。

第一代移动通信技术,是以模拟技术为基础的蜂窝无线电话传输,起源于 20 世纪 80 年代。1G 的出现,开启了网络的快车道,但是其也有不可避免的缺陷,最为人所诟病的就是其盗号和串号现象,因此在 1999 年 1G 就被正式关闭。

2.1.2 2G 时代——时分多址(TDMA)

在 1G 网络关闭之后,第二代移动通信技术网络应运而生,调制方式也由模拟调制转变为数字调制,时分多址(Time Division Multiple Access,TDMA)是一种为实现共享传输介质(一般是无线电领域)或者网络的通信技术。它允许多个用户在不同的时间片(时隙)来使用相同的频率,简单地说,就是把时间分为几段,在同一段时间内,只允许一个人说话,这样不管声音大还是小,大家都能听见对方说话了。用户说话所产生的数据被迅速地传输,一个接一个,每个用户使用他们自己的时间片。这允许多用户共享同样的传输媒体,相比于第一代移动通信技术,第二代移动通信技术的保密性有了质的飞跃,而且系统的容量也有了长足的进步。

爱立信、摩托罗拉、诺基亚,以及无线星球,在 1997 年建立了 GSM(Global System for Mobile Communications,全球移动通信系统)无线应用协议。GSM 较之以前的标准最大的不同是它的信令和语音信道都是数字式的,因此 GSM 被看作第二代(2G)移动通信系统,国内通信运营商支持 2G 网络的只有联通和移动两家。

手机最初只能通过 2G 网络打电话和发短信,后来随着 GPRS(General Packet Radio Service,通用无线分组业务)出现,手机也可以像计算机一样上网,这样进入了 2.5G 时代。2000 年面市的诺基亚 7110 是国内第一款支持 GPRS 上网的手机,如图 2.2 所示,令人着迷的是它的上网功能及收发 Email 的功能,当然尽管现在看来其上网速度堪称龟速,但也不可否认此款手机在当时的巨大吸引力及技术能力。

GPRS 的理论速度可以达到 384kb/s,但实际上最高值只能达到 171.2kb/s,远远满足不了用户聊天和看视频的需求,同时上网的费用也很高。随后被称为增强版的 GPRS——EDGE(Enhanced Data Rate for GSM Evolution,增强型数据速率 GSM

图 2.2 诺基亚 7110

演进技术)的出现,提高了上网的速度,可以实现网上看视频,虽然效果很差,但被称为进入 2.75G 的一个里程碑。

GSM 主要使用了 850MHz/900MHz/1800MHz/1900MHz 4 个频率段,国内主要使用 GSM900 和 GSM1800,由于是最早出现的,占据了非常好的频率资源,随着 5G 的出现和 2G 设备老化、维修和保养费用高昂,2G 网络会渐渐被关闭,同时让出宝贵的频带资源供 5G 网络使用。但目前 2G 网络是覆盖最广的,有些偏僻的地方还依靠 2G 网络通信。

2018 年 4 月 1 号,联通公司首先宣布了关闭部分省、市的 2G 服务网络的计划,移动公司的语音通话服务部分还是在 2G 频段,需要先完成 2G 到 4G 的网络迁移工作,所以还没有具体给出关闭 2G 网络服务的规划。

2.1.3 3G 时代——码分多址(CDMA)

在前两代通信技术中,什么是 1G 及什么是 2G 并没有一个严格的标准规范,也没有任何一个国际性组织对其进行严格的规范,都是各个国家和地区自己制定的协议,不具备全球通用的特点。但这一点在 3G 时代到来的时候,得到完美解决。

3G 通信使用 CDMA 技术,CDMA(Code Division Multiple Access,码分多址)是指各基站使用同一频率并在同一时间进行信息传输的技术。由于发送信号时叠加了伪随机码。使信号的频谱大大加宽。采用这种技术的通信系统也称为扩频通信系统。国际电信联盟(ITU)已经将 CDMA 指定为世界移动电话的统一标准(IMT-2000 标准),以实现一机一号走遍世界个人自由移动通信的理想,并要求只有符合 IMT-2000 要求,才能成为真正的 3G,各个国家由此提出自己的标准,并融入其中,3G 时代由此开始。

在 3G 时代,TD-SCDMA(Time Division-Synchronous Code Division Multiple Access,时分同步码分多址)是由中国第一次提出、在无线传输技术(RTT)的基础上完成并已正式成为被 ITU 接纳的国际移动通信标准。这是中国移动通信界的一次创举和对国际移动通信行业的贡献,也是中国在移动通信领域取得的前所未有的突破。

从 3G 开始,中国电信公司也加入移动通信服务行业中,国内 3 家移动通信服务商使用 3 种 CDMA 模式,中国电信采用的是北美的标准 CDMA2000,中国移动采用的是 TD-SCDMA,中国联通采用的是欧洲的标准 WCDMA,同时中国移动和中国联通的 3G 向下兼容 2G 的 GSM 模式。

在 3G 时代背景下,微信等依赖网络通信工具取得了长足发展,也是建立在 3G 在传输声音与图片的速度大幅度提升的基础上,手机上网也变得更加流畅,其代表手机为 iPhone 3,如图 2.3 所示。

图 2.3 3G 手机

2.1.4 4G时代——增强LTE(LTE-A)

4G通信技术从2013年开始进入我们的视野,包括TD-LTE和FDD-LTE两种制式,LTE(Long Term Evolution,长期演进)项目是3G的演进,它改进并增强了3G的空中接入技术,采用OFDM(Orthogonal Frequency Division Multiple Access,正交频分复用多址)、MIMO(Multiple-in Multiple-out,多进多出)和智能天线等关键技术作为其无线网络演进的标准。4G是以3G为基础,将WLAN技术和3G通信技术进行了很好的结合,使图像的传输速度更快,让传输图像的质量和图像看起来更加清晰。根据4G牌照发布的规定,国内3家运营商中国移动、中国电信和中国联通,都拿到了TD-LTE制式的4G牌照,另外FDD-LTE是国际通用的4G模式,这个模式国内3家运营商也都支持。

LTE的速度没有达到4G的标准,算是3G到4G的一个过渡,习惯被称为假4G或3.9G,后来加入载波聚合、中继、多点传输等技术,出现了LTE的增强版LTE-A(LTE-Advanced),直到2010年12月6日,国际电信联盟才把LTE Advanced正式定义为4G。

进入4G时代后,全球移动通信标准呈现出进一步融合的趋势。从影响力上来看,4G可以说是专门为移动互联网设计的通信技术,从网速、容量和稳定性上来看,4G相较于上一代3G技术都有了明显的提升。也正是在4G技术的支持之下,移动互联网开启了一股新的浪潮,移动支付、滴滴、美团、抖音等新兴产业和应用得到了非常快速的发展,同时也开启了网络视频的新时代,网上看抖音、快手、腾讯等短视频或电影更流畅,清晰度也更高,可以说是全民视频时代。4G手机如图2.4所示。

图2.4 4G手机

2.1.5 5G时代——新空口(NR)

4G传输速率更快,网络频谱宽,通信灵活度更高并且兼容性好。但是随着科技的不断发展,消费者对于网络的传输速度也有了更高的要求。无论是无人驾驶汽车,还是更高清的影视资源的下载,4G网络的传输速度在飞速发展的需求面前还是显得有些捉襟见肘。这个时候,更高传输速率的5G网络也就应运而生。从传输速率来看,5G可以达到10Gbit/s,是4G传输速率的100倍,这样的速率能够在顷刻之间完成一部高清电影的下载,可以流畅地观看8K视频;而在传输容量方面进行比较,5G的容量可以达到4G的1000倍,这些都很贴合物联网和智慧家庭的应用,可以使更多物联网设备同时实现在线连接。

5G通信的模式是NR(New Radio,新空口),这个是3GPP组织大会通过的正式名称。NR是基于OFDM全新空口设计的全球性5G标准,也是下一代非常重要的蜂窝移动技术基础。5G核心指的是核心编码,在3G和4G时代,美国高通公司垄断通信的标准。而在5G时代华为早在前几年就开始了技术标准的布局,并积累了不少成果,尤其是华为的Polar Code(极化码)被认定为5G网络中国四大核心编码标准之一(短码编码控制信道),通信领域谁掌握了标准谁就占据了主导地位,而5G的核心编码标准有4个:①长码编码,控制信道(高通)。②长码编码,数据信道(高通)。③短码编码,控制信道(华为)。④短码编码,数据信道(高通)。

2016年11月17日国际无线标准化机构3GPP第87次会议在美国拉斯维加斯召开,中国华为主推Polar Code方案,美国高通主推低密度奇偶检查码(LDPC)方案,法国主推Turbo 2.0方案,最终控制信道编码由极化码胜出,数据信道长短码是高通的LDPC码胜出,华为与高通共同制定5G的信道标准,5G的信道之争终于落幕。

2019年注定是5G最热闹的一年,2019年9月6日,华为率先发布全球首款真5G芯片——麒麟990,并推出了搭载麒麟990的首款5G手机Mate 30,抢占了市场先机。MTK和高通也相继推出了天玑1000和骁龙865的5G芯片。

NSA和SA是5G的两种组网方式,NSA是非独立组网,而SA是独立组网。目前发展的情况是NSA技术成熟,已实现商用,SA还处于实验阶段,但是未来必然是以SA为发展趋势。麒麟990支持Sub-6,骁龙865支持Sub-6和毫米波的双模5G,国内和欧洲使用的是Sub-6技术,只有美国使用的是毫米波技术,目前华为已经全面退出美国市场,不支持毫米波也很正常。

2.2　手机芯片主要厂家介绍

手机芯片通常是指应用于手机通信功能的芯片,包括基带、处理器、协处理器、RF、触摸屏控制器芯片、Memory、无线IC和电源管理IC等套片。目前主要手机芯片厂商有华为、MTK、高通、苹果、三星和展讯这6家公司。

2.2.1　华为

华为技术有限公司成立于1987年,是一家生产和销售通信设备、研发网络通信技术的公司,总部设在广东省深圳市龙岗区坂田华为基地。华为的产品主要涉及通信网络中的交换网络、传输网络、无线和有线接入网络和数据通信网络及无线终端产品,为全球提供硬件、软件、服务和解决方案。

在1991年,华为成立集成电路设计中心,2004年10月,依托集成电路设计中心成立深圳市海思半导体有限公司(HiSilicon),主要研发通信和汽车领域各种芯片,手机平台处理器有麒麟系列,目前最高端平台为麒麟990,如图2.5所示,采用更先进5nm工艺的麒麟1020也在布局中,预计将在2020年第一季度实现量产。

图2.5　华为海思的麒麟990

海思除了拥有手机芯片,同时还有射频功放芯片、音频功放芯片等手机芯片外围元器件,在华为和荣耀两大品牌手机上实现了80%的电子元器件国产化,例如鲲鹏系列ARM处理器支持64核、8通道DDR4和集成100G RoCE以太网卡,成为最强的国产服务器芯片,由于华为在5G领域的出色表现,赢得了国内外厂家和消费者的尊重。同时面对国外的重重压力,开发出了鸿蒙操作系统,在软件领域也可以自主研发。

目前海思平台的手机芯片只限于华为手机自家使用,不卖给其他手机厂商使用,走的是和苹果、三星一样的路线。

2.2.2　MTK

中国台湾联发科技股份有限公司(MediaTek Inc.)成立于1997年,是全球著名IC设计厂商,专注于无线通信及数字多媒体等技术领域。其提供的芯片整合系统解决方案,包含无线通信、高清数字电视、光储存、DVD及蓝光等相关产品。

MTK的芯片主要以高性价比抢占手机市场,华为、小米、联想、魅族等手机厂商的中低端手机都采用MTK平台的芯片,2019年11月26日,MTK发布了旗下首款SoC的5G平台芯片——天玑1000,如图2.6所示,连创13项全球第一,成为名副其实的全球第一。

图 2.6　MTK 的天玑 1000

2.2.3　高通

美国高通公司（Qualcomm），简称"高通"，成立于 1985 年 7 月，公司总部位于美国加利福尼亚州圣迭戈市，美国高通公司拥有高达 3000 多项 CDMA 及其他技术的专利及专利申请。高通已经向全球 125 家以上电信设备制造商发放了 CDMA 专利许可。在国内，华为、vivo、中兴、联想、小米、海信、海尔等厂商的智能手机也大多采用骁龙处理器。2019 年 12 月 4 日高通发布了旗下号称本年度全球最先进 5G 移动平台芯片——骁龙865，如图 2.7 所示，成为第五家进入 5G 领域的手机芯片生产厂商。

图 2.7　高通的骁龙 865

2.2.4　苹果

苹果公司（Apple Inc.）是美国的一家高科技公司。由史蒂夫·乔布斯、斯蒂夫·沃兹尼亚克和罗·韦恩（Ron Wayne）等人于 1976 年 4 月 1 日创立，并命名为美国苹果计算机公司（Apple Computer Inc.），2007 年 1 月 9 日更名为苹果公司，总部位于加利福尼亚州的库比蒂诺。根据全球专利数据库、分析解决方案及网络服务制造商 IFI CLAIMS Patent Services 统计的数据,2013 年苹果公司总计获得 1775 项专利。

苹果的 A13 平台无疑是 4G 时代最强的芯片,该芯片在 2019 年 9 月发布,就连后者号称 5G 最强芯片的骁龙 865 也不能超越,尤其是单核能力无其他平台芯片能超越,遗憾的是此芯片不支持 5G 网络,在这方面要远远落后于其他厂商,A13 处理器的型号为 T8030,代号为"闪电"。

苹果公司也同华为一样是集手机芯片研发、设计、销售为一体的公司,手机品牌产品占据很大的市场份额,在国内拥有众多的粉丝,iPhone 11、iPhone 11 Pro 和 iPhone 11 Pro Max 使用苹果的 A13 最强芯,如图 2.8 所示,是最新的产品系列。

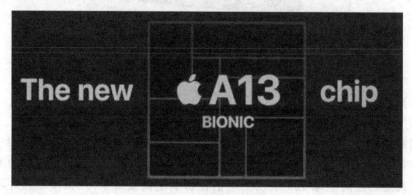

图 2.8 苹果的闪电 A13

2.2.5 三星

三星是韩国最大的跨国企业集团,也是全球排名前 500 强的上市公司,三星集团包括众多的国际下属企业,三星电子、三星物业、航空公司、三星人寿保险等,涉及电子、金融、机械、化学等众多领域。在全球热门机榜单中,三星 Galaxy S7 Edge 是多个国家和地区的热门机型,销量甚至多次位居榜首。

目前最强芯片是采用 8nm 工艺的 Exynos 9820,如图 2.9 所示,该芯片在 2018 年 11 月 14 日发布,成为首家支持 5G 网络的芯片厂商。

2.2.6 展讯

展讯通信有限公司(Spreadtrum)致力于无线通信及多媒体终端的核心芯片、专用软件和参考设计平台的开发,为终端制造商及产业链其他环节提供高集成度、高稳定性、功能强大的产品和多样化的产品方案选择。展讯公司成立于 2001 年,总部位于中国上海张江高科技园区,在美国的硅谷和中国的北京、深圳等地设有分公司和研发中心,展讯平台芯片也以性价比著称,主要在联想、移动、360、HTC、海信、金立、酷派等手机厂商的中低端手机上使用。

清华紫光集团分别在 2013 年和 2014 年收购展讯通信和锐迪科微电子,然后将两者整合为紫光展锐,新品牌的启动也意味着展讯和锐迪科完成了协同整合,未来紫光展锐将会以全新的状态运作。

图 2.9　三星的 Exynos 9820

新的紫光展锐品牌标识如图 2.10 所示,延续了紫光集团标识的紫色及扁平化设计风格,两个连接的方框中心呈放射状处理,体现出双芯片的高科技张力,也代表着紫光集团从"芯"到"云"的战略布局。"紫光"寓意着"紫光芯,强国梦"。紫光展锐的英文名字UNISOC,寓意 You need SoC,这是一个 5G 的时代,万物互联的时代,我们的未来生活离不开芯片,它将无所不在,无所不能。

图 2.10　紫光展锐品牌标识

2019 年 2 月 26 日,在 2019 年世界移动通信大会(MWC)上紫光展锐发布了 5G 通信技术平台——马卡鲁及其首款 5G 基带芯片——春藤 510,如图 2.11 所示。

2020 年 2 月 26 日下午,在 2020 年紫光展锐春季线上发布会上,紫光展锐推出了第二代的 5G SoC——虎贲 T7520,如图 2.12 所示,在技术工艺、通信能力、AI、视觉能力、续航能力和安全性六大方面具有优势,拥有了与高通、三星、华为海思和联发科一道站在5G 山巅较量的实力。

虎贲 T7520 芯片采用的是全新升级的 6nm EUV 制程,相比上一代的 7nm 制程工艺更加先进。6nm 工艺制程将晶体管的密度提高 18%,功耗降低 8%,从而使得虎贲

T7520 终端的续航时间更长。

图 2.11　青藤 510 芯片

图 2.12　虎贲 T7520 芯片

2.3　EDA 介绍

本章介绍 EDA 的相关知识和使用术语,EDA 工程师要熟悉各种和线路板有关的技术、生产、测试、校准和组装等环节的英文术语,尤其要牢记其缩写,这在以后的工作中会经常被提及和使用。

2.3.1　初识线路板

下面和大家一起认识一下线路板,线路板是我们生活中最常见的电子元器件载体,绝大多数电子产品会用到线路板。线路板可称为印刷线路板或印制电路版,英文名称为Printed-Circuit-Board,简称 PCB,线路板使电路迷你化、直观化,在电路中起到线路物理连接和固定电子元器件的作用。采用线路板的主要优点是可以大大减少布线和装配的差错,提高自动化水平和生产效率。

1. 线路板的分类

现在线路板根据硬度分为硬板（PCB，如图 2. 13 所示）、软板（Flexible-Printed-Circuit，FPC，如图 2. 14 所示）和软硬结合板（Rigid-flex PCB，如图 2. 15 所示）。

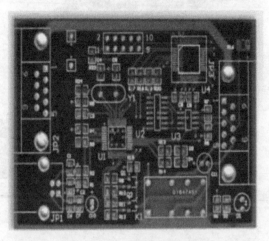

图 2.13　PCB(硬质线路板)

图 2.14　FPC(柔性线路板)

根据孔种类可以分为通孔板和 HDI（High-Density-Interconnector，高密互连）板，HDI 板行业称为盲埋孔板，根据激光孔（Laser-via）的种类又可以分为 1 阶（One-step）板、2 阶（Two-step）板、3 阶（Three-step）板和任意阶（Any-layer）板。根据激光孔和机械孔（Machine-drilling）的加工方式，可以分为叠孔（Stacking-via）板和错孔（Crossing-via）板。

2. 认识线路板的层(Layer)

图 2.16 是一个 2 层通孔板的叠层（Stack Up），可以看到 Top-Bottom，有 2 层的线路层，Top Layer 和 Bottom Layer 的线通过一个通孔连接起来。

图 2.15　软硬结合板

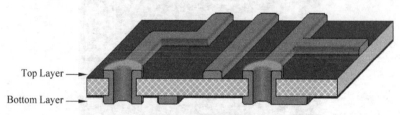

Top Layer

Bottom Layer

图 2.16　线路板的叠层

从图 2.16 可以看到线路板除了走线层,还有很多其他层叠加起来后就成了我们见到的线路板外表,下面根据图 2.16 按照从上到下的次序介绍线路板的层定义。

1) Silkscreen_top(简写 SST)

中文名称为顶层丝印层,承载线路板上的一些位号、定位、项目名称和版本等文字和标识信息,一般是白色的油墨印在板子上的,例如图 2.13 中的白色的字符 U1、JP2 和一些线条。

2) Soldermask_top(简写 SMT)

中文名称为顶层阻焊层、绿油层和漏铜层,因为采用绿油的价格比较低,使用得比较普遍,所以就称为绿油层,当然也可以是红色、亚黑、蓝色等多种颜色。阻焊层的作用是在焊接中隔离焊接,阻止两个相邻的焊盘直接连锡造成短路,焊盘阻焊层的尺寸一般比焊盘单边大 0.025mm。

3) Pastemask_top(简写 PMT)

中文名称为顶层钢网层或助焊层,这个是虚拟存在的,在实际的板子上是看不到的,是定义贴片时焊盘上锡膏的钢网开孔尺寸,一般与焊盘的大小相同。

4) Top Layer

顶层走线层,包含走线、通孔、焊盘等一些铜箔。

5) Core

板芯,一般材质是 FR4 绝缘材料,填充在两层走线之间,用于对 Top 和 Bottom 两层间的走线空间进行绝缘隔离。

6) Bottom Layer

底层走线层,包含走线、通孔、焊盘等一些铜箔。

7) Pastemask_bottom(简写 PMB)

中文名称为底层钢网层或助焊层,这个也是虚拟存在的,在实际的板子上也看不到,是定义贴片时焊盘上锡膏的钢网开孔尺寸,一般与焊盘的大小相同。

8) Soldermask_bottom(简写 SMB)

中文名称为底层阻焊层、绿油层和漏铜层,焊盘阻焊层的尺寸一般比焊盘单边大 0.025mm。

9) Silkscreen_bottom(简写 SSB)

中文名称为底层丝印层,与 Silkscreen_top 作用相同。

术语学习：PCB、FPC、Silkscreen、Pastemask、Soldermask、HDI、Laser-via、Stack up。

2.3.2 高阶板(HDI)介绍

手机的线路板除了功能机还在用通孔板以外,智能机大多采用高阶板,高阶板就是 HDI 高密板,使用一种或多种激光孔进行高密互连的线路板。激光孔的孔径尺寸是 0.075mm,外焊盘尺寸是 0.22~0.25mm,而一般机械钻孔的孔径最小为 0.15mm,使用 激光孔明显增大了布线的空间和减小了 EDA 工程师走线的难度。

现在 PCB 走线的最小线宽线距是 0.05mm(2mil),单层 FPC 的线宽线距甚至可以 做到 0.025mm,激光孔的孔径相对线宽已经很大了,线路板厂家也在研发孔径更小的生 产工艺。激光孔种类使用多时,孔径可以 1-2、2-3、3-4 连续起来,就像台阶一样,被称为 "阶数",使用了几种激光孔,就称为几阶板。在表面能看到的,而且没有贯穿板子的,就 称为盲孔(Blind-via),板子内部看不到的,被埋在板子里的,就称为埋孔(Buried-via)。

1. 1 阶板(One-step Board)

图 2.17 为一个 6 层 1 阶板的叠层图片,通常采用的数字描述方法是"1+4+1",代表 1-2 层和 5-6 层直接使用一种激光孔,一般 PCB 的层叠是对称的,1-2 层和 5-6 层对称使 用相同的激光盲孔,2-5 层互连的埋孔使用机械钻孔。

Customer Name:					Total Thickness: 1.00+/-0.10mm		
Customer P/N:					Measure from	SM~SM	
Layer No.	sig/pln	Copper thk. before process	Construction		Finished thickness (um)	Tolerance	Dk (1GHz)
S/M					20	+/-10	3
1		1/3			30	+/-10	
压合前: 83.8+/-10.2 um			PP 1080X1(RC65%)		66	+/-14	4.2
2		1/3			30	+/-10	
压合前: 128+/-10.2 um			PP 2116X1(RC55%)		121	+/-23	3.6
3		H			15	+/-5	
			Core		460	+/-30	4.2
4		H			15	+/-5	
压合前: 128+/-10.2 um			PP 2116X1(RC55%)		121	+/-23	3.6
5		1/3			30	+/-10	
压合前: 83.8+/-10.2 um			PP 1080X1(RC65%)		66	+/-14	4.2
6		1/3			30	+/-10	
S/M					20	+/-10	3
					1024		

图 2.17　6 层 1 阶板叠层

2．2 阶板(Two-step Board)

图 2.18 为一个 10 层 2 阶板的叠层图片,通常采用的数字描述方法是"1+1+6+1+1"或"2+6+2",代表 1-2 层和 9-10 层使用激光盲孔,2-3 层和 8-9 层使用激光埋孔,3-8 层使用机械埋孔。

另外,1-3 层使用激光孔的,表面上看是一种孔,实际上是 1-2 孔和 2-3 孔的叠孔板,被称为真 2 阶,1-2 孔和 2-3 孔错开的(如图 2.18 所示),被称为假 2 阶,真 2 阶的成本要远高于假 2 阶。

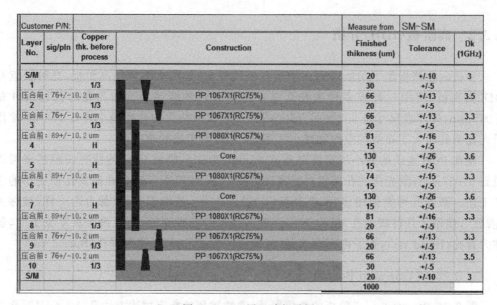

Layer No.	sig/pln	Copper thk. before process	Construction	Finished thickness (um)	Tolerance	Dk (1GHz)
S/M				20	+/-10	3
1	1/3			30	+/-5	
压合前: 76+/-10.2 um			PP 1067X1(RC75%)	66	+/-13	3.5
2	1/3			20	+/-5	
压合前: 76+/-10.2 um			PP 1067X1(RC75%)	66	+/-13	3.3
3	1/3			20	+/-5	
压合前: 89+/-10.2 um			PP 1080X1(RC67%)	81	+/-16	3.3
4	H			15	+/-5	
			Core	130	+/-26	3.6
5	H			15	+/-5	
压合前: 89+/-10.2 um			PP 1080X1(RC67%)	74	+/-15	3.3
6	H			15	+/-5	
			Core	130	+/-26	3.6
7	H			15	+/-5	
压合前: 89+/-10.2 um			PP 1080X1(RC67%)	81	+/-16	3.3
8	1/3			20	+/-5	
压合前: 76+/-10.2 um			PP 1067X1(RC75%)	66	+/-13	3.3
9	1/3			20	+/-5	
压合前: 76+/-10.2 um			PP 1067X1(RC75%)	66	+/-13	3.5
10	1/3			30	+/-5	
S/M				20	+/-10	3
				1000		

图 2.18　10 层 2 阶板叠层

还有 3 阶板、4 阶板,一直到任意阶板,任意阶指的是任意两层直接可以使用激光孔相连,例如 6 层 3 阶板或 8 层 4 阶板就可以被称为任意阶板。

2.3.3　EDA 简介

EDA 是电子设计自动化(Electronics Design Automation)的缩写,在 20 世纪 60 年代中期从计算机辅助设计(CAD)、计算机辅助制造(CAM)、计算机辅助测试(CAT)和计算机辅助工程(CAE)的概念发展而来的。

EDA 技术就是以计算机软件为工具,设计者在 EDA 软件平台上使用计算机软件来完成设计文件。EDA 技术的出现,极大地提高了电路设计的效率和可操作性,减轻了设计者的劳动强度。EDA 设计分为板级(PCB LAYOUT)和芯片级(IC LAYOUT),本书讲解的是 PCB LAYOUT 部分的设计,主要是芯片的板级应用设计。

PCB LAYOUT 工程师在 21 世纪初才正式大量出现,是从硬件工程师分离出来的一个技术工种。最初的线路板层数少,走线难度不大,甚至自动布线就可以完成。但后来随着集成电路的微小化发展,走线的密度越来越高,同时伴随着电路的频率增高,产生了大量的高速信号,需要进行等长、等距、弧形线、阻抗匹配等 EMC 处理。PCB LAYOUT 工程师的出现可以使硬件工程师从繁杂的布线工作中脱离出来,去做其他方面的工作。

2.3.4 设计软件介绍

EDA 设计软件的出现,极大地加快了电子技术的发展及高度集成化。包括在机械、电子、通信、航空航天、化工、矿产、生物、医学、军事等各个领域,都有 EDA 技术的应用。因此,对于不同 PCB 板的特性有了不同侧重点的设计软件。

工欲善其事必先利其器,EDA 设计工程师必须熟练地使用一种或多种 PCB LAYOUT 软件,这样才能根据不同的板子使用不同的软件来提高设计效率,目前市场上主要有以下几种 PCB LAYOUT 软件。

1. AD

AD 是 Altium Designer 的简称,AD 的前身就是在国内知名度非常高的 Protel。现在很多学校里都还开设 Protel 99SE 这门基础课。Protel 最大的特点就是灵活,这种不重视设计流程的设计方式虽然灵活,但是给后续工作交接,以及设计交流会带来困难。Protel 被 Altium 公司收购后更名为 Altium Designer,简称 AD,目前最高版本是 AD 20。由于在国内有庞大的 Protel 使用者,因此 AD 是在国内市场上个人使用群体最多的 PCB LAYOUT 软件。

Protel 经典版本是 Protel 99Se,其原理图和 PCB 都集成在一个 DDB 文件内,因此原理图和 PCB 不能单独被硬件工程师和 EDA 工程师分开设计,所以只能由硬件工程师来布线,后来升级为 Protel DXP,升级后原理图和 PCB 分离为 SCHDOC 和 PCBDOC 文件,可以实现 PCB 设计从硬件中分离出来。

特点:国内低端设计的主流 EDA 软件,但国外很少使用。其优点是简单易学,适合初学者,容易上手。在国内使用 Protel 的人还是相当多的,毕竟中小公司硬件电路设计还是低端设计的居多,不过建议各位尽早接触学习别的功能更优秀的软件,不要总在低层次徘徊,对薪水提高不是很有帮助。

2. Pads

Pads 的前身是 Power PCB,被 Mentor(明导科技)公司收购后,名字更改为 Mentor Pads,作为 Mentor 公司低端客户使用的软件,其界面简洁、价格低廉,还拥有与其他 EDA 软件的转换接口,PCB 编辑拥有 LAYOUT 和 ROUTER 两种工具,LAYOUT 设置 RULE 与 LOGIC 交互操作摆件,ROUTER 来实现高效布线。另外各版本汉化得也很彻底,初级使用者能在短期内迅速掌握该软件的使用。

Pads 的原理图绘制软件工具有 Dxdesigner 和 Logic 两种,2005 年 Pads 公司收购 Logic 软件后,Logic 简单易用很快替代了 Dxdesigner 成为 Pads 主流的软件设计工具,Pads 从 2007 版本后,在软件安装包内也去掉了 Dxdesigner 的安装。

Pads 有标准版(Mentor PADS Standard)和专业版(Mentor PADS Professional)两

种,PADS Professional 是 Mentor 公司新推出的高端软件 Mentor 的简化版本,界面和操作结合了 Mentor 和 PADS Standard 的部分功能,使用难度高于 PADS Standard。目前 PADS Standard 的使用者居多。

特点:我们把它称作低端中的无冕之王,认为在所有低端的 PCB 软件中最优秀的一款,好用,易上手,做出的板子质量不会比 WG、Allegro 等高端软件逊色,现在市场上在公司中使用范围最广的一款 EDA 软件,可满足大多数中小型企业的需求。

3. Cadence Allegro

铿腾电子科技有限公司(Cadence Design Systems,Inc)是一家专门从事 EDA 软件开发的公司,由 SDA Systems 和 ECAD 两家公司于 1988 年合并而成。是全球最大的电子设计技术、程序方案服务和设计服务供应商。Cadence 公司的 Layout 工具 Allegro 在业内有很高的知名度。世界上 60％ 计算机主板和 40％ 的手机主板是用 Allegro 完成的。从一个侧面能够看出 Allegro 在高速 PCB 板设计中有很高的市场占有率。

Allegro 的原理图设计工具软件有 Concept HDL 和 OrCAD Capture 两种,Concept HDL 是 Cadence 公司最初开发和 Allegro 配合使用的软件,元器件库使用和 Allegro 一样的分离库,OrCAD Capture 是 OrCAD 公司设计的一款软件,配合其公司的 OrCAD LAYOUT 软件进行 PCB 设计,后来被 Cadence 公司收购后,迅速被广大电子设计者接受,替代 Concept HDL,成为 Cadence 的主流原理图设计工具软件。

特点:Cadence Allegro 现在几乎成为高速板设计中实际上的工业标准。无论哪方面都十分出色。PCB Layout 工具绝对一流,稍微熟悉一点后就不再想用其他工具了,布线很实用。仿真方面也是非常出色,有自己的仿真工具,信号完整性仿真和电源完整性仿真都能做。在做 PCB 高速板方面牢牢占据着市场霸主地位。所以熟悉 Cadence Allegro 的硬件工程师和 PCB Layout 工程师一般都有很好的待遇。

4. Mentor EE

Mentor EE(Expedition Enterprise)是 Mentor(明导科技)公司为服务高端客户而开发的一款软件,在多层板、推挤、自动布线等方面都有业内领先的技术水准。其 PCB 工具是 Expedition PCB(很多人喜欢称作 WG,及 Workgroup)。Mentor 还有一个 Boardstation(EN)系列工具,现在很多功能都整合到了 Expedition 当中。

特点:Mentor Expedition 是拉线最顺畅的软件,被誉为拉线之王,它的自动布线功能非常强大,布线规则设计得非常专业。Mentor EN 系列是从早期 UNIX 系统移植到 Windows 系统,学习难度较大,不建议自学,但如果出于工作需要则另当别论。在国内使用的人数也很有限,参考资料和软件都相当难找。

5. ZUKEN CR5000

CR5000 是日本株式会社图研公司(ZUKEN Inc.)开发的一款 EDA 设计软件,图研公司总部设在日本横滨,是 EDA 行业唯一一家专门从事 PCB/MCM/Hybrid 和 IC 封装设计软件开发、销售和提供支持服务的著名厂商。

6. Eagle

Eagle 是一款风靡欧洲的软件,安装占据空间小,安装软件只有几十 MB 大小,对计算机的配置要求不高。虽然此软件体积很小,但功能不少,3D 的功能可以和 AD 软件相媲美。Eagle 支持 Windows、Mac OS、Linux 等系统,有免费的版本可以用,另外有丰富的 ULP 资源,因此受到广大脚本语言爱好者的喜爱,Eagle 被 Autodesk 公司收购后,工作界面优化了很多。

7. 青越锋

青越锋是由上海青越软件有限公司推出的一款拥有完全自主知识产权的国产 EDA 软件,此软件分为 4 个功能模块:原理图编辑器、原理图库编辑器、PCB 编辑器和 PCB 库编辑器,操作界面和方法和 Protel 99 非常相似。

2.4　小结

本章主要介绍线路板和 EDA 的一些专业基础知识,理论性比较强,读者需要通过本章学习掌握以下知识点:

(1) 手机网络发展的历史,以及现在所处的网络时代。

(2) 手机芯片平台的种类和厂家,以及它们各自的优点和缺点。

(3) 区分 PCB 和 FPC,记住它们各自的外形图片。

(4) 如何辨别 HDI 板的阶数和写法。

2.5　习题

(1) 1G、2G、3G、4G、5G 时代中的 G 代表什么意思? 是哪个英文单词的缩写?

(2) 1G 到 5G 的模式是什么?

(3) 手机芯片有哪些设计公司及它们最高水平的平台芯片名称是什么?

(4) 什么是 EDA? 什么是 HDI 板和通孔板?

(5) EDA 设计的软件有哪些?

(6) PCB 和 FPC 有哪些区别?

(7) Silkscreen、Pastemask、Soldermask 代表的意思分别是什么?

(8) 什么是 2 阶板? 什么是真 2 阶和假 2 阶?

(9) 激光孔和机械孔的孔径尺寸分别是多少?

(10) 写出一个 12 层 3 阶板的数字描述方法。

第3章 OrCAD使用介绍

OrCAD是EDA行业内比较著名的一款电子设计软件,其中分为Capture和Layout两大部分,Capture是原理图设计工具软件,功能比较强大,界面简单,学习起来也比较容易。对于稍有电子基础的工程师来说,花费大约60min的时间看完本章,掌握OrCAD的使用,并运用此软件完成原理图绘制,这个是完全可以的。

Capture被Cadence公司收购后,用来替代Cadence原配的原理图设计工具软件——Concept HDL,所以对Cadence来说一般有两种原理图设计软件——Capture(CIS)和Concept(HDL)。因为Concept原理图学起来难度比较大,兼容性也不好,尤其在库的管理上也不好,所以目前主要通过Capture绘制原理图。因为Capture软件原属于OrCAD公司,所以行业内直接将Capture称为OrCAD软件,接下来就开始学习OrCAD软件的使用。

3.1 工程的建立和设置

OrCAD所有界面都可以按下按键I和O来实现放大和缩小,I是放大,O是缩小,大小写都可以。或者通用按下Ctrl键,然后滚动鼠标来实现放大和缩小。

首先启动OrCAD,在程序中单击Cadence→Release 16.6→OrCAD Capture CIS选项,如图3.1所示,OrCAD Capture CIS比OrCAD Capture多了一个CIS数据库的功能,如果没有数据库文件建联,这里两者的启动文件路径都是一样的,选择两者任意一个即可。

弹出Cadence Product Choices对话框后,选择OrCAD Capture CIS选项,勾选Use as default,如图3.2所示。这样每次打开后,就不会再出现选择产品的对话框,默认选中OrCAD Capture CIS。

3.1.1 创建项目

单击File→New→Project选项后,弹出New Project对话框,在Name文本框中输入要新建项目的名字,例如YL_001_V10,在下面的

4 项单选框中选择最后一项 Schematic,最后单击 Browse 按钮,选择新项目所要保存的目录,如图 3.3 所示。

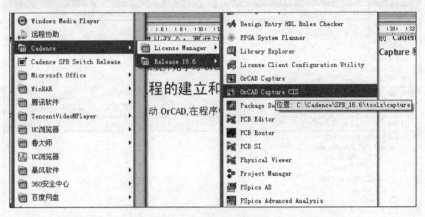

图 3.1　启动 OrCAD

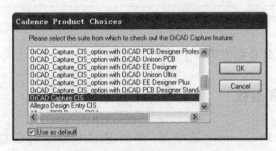

图 3.2　产品选择对话框

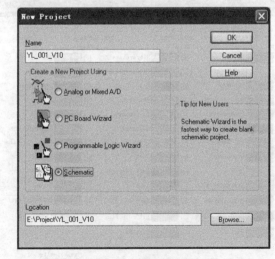

图 3.3　创建新项目

　　注意:Cadence 文件的命名,包含原理图和 PCB 都不支持中文、小数点、中画线、空格,包括父目录文件夹的名字,都不要使用非法字符,虽然有时候存在小数点和空格也能打开文件,但后期在原理图导入 PCB 时可能会出现很多奇怪的问题。

单击 OK 按钮后,进入 yl_001_v10.dsn 工程文件界面,如图 3.4 所示。

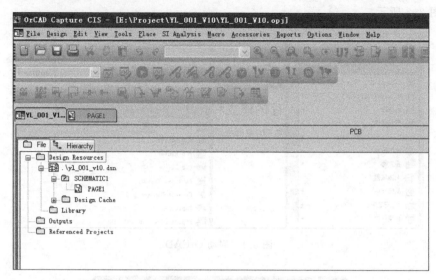

图 3.4   dsn 文件界面

新建的原理图中会自动生成一个 PAGE1 的页面。

3.1.2   设置颜色和参数

单击 Options→Preferences 选项后,弹出 Preferences 对话框,默认设置颜色在 Colors/Print 标签,这里可以设置各类属性的颜色,如图 3.5 所示。

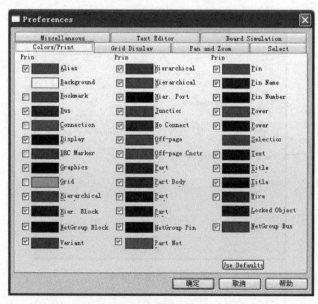

图 3.5   设置颜色

选择 Grid Display 标签,在这里设置格点显示,如图 3.6 所示。

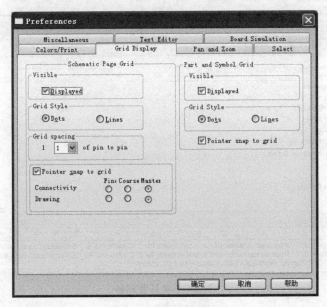

图 3.6　设置格点显示

原理图和元器件库界面的格点都可以单独设置成不同的风格。

Visible:是否显示网格,勾选 Displayed,显示网格;

Grid Style:网格显示的方式,Dots 显示格点,Lines 显示横纵线交错的方格;

Grid spacing:网格的大小,可设置成 Pin 间距的整数倍;

Pointer snap to grid:设置网格捕捉。

3.1.3　工程管理器使用

图 3.7 是项目管理图的界面,主要由 4 部分构成。

Design Resources:

(1) 工程文件 dsn 名字。

(2) SCHEMATIC1:原理图文件,可以分多页,默认 PAGE1。

(3) Design Cache:原理图中用的元器件 PART 库。

(4) Library:加载的库文件。

Outputs:输出的各种文件,如 BOM、Netlist 文件。

Referenced Projects:各种参考电路图。

Windows 信息显示:显示各种元器件或 Net 等各种信息。

3.1.4　新建页面

一般有两种新建方式:

(1) 单击 Design→New Schematic Page 选项,如图 3.8 所示。

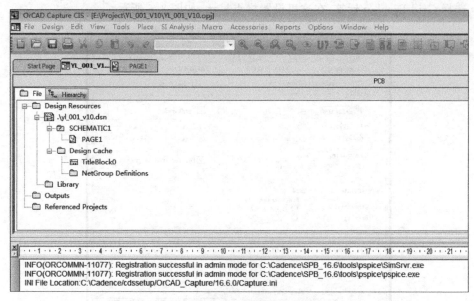

图 3.7　项目管理器

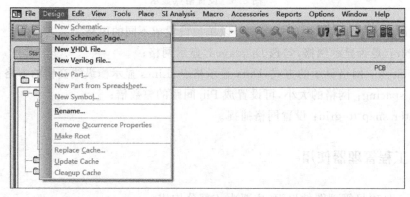

图 3.8　新建页面 1

（2）选中 SCHEATIC1 文件夹，然后右击并选择 New Page 选项，如图 3.9 所示。

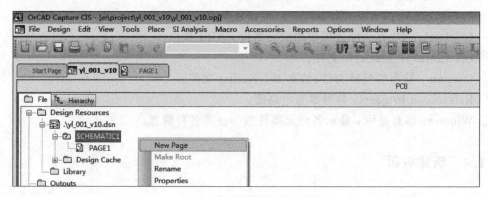

图 3.9　新建页面 2

然后在输入框输入所需要新添加页面的名字 MCU,如图 3.10 所示,单击 OK 按钮。

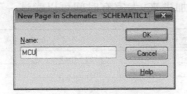

图 3.10　新建页面命名

最后,在 SCHEATIC1 的文件夹下就出现了一个 MCU 的页面,如图 3.11 所示。

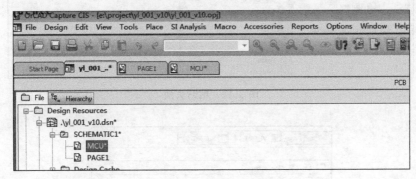

图 3.11　新建页面结束

3.1.5　复制其他项目页面

打开需要参考的 dsn 文件,选中需要复制的页面,然后右击,选择 Copy 选项,如图 3.12 所示。

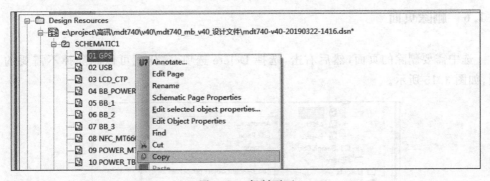

图 3.12　复制页面

然后打开新的项目页面,选择原理图文件夹后,右击并选择 Paste 选项,如图 3.13 所示。

这样复制的页面就被加入新建的项目中了,如图 3.14 所示。

当然也可以使用 Windows 的 Ctrl+C 和 Ctrl+P 组合键,或者使用 Edit 菜单下 Copy 和 Paste 功能来实现页面复制。

本书为了使读者能够快速掌握 OrCAD,只介绍常用的一种方法,使用该方法复制页面后,页面的名字还保持和原页面相同。如果用 Ctrl+C 和 Ctrl+P 组合键,新复制的页面需要输入新的名字才能添加进来,大家有时间可以尝试一下这两种方法的不同。

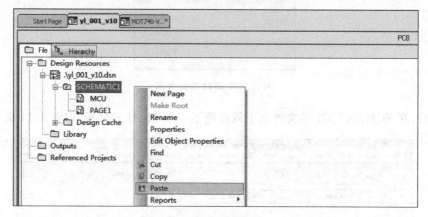

图 3.13　粘贴页面

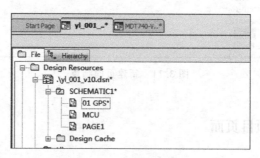

图 3.14　复制页面成功

3.1.6　删除页面

选中需要删除的页面,然后右击,选择 Delete 选项,这样就可以删除掉不需要的页面,如图 3.15 所示。

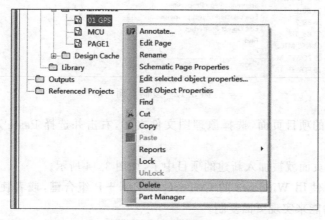

图 3.15　删除页面

有时候,我们会发现 Delete 项是灰白的,那是因为该页面还处在打开状态,需要先关闭该页面,如图 3.16 所示,单击该页面,在上方的标签中右击,在弹出的选项中选择 Close 选项,即可关闭该页面。如果关闭所有页面,就选择 Close All Tabs 选项,如果只保留该页打开,其他页面关闭,就选择 Close All Tabs But This 选项。

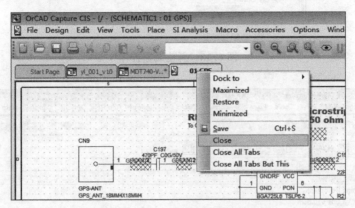

图 3.16 关闭页面

3.2 元器件库管理

OrCAD 的原理图封装后被称为 Part,所有的 Part 都被集中放置在一个以 lib 为扩展名的库文件中,OrCAD 可以允许一个项目添加很多元器件库,不同的元器件库还可以根据顺序设置不同的读取优先级。

3.2.1 创建元器件库

单击 File→New→Library 选项,如图 3.17 所示。

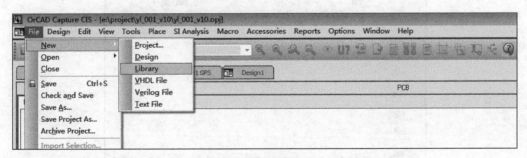

图 3.17 新建元器件库

这样就自动在项目管理图的 Library 文件夹下生成一个 library1. olb 库文件,如图 3.18 所示。

选中新建的元器件库,右击并选择 Save 选项,如图 3.19 所示。

然后设置库文件保存的地址和名称,如图 3.20 所示。

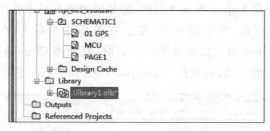

图 3.18　新建元器件库

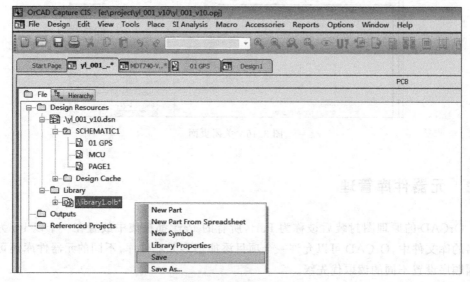

图 3.19　保存库文件库

图 3.20　设置库文件地址和名称

3.2.2 添加和删除元器件库

我们在设计的时候,有时客户要求使用他们提供的元器件库,或者将其他项目的元器件库调出来使用,遇到此情况时则不需要重新建库。

操作如图 3.21 所示,选中 Library 文件夹后右击,选择 Add File 选项。

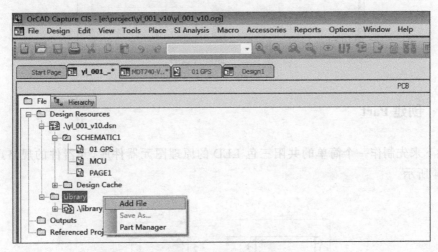

图 3.21　添加库文件

然后选择需要加入的元器件库文件,如图 3.22 所示。

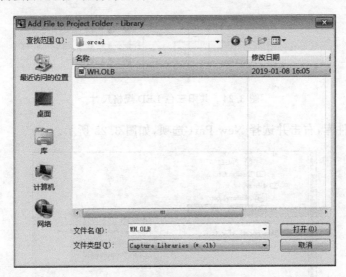

图 3.22　选择库文件

如果在操作时一不小心误加了库,应该如何删除呢?操作也很简单。

选中要删除的库文件,单击右键并选择 Cut 选项,如图 3.23 所示。

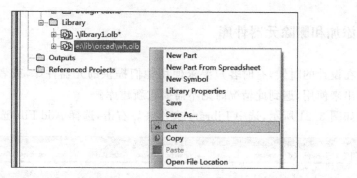

图 3.23　删除库文件

3.2.3　创建 Part

接下来先制作一个简单的共阳三色 LED 的原理图元器件库,元器件的规格尺寸如图 3.24 所示。

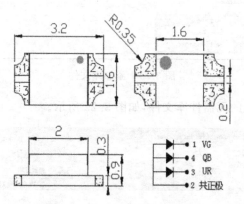

图 3.24　共阳三色 LED 规格尺寸

选中元器件库,右击并选择 New Part 选项,如图 3.25 所示。

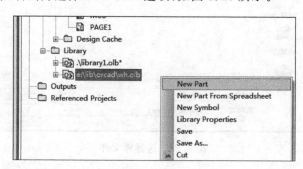

图 3.25　新建 Part

输入 Part 的名字,如果需要新建的元器件 Part 库比较多,建议命名规则统一,这样便于后期调用,并能快速找到这一个库。例如图 3.26 中的名字,LED 代表元器件种类,P 代表是共阳,4 代表 4 个焊脚,SMT 代表贴装方式。

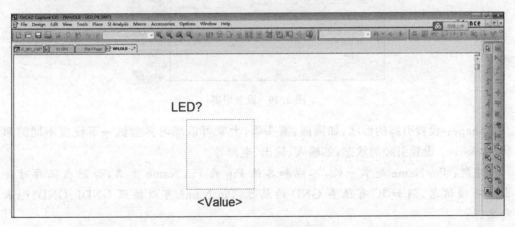

图 3.26 新建 Part 命名

Part Reference Prefix：代表元器件位号的前缀，例如：C 代表电容，R 代表电阻，L 代表电感，D 代表二极管等。根据其前缀可以判断元器件的类型。

该 Part 属于 LED 类，前缀可以设置为 LED 或 D。

PCB Footprint：输入该 Part 的 PCB 封装名称，PCB 封装的名字命名会在后面章节中讲述，在这里简明说一下代表的意思。LED 代表元器件的种类，4P 代表有 4 个焊脚，3216 代表外形尺寸为 3.2mm×1.6mm。

Package Type：设置 Part 分裂的个数，这个在后面章节中会详细讲述。

输入完成后，单击 OK 按钮，进入 Part 编辑界面，如图 3.27 所示。

图 3.27 Part 编辑界面

1. 首先绘制 Part 外形

单击右侧 Add rectangle 按钮，画出 LED 的外形。如果感觉外形大小不合适，可以用鼠标点中 LED 的外形并拖拉改变大小，如图 3.28 所示。

如果没有出现右侧的菜单，单击 View→Toolbar→Draw 选项，Draw 菜单出现后，可以用鼠标拖动到工作窗口的任何地方。

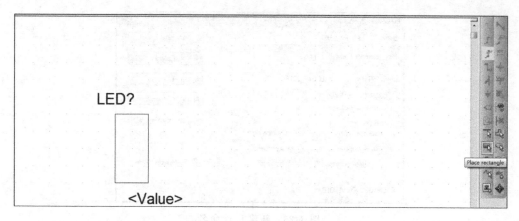

图 3.28　添加 Part 外形

2. 设置 Pin

单击右侧 Place Pin 按钮，设置放置的 Pin 序号为 1，名称为 VG，如图 3.29 所示。Shape 一般设置为 Short，其他选择默认值即可。

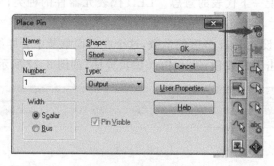

图 3.29　设置引脚

Shape：设置引脚的形状，如圆圈、箭头等，大家可以练习并尝试一下设置不同的形状；Passive：设置引脚的状态，如输入、输出、电源等。

注意：Pin Name 是唯一的，不能和其他 Pin 的 Pin Name 重名，否则在保存时会出现报错信息，例如 IC 有很多 GND 的属性，Pin Name 可以按照 GND1、GND2…… 来命名。

3. 放置引脚

设置好了以后，单击 OK 按钮，放置 Pin 在外形线上，如图 3.30 所示，放置的时候，Pin 会自动吸附到外形线上，按照网格放置在中上位置。

4. 放置其他引脚

放置 2、3、4 Pin，按照上述步骤，放置 2、3、4 Pin，如图 3.31 所示。

图 3.30　放置引脚 1　　　　　　图 3.31　放置其他引脚

在放置完引脚后，如果 Number 和 Name 有错误，可以双击 Pin 的红线，在弹出的对话框中更改 Pin 的属性，如图 3.32 所示。

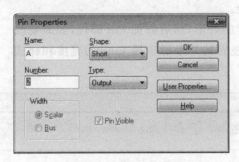

图 3.32　更改 Pin 属性

5. 阵列放置 Pin

后期建 Part 库熟练后，为了提高效率，可以使用阵列放置 Pin，如图 3.33 所示，单击右侧的 Place Pin Array 按钮，在对话框中选择 Starting Name 和 Number of Pins 选项的递增量，以及间距。

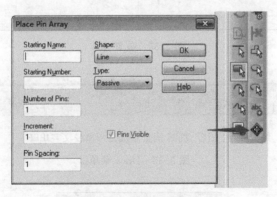

图 3.33　阵列放置 Pin

通过以上几个步骤，三色 LED 的原理图封装 Part 已经建好了。

Pin 阵列放置，可以作为课后作业，供大家练习。

注意：Part 是逻辑库，不需要和实体那样做成一边都是两个 Pin 的样式，Part 一般将相似功能的 Pin 放置在一起，这样便于原理图使用。例如该三色灯，共阳的第 2 个 Pin 放在左侧，RGB 三色负极放在右侧。

3.2.4 创建异形 Part

很多 Part 的外形不是方形的,例如单个 LED,此时一般将 Part 做成二极管的样式,如图 3.34 所示。

新建一个 Part,名字为 LED_S1,单击 Place line 按钮,将鼠标悬浮在图标上可以短暂显示该功能的英文,如图 3.35 所示。

当然,如果要放置其他形状的元器件可以单击其他图标,图 3.36 为各图标的功能。

用 Line 做出二极管的外形,然后添加 Pin 即可,如果要改变 Line 的宽度,双击二极管的外形后选择 Line 的宽度和样式即可,如图 3.37 所示。

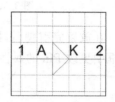

图 3.34　二极 Part 管

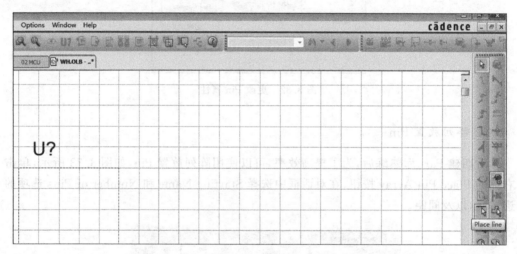

图 3.35　放置 line

线　多段线　矩形　椭圆　圆弧　椭圆弧　平滑线　文字 IEEE

图 3.36　Draw 菜单

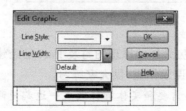

图 3.37　编辑 Line

3.2.5 Part 属性管理

Part 建好后,如果需要更改 Part 的 Footprint 之类的属性,选择 Options→Package Properties 选项,打开属性编辑对话框,如图 3.38 所示。

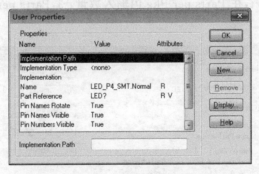

图 3.38 编辑 Part 属性

还可以在 Part 中加入一些物料信息,例如设计公司名称、物料的生产厂家、物料的高度和价格、规格书的地址等,这样方便后期开发使用。

选择 Options→Part Properties 选项,打开用户属性对话框,如图 3.39 所示。

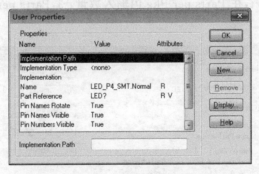

图 3.39 编辑用户属性

可以看到已经有很多的属性在里面了,例如前缀 LED,Pin 编号显示等。

单击右侧 New 按钮,如图 3.40 所示。

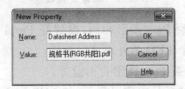

图 3.40 添加用户属性

在输入框输入需要添加属性的名称和值,如图 3.41 所示,新加属性为规格书的地址,这样在原理图导出 BOM 后,就可以把物料所在规格书地址很方便地显示出来,设置默认超链接,这样便可以直接在 BOM 中双击打开 Datasheet 规格书,便于后期 Double Check 物料的封装。

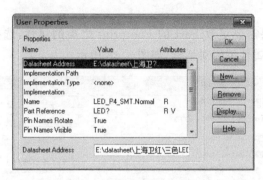

图 3.41　添加规格书地址

3.2.6　创建分裂元器件

有些元器件比较复杂,例如 CPU 有 1000 个 Pin,如果全部放在一个 Part 里就会显得很庞大,也很凌乱。同其他原理图设计软件一样,OrCAD 也可以将 Part 分裂成多个部分进行显示和放置。

例如 3 色 LED,可以将其分成 3 个不同颜色的 LED,放置在原理图不同的位置中,如图 3.42 所示,新建 Part,在 Parts per Pkg 内输入数量:3,Parts per Pkg 的数字就表示元器件要被分成几块。

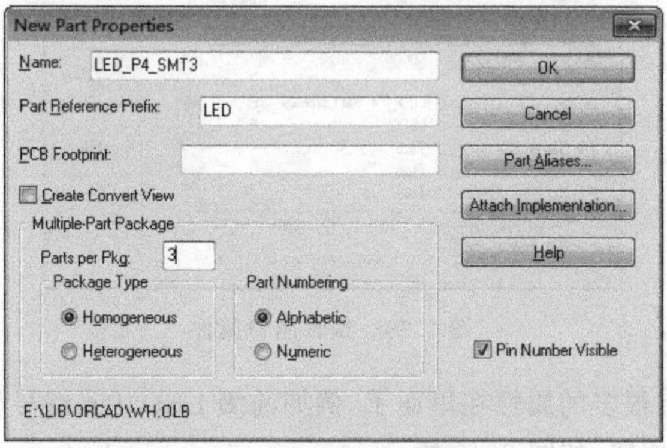

图 3.42　设置分裂数量

Homogeneous:多个分裂 Part 图形相同,设置好 Part1 后,其他几个部分直接默认相同的设置,例如本例中,3 个 LED 的外形可以相同;

Heterogeneous:多个分裂 Part 图形自由设置;

Alphabetic:分裂 Part 的标号以字母显示,如 LEDA2A、LEDA2B、LEDA2C 显示;

Numeric:分裂 Part 的标号以中画线＋数字显示,如显示为 LED2-1、LED2-2 和 LED2-3。

设置好以后,单击 OK 按钮,出现编辑 LED？A 的界面,做好 PartA 的封装,如图 3.43 所示。

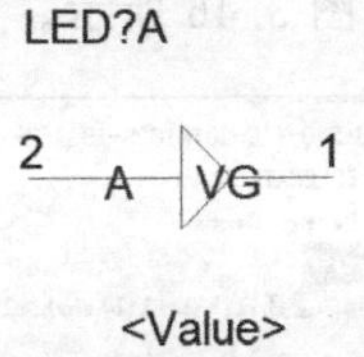

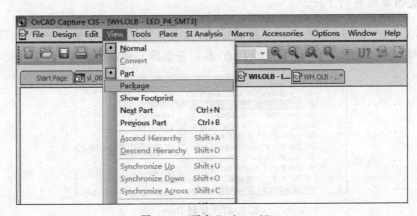

图 3.43 制作 PartA 完成

PartA 制作完成后,单击 Save 按钮,接着单击菜单 View→Package 选项,如图 3.44 所示。

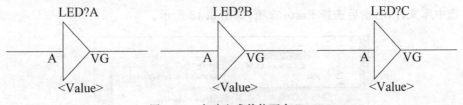

图 3.44 开启 Package View

接着就可以看到 3 个一模一样的 Part,如图 3.45 所示。

LED？A   LED？B   LED？C

A   VG   A   VG   A   VG

<Value>   <Value>   <Value>

图 3.45 自动生成其他两个 Part

因为每个部分 2 脚都是共用的,在 PartA 中已经使用,在其他两个中就不能使用了,分别单击 PartB 和 PartC 的另外一个 Pin 修改 3、4 Pin 的参数,至此该 Part 建立完成。

在调用分裂 Part 时,选择 A、B、C 就可以了。

3.2.7 Part 的复制和删除

在实际项目中所使用的元器件很多来自成熟项目的元器件库,那应该如何把其他项目的 Part 在新项目中使用呢?

1. 打开需要复制 Part 的 dsn 源文件

将元器件库加载在该项目中,如图 3.46 所示。

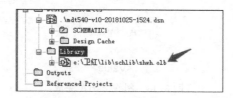

图 3.46　加载库到参考文件中

2. 复制源文件的 Part

单击 Design Cache 左边的"+"按钮标记,可以看到该项目中所有的 Part 都在此目录下,如图 3.47 所示。选中所需要的 Part,右击并选择 Copy 选项。

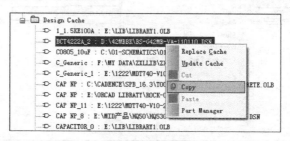

图 3.47　复制 Part

3. 复制 Part 到库文件中

选中库文件,右击后选择 Paste 选项,如图 3.48 所示。

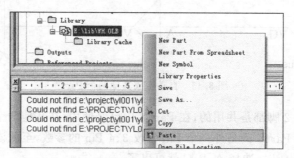

图 3.48　粘贴 Part

如果在视窗中,Design Cache 和库离得不远,可以左键选中所需文件并直接拖拉至库文件中。

4. 删除 Part

如果库里面某个 Part 想删除掉,如图 3.49 所示,只需选中 Part,然后右击并选择 Delete 选项即可删除此 Part。

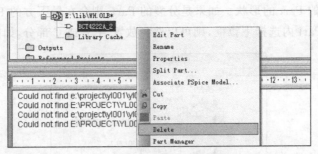

图 3.49　删除 Part

3.3　原理图编辑

下面进入原理图绘制环节,主要讲述原理图重命名、Part 放置、Net 添加、连接符放置、输出 BOM 和 Netlist 文件。

3.3.1　页面重命名

在实际项目中,工程师习惯把一个模块放置在一页,页面的名字定义为"页码+功能名字",如 01-GPS、02-POWER、03-4G Module 等。

如图 3.50 所示,本案中,根据第一页名字的命名规则,第二页的名字 MCU 需要重命名为 02-MCU,操作方法如图 3.50 所示,首先选中该页面,右击并选择 Rename 选项后,输入 02-MCU 即可。

注意:页面命名可以支持空格、汉字、中画线等。

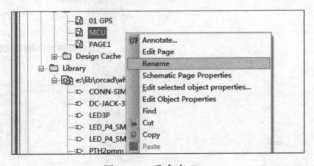

图 3.50　重命名 Page

3.3.2　放置 Part

Page 编辑完成后,就可以根据需要放置各种 Part 到 Page 中,如图 3.51 所示,单击窗口右侧所示的按钮,也可以选择主菜单 Place→Part 选项,或者使用快捷键 P,便会出现放置 Part 的对话框。

首先在 Libraries 下选择 Part 库,然后在 Part List 中选择需要放置的 Part,此时最下面会显示所选择的 Part 的形状。如果是分裂的 Part,则会在最下方的 Packaging 内显示 Part 的个数,在 Part 内选择下拉框,则可以选择放置 A、B 或 C 部分,如图 3.52 所示。

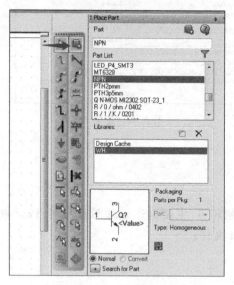

图 3.51　选择 Part

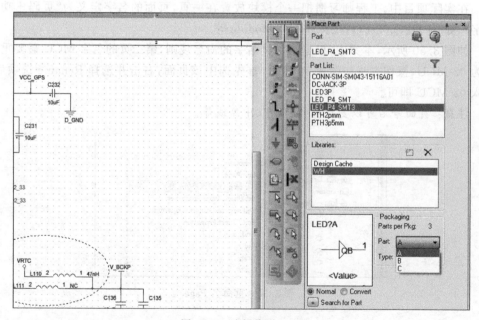

图 3.52　选择分裂 Part

如图 3.51 所示,在 Part List 内双击 NPN,将鼠标移至 Page 内,右击会出现一个下拉菜单,如图 3.53 所示,此时可以对 Part 进行水平、竖直镜像和旋转。

Mirror Horizontally:水平方向镜像;

Mirror Vertically:垂直方向镜像;

Mirror Both:水平和垂直两个方向同时镜像;

图 3.53　Part 镜像或旋转

Rotate：旋转。

接着在左面的 Page 中单击，就可以看到 NPN 已经被放到 Page 中了，如图 3.54 所示。

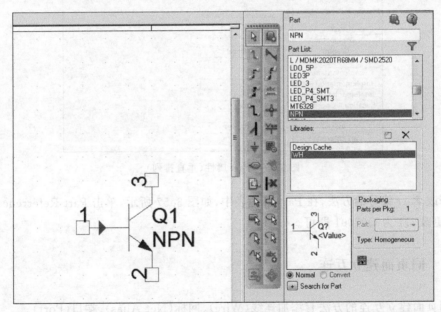

图 3.54　放置 Part

如果要放置第二个 Part，就可以继续在 Page 上单击，每单击一次就会出现一个 NPN。按下 Esc 键后，结束放置。

双击该 NPN 的 Part，出现 Part 属性的对话框，如图 3.55 所示。

可以双击 1 上面的空白处，如图 3.56 所示，以此改变 Part 属性的排列方式。

此时 Part 属性的框将改变为垂直排列并显示属性，如图 3.57 所示。

为了防止 Part 的编号重名，有经验的硬件工程师会根据页码来编号，Part 的编号推荐采用"页码＋本页排号"，如 R05006 就代表该 Part 在原理图的第 5 页，这样方便在原理图中查找。

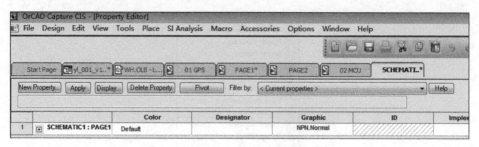

图 3.55　Part 属性(水平排列)

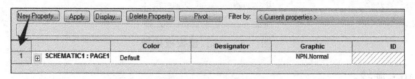

图 3.56　改变排列方式

	A	
	⊞ SCHEMATIC1 : PAGE1	
Color	Default	
Designator		
Graphic	NPN.Normal	
ID		
Implementation		
Implementation Path		
Implementation Type	<none>	
Location X-Coordinate	550	
Location Y-Coordinate	190	
Name	INS16692187	
Part Reference	Q1	
PCB Footprint	SOT23	

图 3.57　Part 属性(垂直排列)

修改 Part 编号的方法,在 Part 属性表中,如图 3.57 所示,单击 Part Referrence 右边的框,更改 Q1 为 Q02001 即可。

3.3.3　同页面建立互连

同页面建立互连的方法有添加连线(Wire)、网标(Net Alias)、端口(Port)。

1. 添加连线(Wire)

如果连接的两个 Pin 的间距较小,添加连线是最直接的方法,如图 3.58 所示,单击窗口右侧的 Place wire 按钮,或按下 W 键,也可以选择主菜单 Place→Wire 选项。

激活添加 Wire 后,如图 3.59 所示,单击 C238 的一个 Pin 作为起始点,出现一个Wire 后,往需要连接的 Pin 方向移动,直到出现一个红的大圆标志后单击,放置 Wire 的连接就完成了,红色大圆也就消失。

下面是窗口右侧按钮其他关于 Wire 的介绍:

Auto Connect to points:单击两个 Pin 后,自动连接 Wire;

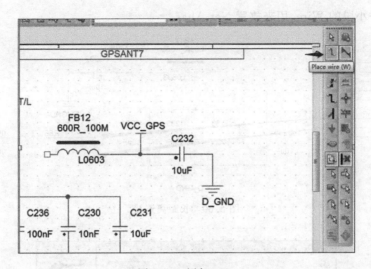

图 3.58　添加 Wire

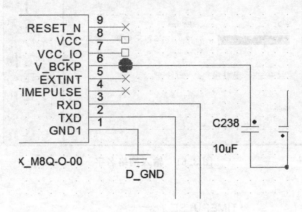

图 3.59　Wire 的另外一点

 Auto Connect mult points：单击多个 Pin 后，右击并选择 Connect 选项，自动建立多 Pin 连接；

 Place junction(J)：放置连接点，两根 Wire 交叉后，一般会自动生成一个交叉的圆形小红点，如果没有出现，则需要手动放置交叉连接点；

 Place no connect(X)：不要连接的 Pin，需要放置 no connect 的 ⤬ 标志，如图 3.59 中的第 9 个 Pin。

2. 添加网标(Net Alias)

如图 3.60 所示，如果第 2 个 Pin 要连接 R56，此时距离比较长，而且线要很绕才能连接到一起，遇到这种情况，采用添加网标的形式来连接比较方便。

单击窗口右侧的 Place Net Alias 按钮，或者输入 N，还可以通过选择主菜单中的 Place→Net Alias 选项，如图 3.61 所示，在 Alias 输入框内输入网标的名字，如 TXD。

然后，把该网标放置在 Pin 2 的 Wire 上，如图 3.62 所示，在放置 Alias 之前，需要从

Pin 2 拉出一小段的 Wire，用来放置 Net Alias。

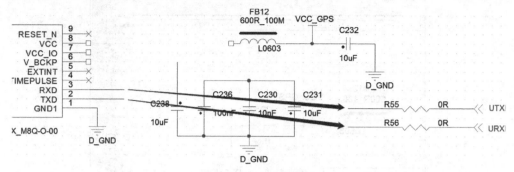

图 3.60　长距离连接

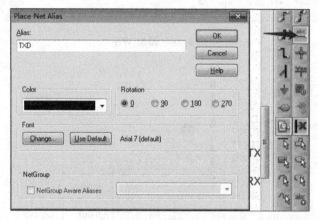

图 3.61　输入网络名字

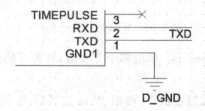

图 3.62　一端放置 Net Alias

同样，在 R56 的另外一端也放置一个 TXD 的 Net Alias，这样两端就实现了相互连接，如图 3.63 所示。

3. 添加网络端口（Port）

Port 和 Net Alias 的作用相同，但比 Net Alias 更直观些，还是将第 2 个 Pin 同 R56 连接，如图 3.60 所示，如果采用添加 Port 的方式连接，也可以达到连接的效果。

如图 3.64 所示，单击窗口右侧的 Add Port 按钮，在 Libraries 里选择库，在 Symbol 中选择具体的样式。

单击 OK 按钮后，右击并选择 Edit Properties 选项，如图 3.65 所示。

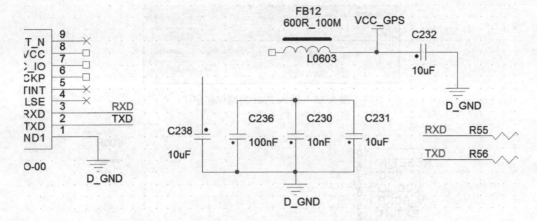

图 3.63　另一端放置 Net Alias

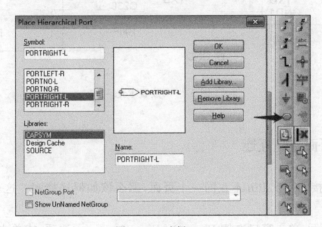

图 3.64　选择 Port

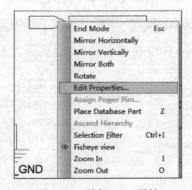

图 3.65　编辑 Port 属性

输入 Port 的网标名字 TXD,如图 3.66 所示。

单击 OK 按钮后,把该 Port 放置在 Pin 2 上即可,如图 3.67 所示。

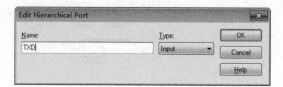

图 3.66 输入 Port 的网标名字

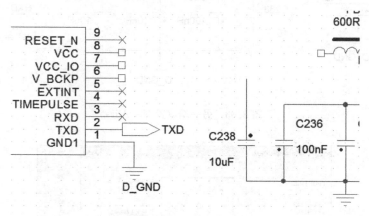

图 3.67 放置 Port

3.3.4 不同页面建立互连

如果需要连接的两个 Pin 不在同一个页面,那么该如何连接呢? 这就需要用到专用的页面连接符。

如图 3.68 所示,单击窗口右侧 Place Off-Page Connector 选项,或单击主菜单 Place→Off-Page Connector 选项,在 Libraries 下选择库,在 Symbol 中选择样式。

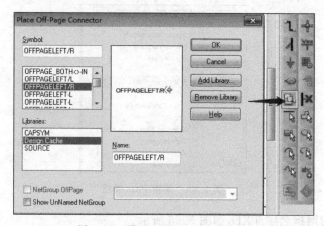

图 3.68 设置 Off-Page Connector

单击窗口右侧的 Add Library 按钮可以添加 Symbol 所需的库,单击 Remove Library 按钮可以删除添加的库,然后单击 OK 按钮。接着右击,出现下拉菜单,在这里可以对 Off-Page Connector 做旋转、镜像等操作,选择 Edit Properties 选项,如图 3.69 所示。

然后输入网标名字,如图 3.70 所示。

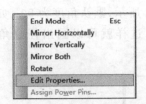

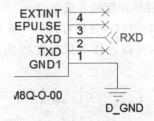

图 3.69　编辑 Off-Page Connector　　　　　图 3.70　放置 Off-Page Connector

注意:如果要和其他 Page 的网标相连,也要在对应的 Page 内放置一个相同网标的 Off-Page Connector,这个是和其他原理图软件不同的地方。

如果没有放置 Off-Page Connector,即使每页放置相同的 Net Alias 或 Net Port,当 导入 Netlist 文件或导入 PCB 中时会发现这些网络不会相连,如 VBAT,会产生很多 VBATxxxx 的网标,xxxx 为随机生成的一串数字。

3.3.5　总线的使用和命名

在设计原理图时,会碰到很多总线(Bus),如 Data、Address 等,这样用 Bus 线就很方 便。如图 3.71 所示,Data 总线有 24 根。

FP0_D0	V17
FP0_D1	W17
FP0_D2	AB18
FP0_D3	W19
FP0_D4	U19
FP0_D5	W18
FP0_D6	AA18
FP0_D7	U18
FP0_D8	AA19
FP0_D9	AB19
FP0_D10	T19
FP0_D11	AA20
FP0_D12	AB20
FP0_D13	T18
FP0_D14	AC20
FP0_D15	W21
FP0_D16	V19
FP0_D17	Y21
FP0_D18	AA21
FP0_D19	V18
FP0_D20	AB21
FP0_D21	AC21
FP0_D22	R19
FP0_D23	Y22
FPCLK0	AB23

图 3.71　Data 总线

和前面的操作方式相同,有 3 种放置总线的方法:

(1) 在主菜单中单击 Place→Bus 选项。

(2) 单击窗口右侧的 Place Bus 按钮。

(3) 直接按快捷键 b 或 B。

然后在右侧空白处即可画出一条 Bus 粗线,如图 3.72 所示,默认角度为 90°,如果需要其他角度,可以在按下鼠标左键的同时按下 Shift 键,这样就可以画出任意角的总线了。

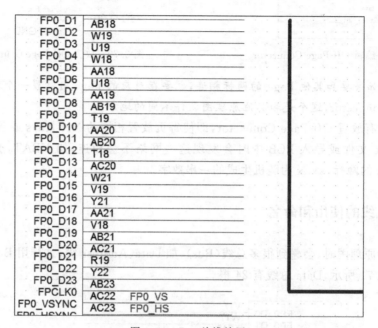

图 3.72　Bus 总线放置

接着单击 Place Net Alias 图标 ,编辑 Bus 的名字,如图 3.73 所示。

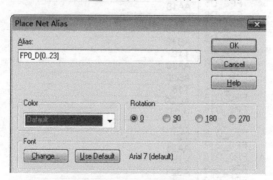

图 3.73　Bus 总线命名

输入 FP0_D[0..23]或者 FP0_D[0-23],如果格式输入错误,会出现提示错误的对话框,如图 3.74 所示。

输入 Bus 的名字后单击 OK 按钮,将 Net Alias 放置在 Bus 线的旁边,如图 3.75 所示。

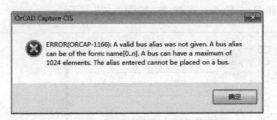

图 3.74　Bus 总线命名错误提示

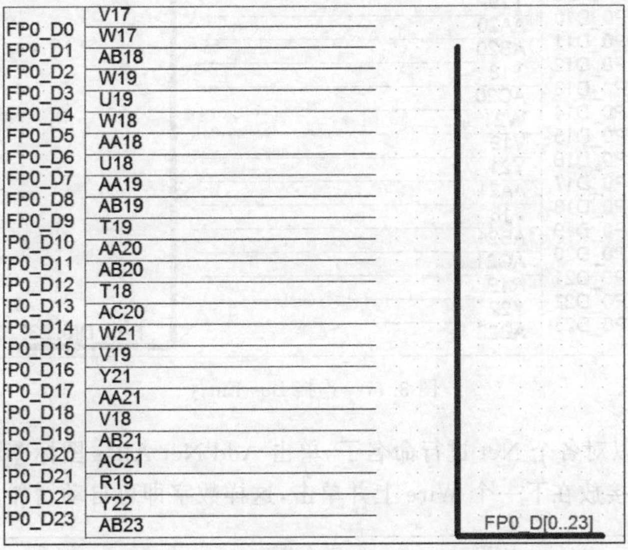

图 3.75　放置 Bus 总线的 Net Alias

接下来，单击窗口右侧的 Add Bus Entry 图标 ，也可以单击主菜单 Place→Bus Entry 选项，或者使用快捷键 E 或 e，以此添加 Bus 线的分支线，如图 3.76 所示。

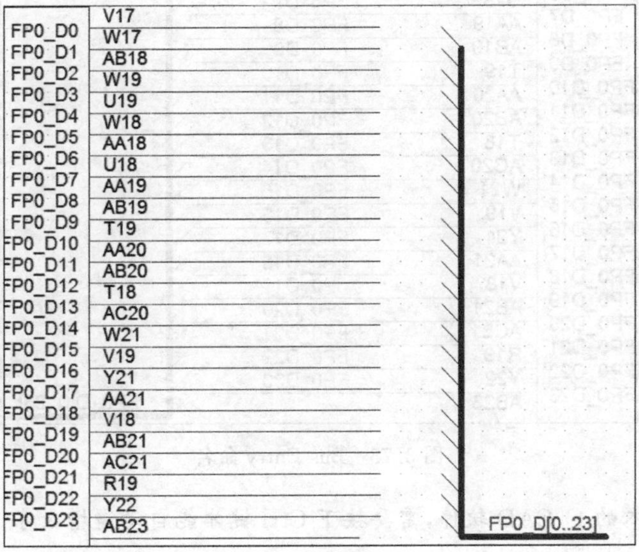

图 3.76　放置 Bus Entry

用 Wire 将 Pin 和 Bus Entry 连起来,如图 3.77 所示。

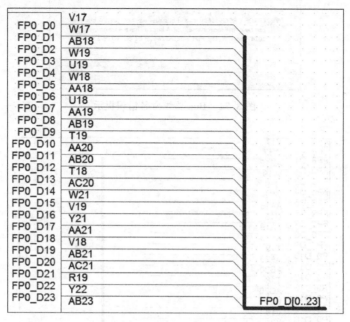

图 3.77　连接 Bus Entry

接下来就可以对各个 Net 进行命名了,单击 Add Net Alias 图标,添加第一个 Net Alias,放置后,直接放在下一个 Wire 上并单击,这样数字即可自动增加,如图 3.78 所示。

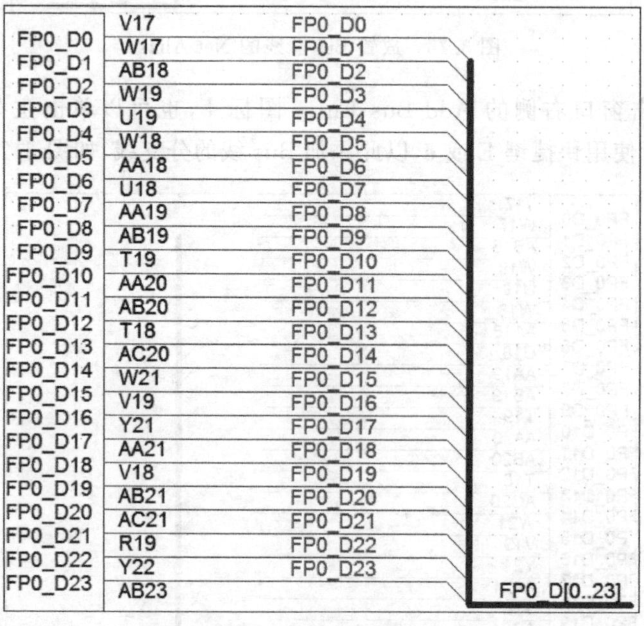

图 3.78　Bus Entry 命名

注意:低版本的 OrCAD 软件,需要按下 Ctrl 键才能自动递增数字。

3.3.6 放置地和电源

OrCAD 设有专门放置电源和地网络的功能,这些电源和地实际上也是一个 Part,制作好后放在 Lib 库中,一般使用默认的设置即可。

1. 放置电源网络

和上面的命令激活方式相同,有 3 种放置电源网络的方式,如图 3.79 所示。

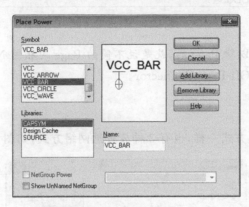

图 3.79　选择 Power

(1) 单击窗口右侧的 Place Power 图标 _苹。

(2) 选择主菜单 Place→Power 选项。

(3) 使用快捷键 F 或 f。

此时出现 Place Power 的对话框,根据自己喜好选择 Power 的样式,如果不满意这里面的样式,可以单击 Add Library 按钮添加自己做好的库进来。

一般选择 VCC_BAR 选项即可,图纸中的 Power 样式最好都选统一的一种,这样下次使用的时候,只需使用 Copy 命令就可以了,不用每次都用 Place Power 命令,然后才能选择样式这么麻烦,从而提高了作图的效率。

接下来单击 OK 按钮,如果需要旋转镜像操作,就按下快捷键 R,需要水平镜像操作就按快捷键 H,需要竖直镜像操作就按快捷键 V。或者右击并在下拉菜单中选择 Mirror 和 Rotate,如图 3.80 所示。

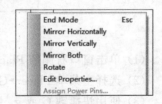

图 3.80　设置 Power

注意:OrCAD 的快捷键字母大小写效果都是一样的。

在下拉菜单中选择 Edit Properties 选项,输入电源的 Name,如图 3.81 所示。

最后,将该 Power 放置在 Wire 上,直到出现一个红标志后单击此 Wire,如图 3.82 所示,就在 B19 和 A23 上放置 Power。

这样就完成了 Power 的放置,有了第一个 Power 后,下次使用这个 Power 就可以直接选中此 Power,通过 Copy 和 Paste 操作,或者按下 Ctrl 键拖拉,便可以生成一个新的 Power,和其他 Part 一样都可以这样操作。

图 3.81　Power 命名

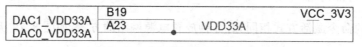

图 3.82　放置 Power

注意：Power 是可以跨 Page 的，就是说不同的 Page 内相同 Net 的 Power 是默认连接的，不需要另外放置 Off-Page Connector。

2. 放置地网络

和上面的命令激活方式一样，也有 3 种放置地网络方式，如图 3.83 所示。

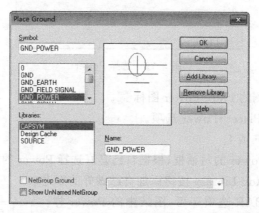

图 3.83　选择 Ground

（1）单击窗口右侧的 Place Ground 图标 ❖。

（2）选择主菜单 Place→Ground 选项。

（3）使用快捷键 G 或 g。

此时便可以出现 Place Ground 对话框，如图 3.83 所示，选择自己喜欢的 Symbol，如要使用自己制作的 Symbol，可以单击窗口右侧 Add Library 按钮来添加。

一般选择系统自带的 GND_POWER 即可，如果线路上有不同的地，如数字地（DGND）、模拟地（AGND）、RJ45 接口地（RGND）、USB接口地（UGND）等，可以分别选用不同的 Symbol 来区别开。

设置好 Symbol 后，单击 OK 按钮，放置 Ground，可以按快捷键 R、H 或 V 进行旋转和镜像，单击右键后如图 3.84 所示，选择 Edit Properties 选项。

图 3.84　设置 Ground

输入地网络的 Name，如图 3.85 所示。

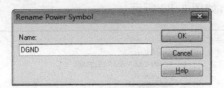

图 3.85　Ground 命名

将 Ground 放置在 B18 旁，然后用 Wire 连起来，如图 3.86 所示。

D0_REXT	B22	R92	402ohm 1%
D1_REXT	B18	R93	402ohm 1%
IO30/SCL0	E13	EP952_SCL	
IO31/SDA0	F14	EP952_SDA	

图 3.86　放置 Ground

从图 3.86 可以看到，Ground 是不显示 Name 的，所以为了区别不同 Name 的地网络，最好选用不同的 Symbol。

同 Power 一样，如果下次需要使用 Ground，直接用 Copy 和 Paste 操作即可，同时地网络也是可以跨 Page 的，就是说不同的 Page 内相同 Net 的 Ground 是默认连接的，不需要另外放置 Off-Page Connector。

3.3.7　Part 的更新

如果检查中发现 Part 需要更新，如果只需要更新 1 个，直接删除此 Part 后，调入更新后的 Part，然后将元器件编号重命名并与原来一致即可。如果有很多个 Part 需要更新，这样操作就很麻烦，而且效率很低，也更容易出错。下面就讲述一下更新多个 Part 的方法。

原理图中的 Part 是通过 Design Cache 内的 Part 和库相连的。如图 3.87 所示，如果想把 U71 的 A2 Pin 更新为 GND1，就可以分步操作。

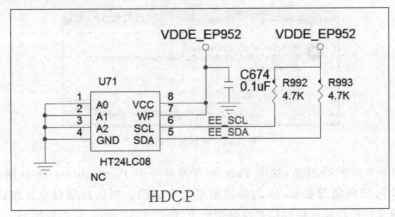

图 3.87　U71 更新

首先要在 Part Library 中找到这个 Part，然后选中此 Part，右击并选择 Edit Part 选项，或者直接双击此 Part，如图 3.88 所示。

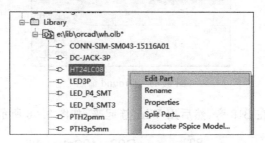

图 3.88　编辑 Part

双击 3 Pin，然后更改 Pin Name 即可，如图 3.89 所示。

注意：Pin Name 不允许重复出现，该 Part 的 4 Pin 的 Pin Name 为 GND，所以 3 Pin 的 Pin Name 不能用 GND，只能使用其他名字，例如 GND1。

在主菜单下，单击 File→Save 选项，回到项目管理器界面，在 Design Cache 下找到这个 Part，选中后右击并在菜单中选择 Update Cache 选项，如图 3.90 所示。

在出现的对话框中一直单击 Yes 按钮，最终会出现报错，提示更新失败，如图 3.91 所示。

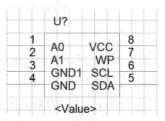

图 3.89　编辑 Pin Name

图 3.90　更新 Cache 内的 Part

图 3.91　更新失败信息

出现更新失败的原因是，这个 Part 来自另外一个 Part Library，不在刚才更新的 WH.olb 库中，这种情况在 Copy 的原理图里经常遇到。当从源项目中复制原理图时，Part 会把源文件所在库的路径信息也附带进来，如图 3.88 所示，可以看到 HT24LC08 后面的信息是这个 Part 库的源路径和源库。

出现这种问题,有以下两种解决方法:

(1) 直接在源库中修改这个 Part。

(2) 更换该 Part 的库和路径。

第 2 种解决方法也就是重点要讲的,因为很多时候,参考的原理图或者厂家提供的原理图也只有一个 dsn 文件,很少有附带的库,例如该 Part 中 IC. lib 的库是根本找不到的。

操作方法如下:

在 Design Cache 中找到 HT24LC08,选中此 Part 后右击并选中下拉菜单中的 Replace Cache 选项,如图 3. 92 所示。

图 3.92　替换 Part 库路径

在出现的两个对话框中直接单击 Yes 按钮后,出现如图 3. 93 所示对话框,在 Part Library 右侧单击 Browse 按钮,选择刚才更新 Part 的 Library,Part 的名字保持不变,还是选用原来的。

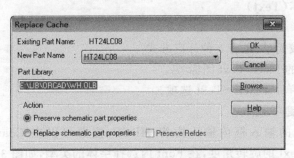

图 3.93　替换 Part 库路径

然后,单击 OK 按钮,在出现的对话框中单击"是"按钮,如图 3. 94 所示。

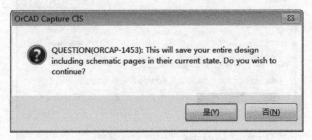

图 3.94　替换确认

最后就可以看到 HT24LC08 后的路径变为现在的新路径和 Part 库了,如图 3. 95 所示。最后,返回到 Part 所在的 Page 就可以看到 Part 已经被更新,如图 3. 96 所示。

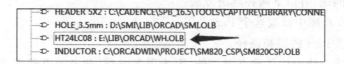

图 3.95　替换结果

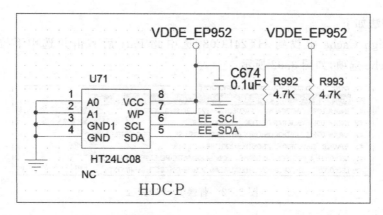

图 3.96　HT24LC08 被更新

3.3.8　添加文本(Text)

添加 Text 比较简单,也有 3 种开启方式:

(1) 单击右侧的 Place Text 图标 。

(2) 选择主菜单下 Place→Text 选项。

(3) 使用快捷键 T 或 t。

在 Place Text 的输入框内输入内容 HDCP,接着可以在 Color 下选择颜色,在 Rotation 下选择 Text 的旋转角度,在 Font 内选择字体的类型,如图 3.97 所示。

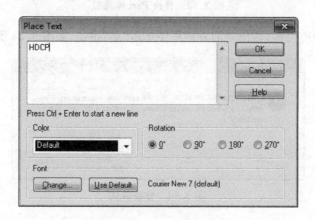

图 3.97　设置 Text

单击 OK 按钮后,将 Text 放置在 Page 上,如图 3.98 所示。

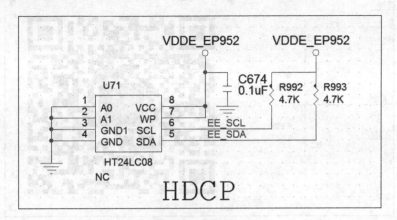

图 3.98　放置 Text

放置后,如果发现需要更改此 Text,就可以直接双击并更改此 Text。

3.3.9　添加图形(Picture)

有时需要在图纸中添加一些图片,例如公司的 Logo、参考的框架图和一些静电标志等,操作如下。

从主菜单中选择 Place→Picture 选项,选择需要添加的图片,最好是 bmp 格式的,其他格式也可以,例如选中该二维码图片,如图 3.99 所示。

图 3.99　选择 Picture

然后,单击"打开"按钮,放置 Picture 在 Page 上,如图 3.100 所示。双击该图片,拖动周围的 4 个粉色的角,这样便可以对 Picture 进行拉伸和缩小了。

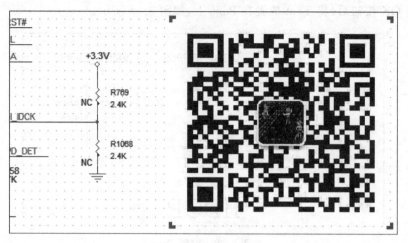

图 3.100　放置 Picture

3.3.10　批量更改 Footprint 的名字

Footprint 是 PCB 封装库的术语,在原理图和 PCB 互连中扮演着一个很重要的角色,更改 Part 的 Footprint 名字是经常用到的操作,这也是专门讲解这一操作的一个原因。

如果需要更改的 Part 很多,对每个 Part 单独更改则太慢,为了提高作图效率,OrCAD 专门提供了批量更改的方法。

在工程管理器中,选择左侧窗口内 Page 或 dsn 文件,然后右击,在出现的下拉菜单中选择 Edit Object Properties 选项,选择的文件不同,出现的下拉菜单也不一样,但都有 Edit Object Properties 项,如图 3.101 所示。

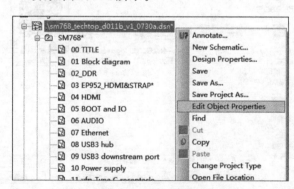

图 3.101　选择批量编辑

接着,将滑动条滑动至 PCB Footprint 处,可以单击 Footprint 按钮,如图 3.102 所示。

可以单独更改,也可以以多个一起更改,例如,图 3.102 中,需要将 C1、C2、C3、C4 都更改为 C0201,可以先选中 C1~C4,然后右击并在下拉菜单中选择 Edit 选项,如图 3.103 所示。

	PART_NUMBER	PATH	PCB Footprint
SM768：02_DDR：C1	C0402C104K8RACTU		C0402
SM768：02_DDR：C2	C0402C104K8RACTU		C0402
SM768：02_DDR：C3	C0402C104K8RACTU		C0402
SM768：02_DDR：C4	C0402C104K8RACTU		C0402
SM768：02_DDR：C5	GRM31MR61E106MA12		C1206
SM768：02_DDR：C6	C0402C104K8RACTU		C0402
SM768：02_DDR：C7	C0402C104K8RACTU		C0402
SM768：02_DDR：C8	C0402C104K8RACTU		C0402
SM768：02_DDR：C9	C0402C104K8RACTU		C0402
SM768：02_DDR：C10	C0402C104K8RACTU		C0402
SM768：02_DDR：C11	C0402C104K8RACTU		C0402
SM768：02_DDR：C12	C0402C104K8RACTU		C0402
SM768：02_DDR：C13	C0402C104K8RACTU		C0402
SM768：02_DDR：C14	C0402C104K8RACTU		C0402
SM768：02_DDR：C15	C0402C104K8RACTU		C0402
SM768：02_DDR：C16	C0402C104K8RACTU		C0402
SM768：02_DDR：C17	C0402C104K8RACTU		C0402

图 3.102　编辑 Footprint

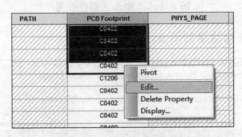

图 3.103　编辑多个 Footprint

在出现的对话框中输入 C0201，如图 3.104 所示。

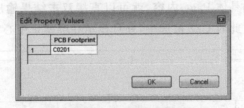

图 3.104　输入新的 Footprint

最后单击 OK 按钮，这样就实现 1 次更改多个 Footprint 了。

3.4　工程预览

本节主要讲解一些图纸的查询问题，例如，如何根据位号查询到 Part，以及如何根据网络名查找到具体的 Page 等。

3.4.1　查询元器件位号

单击 dsn 文件，按下 Ctrl＋F 组合键，单击查询器右侧的 ，只保留 Part 项前面打勾,如图 3.105 所示。

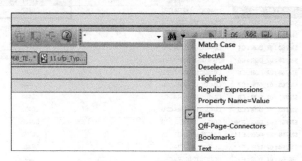

图 3.105　选择 Part

接着在查询器内输入元器件的位号,如 C22,如图 3.106 所示。

图 3.106　输入元器件位号

然后回车,输出的查询结果如图 3.107 所示。

图 3.107　位号查询结果

如果要看到 C22 的具体 Page 内容,就可以直接双击结果输出行。这样便可以切换到 C22 的 Page 页面上,此时 C22 被选中,并且显示在屏幕正中心,如图 3.108 所示。

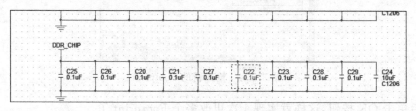

图 3.108　在 Page 内显示

可以用"＊""?"配合来批量查询,例如要查询 R300 到 R309,就可以在查询器中输入"R30?",然后按 Enter 键或单击右边的执行按钮，如图 3.109 所示。

Reference	Value	Source Part	Source Library	Page	Page Number	Schematic	Zone	Location X-Coordinate
R300	0ohm	R_0	Y:\SM768 PUR...	11 u...	11	SM768	2C	820
R301	0ohm	R_0	Y:\SM768 PUR...	11 u...	11	SM768	2C	820
R302	0ohm	R_0	Y:\SM768 PUR...	11 u...	11	SM768	2C	820

图 3.109　批量查询 Part

3.4.2 查询网络

单击 dsn 文件,按下 Ctrl＋F 组合键,单击查询器右侧的 ,只保留 Nets 项的前面打钩,如图 3.110 所示。

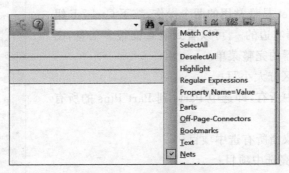

图 3.110 在 Page 内查询网络

在查询器中输入 Net Name,如 MD15,如图 3.111 所示。

图 3.111 输入 Net Name

然后回车,Find Window 就会显示查询的结果,如图 3.112 所示,可以看到所在 Page 的具体页码和 Pin。

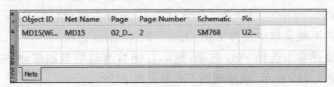

图 3.112 Net 查询结果

在结果上双击,就可以在 Page 内显示出来,如图 3.113 所示,可以看到该 Net 在屏幕中心显示出来,而且处于选中状态。

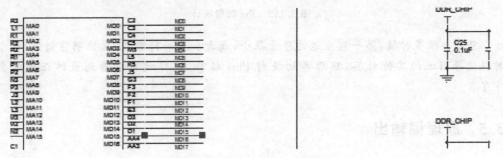

图 3.113 Net 在 Page 内显示

当然也可以用"＊""?"配合来批量查询,操作方法和查询 Part 的方法相似,这里不再举例说明了。

3.4.3 其他查询

查询 Part 和 Net 是最常用的两个操作,按下 Ctrl＋F 组合键后,单击查询器右边的 ，可以看到能查询很多信息,图3.114 是查询过滤器的完整菜单。

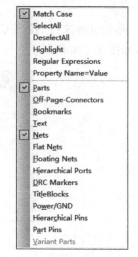

图 3.114 查询过滤器的菜单

Match Case:区分大小写;

SelectAll:选中所有,即选中 Parts 到 Part Pins 的所有项目;

DeselectAll:取消所有选中项目;

Highlight:高亮选中项目;

Regular Expressions:使用正则表达式,一种特殊的字符串模式,用于匹配一组字符串;

Property Name＝Value:查询内容包含 Value。

3.4.4 统计引脚数量

PCB 设计的费用评估所采用的一个常用的指标就是 Pin 数量,和其他设计原理图的软件一样,OrCAD 也提供了统计 Pin 数量的功能。

同批量修改 Footprint 一样,在工程管理器中,选择左侧窗口内 Page 或 dsn 文件,然后右击,在出现的下拉菜单中选择 Edit Object Properties 选项。

最后,在下面标签中选择 Pins 选项,拖动右侧的滚动条至底部,最左侧的序号即是 Pin 的数量,如图 3.115 所示,该原理图 Pin 数量是 2702。

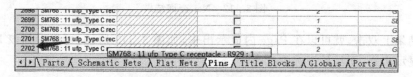

图 3.115 Pin 数量统计

注意:很多时候,第一列左边的序号很小,或者和上一行重复,数值明显错误,这个时候选择附近的其他标签,然后再切换到 Pins 标签,这样就可以看到最终正确的数字了。

3.5 原理图输出

本节主要讲解原理图检查和输出各种文件,例如 Netlist 和 BOM 等。

3.5.1 DRC检查

DRC检查主要是对各种设计 Rule 的检查,常用的检查如原件的位号是否有重复,以及是否有单网络(Single Net)等。

1. Design Rules Options

在项目管理器中,选择 dsn 文件,在主菜单中选择 Tools→Design Rules Check 选项,出现 Design Rules Check 对话框,如图 3.116 所示。

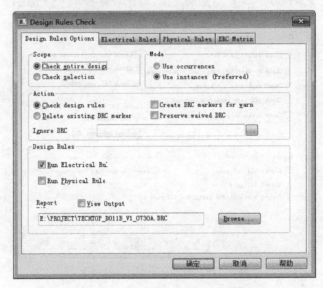

图 3.116   Design Rules Options 对话框

Scope:

Check entire design——检查整个设计,一般选中该项;

Check selection——检查选择部分。

Mode:

Use occurrences——使用自定义的规则,选中后,Electrical Rules 和 Physical Rules 内的选择全部为空状态;

Use instances(Preferred)——使用默认的规则设置,一般选中该项即可。

Action:

Check design rules——检查设计规则;

Delete existing DRC marker——删除 DRC 标志;

Creat DRC markers for warn——在 Page 内生成 DRC 标志;

Preserve waived DRC——保持原来被隐藏的 DRC。

Ignore DRC:添加需要被忽略的 DRC 规则,一般不使用,需要写字本编辑,这里不做详述。

Design Rules:

Run Electrical Rules——运行 Electrical Rules 检查,选中后 Electrical Rules 内的选项会被自动选择;

Run Physical Rules——运行 Physical Rules 检查,选中后 Physical Rules 内的选项会被自动选择;

Report:View Output——查看输出结果。

2. Electrical Rules

单击 Electrical Rules 标签,如图 3.117 所示。

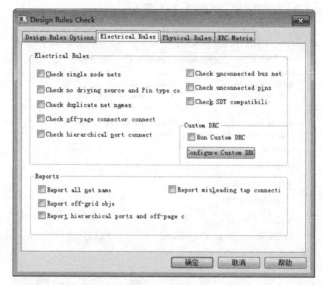

图 3.117 Electrical Rules 对话框

Electrical Rules:

Check single node nets——检查单节点网络;

Check no driving source and Pin type connect——检查驱动接收等 Pin Type 的特性,这些在高速仿真时用到;

Check duplicate net names——检查重复的网络名称;

Check off-page connector connect——检查跨页连接的正确性;

Check hierarchical port connect——检查层次电路的正确性;

Check unconnected bus net——检查未连接的总线网络;

Check unconnected pins——检查未连接的引脚;

Check SDT compatibility——检查 SDT 兼容性。

Report:

Report all net name——导出所有网络名称;

Report off-grid object——导出网格对象;

Report hierarchical ports and off-page connection——导出分层端口和分页图纸间接口的连接;

Report misleading tap connection——报告错误的分流连接。

3. Physical Rules

单击 Physical Rules 标签，如图 3.118 所示。

图 3.118　Physical Rules 对话框

Electrical Rules：

Check power pin visible——检查电源引脚的可视性；

Check missing/illegal PCB Footprint property——检查缺失或非法的 PCB 封装特性；

Check Normal Convert view sync——检查不同视图下的 Pin numbers 的一致性；

Check incorrect Pin Group assignment——检查 Pin Group 属性的正确性；

Check high speed props syntax——检查高速 props 语法有无错误；

Check missing pin numbers——检查是否有丢失的 Pin number；

Check device with zero pins——检查没有引脚的元器件；

Check power ground short——检查电源、地网络短接；

Check Name Prop consistency——检查名称属性的一致性。

Reports：

Report visible unconnected power pin——导出可见的未连接电源引脚；

Report unused part package——导出未使用的部分封装；

Report invalid Refdes——导出无效的参考编号；

Report identical part reference——导出相同元器件的编号，这个功能最常用。

4. ERC Matrix

单击 ERC Matrix 标签，如图 3.119 所示。

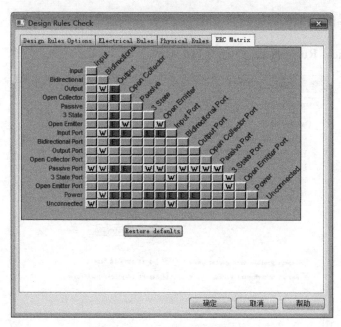

图 3.119　ERC Matrix 对话框

ERC：Electrical Rule Checker，电气规则检查矩阵。

不同属性的引脚相连是不报错、报警告还是报错误的矩阵设置。

Input：输入引脚；

Bidirectional：双向引脚；

Output：输出引脚；

Open Collector：集电极开路引脚；

Passive：无源引脚；

3 State：三态引脚；

Open Emitter：射极开路引脚；

Input Port：输入端口；

Bidirectional Port：双向端口；

Output Port：输出端口；

Open Collector Port：集电极开路端口；

Passive Port：无源端口；

3 State Port：三态端口；

Open Emitter Port：射极开路端口；

Power：电源引脚；

Unconnected：未连接。

一般情况下直接采用默认值即可。

设置好以上 4 项就可以单击"确定"按钮了，进行设计规则的检查，在出现如图 3.120 所示的对话框内单击"是"按钮。

这样就会在 Outputs 文件夹下生成一个扩展名为 drc 的文件，如图 3.121 所示。

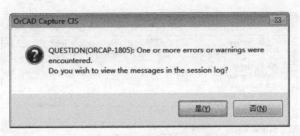

图 3.120　DRC 运行对话框

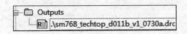

图 3.121　DRC 文件产生

然后,双击并打开该 DRC 文件,这样就可以看到具体报错信息,如图 3.122 所示。

```
Date and Time : 08/17/19 13:23:57

Checking Physical Rules

Checking Pins and Pin Connections
ERROR(ORCAP-1604): Same Pin Number connected to more than one net. /R6/1  Nets: 'DDRREF_1' and 'GND'.
                  SM768, 02_DDR  (1.70, 4.80)
ERROR(ORCAP-1604): Same Pin Number connected to more than one net. /R6/2  Nets: '+1.5V' and 'DDRREF_1'
                  SM768, 02_DDR  (1.70, 4.40)
```

图 3.122　DRC 文件内容

根据 DRC 文件信息,对原理图进行修改。

3.5.2　输出 Netlist 文件

原理图完成后,需要导出网表(Netlist)文件,然后在 PCB 中导入 Netlist 文件,进行项目的更新。

下面介绍一下如何导出 Netlist 文件:

(1) 在项目管理器中点中 dsn 文件,单击 📄 ,或者在主菜单中选择 Tools→Creat Netlist 选项,弹出 Create Netlist 对话框,如图 3.123 所示。

这里只讲述和本书关系大的 PCB Editor 部分,其他标签的内容不做讲解。

Combined Property:PCB 封装的属性定义,默认 PCB Footprint 即可;

Creat PCB Editor Netlist:生成 PCB Editor 的 Netlist 文件,OrCAD 也可以生成适合 Pads、AD 等 PCB 的 Netlist 文件。

单击 Setup 按钮,如图 3.124 所示,可以选择 cfg 的配置文件,也可以对现在选中的文件单击 Edit 按钮进行编辑,一般选择默认就可以了。

单击 Edit 按钮,打开 cfg 文件,可以看到文件的内容类似图 3.125 所示。

该文件设置 Netlist 内包含的 Part 属性,如果在原理图中有一些特殊的属性,如 ROOM 属性要包含在 Netlist 文件内,就需要在文件中添加 ROOM=YES。

(2) 编辑完成后直接单击 OK 按钮,重新回到图 3.123 界面。

图 3.123　Netlist 对话框

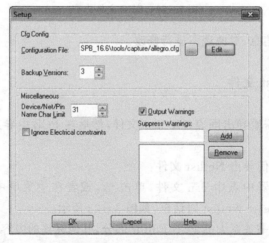

图 3.124　Netlist 配置文件

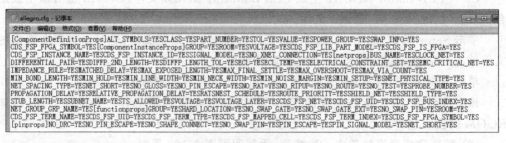

图 3.125　查看配置文件

（3）Options：选择生成 Netlist 文件的文件夹路径，默认在 dsn 文件同路径下所产生的一个 allegro 的文件夹内。

（4）View Output：直接查看输出结果。

（5）Create or Update PCB Editor Board(Netrev)：直接更新 PCB 文件，选中的时候，生成的 Netlist 文件将同步更新到 PCB 文件中，而不需要在 PCB 中导入 Netlist 文件的操作。

选中该项后，Options 就不再灰白显示，需要选择 PCB 文件的输入和输出路径，这个在以后 PCB 文件导入 Netlist 文件中会详细讲解，该处默认不选。

（6）单击"确定"按钮，出现运行的进度图，如图 3.126 所示。

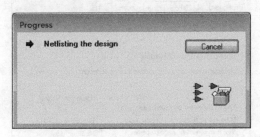

图 3.126　Create Netlist 进度图

（7）运行结束后，在 Output 内可以看到有 3 个扩展名为 dat 的 Netlist 文件，如图 3.127 所示。

图 3.127　Create Netlist 成功

同时可以看到在 dsn 文件同目录下，新出现了一个 allegro 文件夹，打开文件夹会看到这 3 个文件。

OrCAD 的 Netlist 文件有 3 个，与其他软件生成的 Netlist 文件不同，下面介绍一下 3 个文件的内容：

pstxnet. dat——Net、Pin 和位号的互连信息；

pstxprt. dat——Part 和位号的对应关系；

pstchip. dat——Part 的属性信息。

从上述可以看到，每个文件内都是片段信息，这样便可以通过修改 Netlist 文件来更新 PCB 文件，这个需要熟练 OrCAD 的工程师来操作，新入行的工程师还是要选择通过修改原理图来更新 PCB 文件。

注意：首先要原理图完成 DRC 检查，如果有错误，例如原件位号重复等严重错误，生成 Netlist 文件会失败。

3.5.3　输出 PDF 文件

输出 PDF 文件之前，首先要安装好 PDF 虚拟打印机，在打印时选择 PDF 打印机即可。在项目管理器中，选中 dsn 文件，选择主菜单下 File→Print 选项，出现打印对话框，如图 3.128 所示。

默认 Scale to paper size；

单击 Setup 按钮，选择使用 PDF Printer 打印。

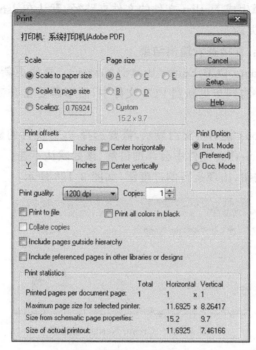

图 3.128 Print 对话框

其他不用设置,单击 OK 按钮后,就生成了 PDF 文件。

注意:需要选择整个 dsn 文件,如果只选中 PAGE,则只会打印选中的该页。

3.5.4 输出元器件清单(BOM)

原理图完成后,下一个很重要的工作就是生成元器件清单列表——BOM,采购人员会根据 BOM 来采购元器件物料。OrCAD 有很强的 BOM 制作功能,可以根据需要生成 BOM 的 Excel 表格数据。

选中主菜单下 Reports→CIS Bill of Materials→Standard 选项,打开 BOM 设置对话框,如图 3.129 所示。

(1) Template Name:默认即可。

(2) Report Properties:

Select Properties——可供选择的输出属性;

Output Format——已选择被输出的属性,通过右侧的上下方向键可以调整属性的前后次序。

(3) Output Mechanical Part Data:输出结构件的数据。

(4) Export BOM report to Excel:输出为 Excel 文件格式,一般要选中该项。

其他选项默认即可,最后单击 OK 按钮,这样就生成了 BOM 文件。

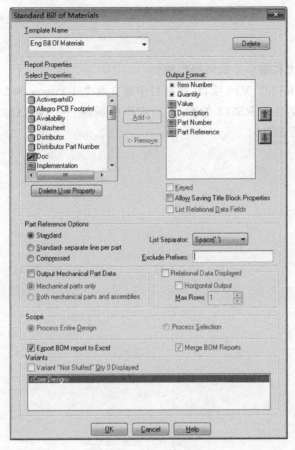

图 3.129　BOM 输出设置

3.6　小结

本章主要讲解使用 OrCAD 进行原理图的绘制,原理图一般由硬件工程师来完成,EDA 工程师可以作为扩展知识了解,读者学完该章后,需要掌握以下内容:

(1) 项目管理器视窗的结构。

(2) 元器件库的新建、添加和删除。

(3) 根据原件的规格书新建一个 Part 和添加 Footprint。

(4) 如何从参考的原理图中 Copy 所需的部分电路。

(5) 放置 Part 和添加 Wire、Net,使用 Off-Page Connector。

(6) 使用查询器查询 Net、Part,生成 Netlist 文件。

(7) 掌握下面常用的快捷键(不分大小写)

I——Zoom In	O——Zoom Out	P——Place Part
W——Place Wire	N——Place Net alias	B——Place Bus
E——Add bus entry	F——Place power	G——Place ground
T——Place text		

3.7 习题

（1）原理图放大和缩小是如何操作的？

（2）新建一个 RS232_V10 项目，在项目中建立两个 1-Power 和 2-USB 两个 Page。

（3）新建一个名字为 RS232 的库，然后在库中新建一个 MAX232ECDR 的 Part，并将 Footprint 命名为 SO16。

本章节是本书的重点部分,主要讲述 Cadence 的 PCB 设计软件 Allegro 16.6 的具体使用方法,Allegro 是 Cadence 公司提供的 PCB 设计系统,它是一个将原理图交互、元器件封装设计、PCB 设计、电气规则检查、电源仿真设计、信号仿真设计和电磁分析等多功能集成在一起的编辑环境。

该部分是 EDA 工程师工作的内容,项目工作流程如下:

1) 制作元器件库的 PCB 封装(Footprint)

(1) 根据规格书设计元器件的焊盘(Padstack)。

(2) 根据规格书制作 Footprint。

(3) 检查 Part 和 Footprint 的 Pin number 对应关系。

2) PCB 中导入 Netlist 文件

3) 导入结构工程师设计的 DXF 文件

4) 设置 PCB 的各项参数

(1) 设置板子层数(Layers)。

(2) 设置线路板板框(Board Outline)。

(3) 设置线路板布线区域(Route Keepin)。

(4) 设置线路板禁止布线区域(Route Keepout)。

(5) 设置线路板摆件区域和最大高度(Package Keepin)。

(6) 设置线路板禁止摆件区域(Package Keepout)。

(7) 设置线路板使用孔的类型(Via Type)。

(8) 设置线路板线宽、线距和区域等规则。

5) 根据 DXF 进行摆件(Placement)

(1) USB、RJ45、HDMI 等机构件放在结构工程师在图纸上指定的位置。

(2) BT、NFC、WiFi、RFID 等按照靠近天线位置按模块摆放。

(3) 做好屏蔽罩区域。

(4) 导 2D 文件(DXF)和 3D 文件(emn)给结构确认摆件。

6) 电源和 GND 层设置

7) 手动布线完成线路连接工作

8) 消除错误(DRC),进行开路(Open)和短路(Short)的检查

9）进行电源仿真(PI)、信号仿真(SI)、热仿真和机械应力仿真

10）按照要求调整丝印，如有源器件正、负极丝印标志，连接器正反插标志等

11）制作制板文件，检查底片文件(Gerber)和拼板文件

12）回复 PCB 厂家的工程确认(EQ)

13）制作 SMT 生产文件

可以看到 EDA 工程师做的工作很多，走线只是很少的一部分工作内容，但占据了绝大部分的时间和精力。

4.1　项目的建立和设置

首先启动 Allegro，选择"开始"→"所有程序"→Cadence→Release 16.6→PCB Edit 选项，首次启动会出现下图的界面，提示选择具体的产品，如图 4.1 所示。

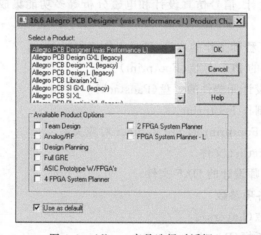

图 4.1　Allegro 产品选择对话框

Select a Product：选择所需的产品，一般默认选择 Allegro PCB Designer(was Performance L)选项即可；

Available Product Options：产品增加选项；

Team Design——分工协作模式，如果一个项目由 2 个或 2 个以上 EDA 工程师同时来完成，需要选中此项进行项目分割；

Use as default：默认产品选项，选中此项，下次启动时不会再出现产品选择的对话框。

然后单击 OK 按钮，即可进入 Allegro 的工作界面。

4.1.1　创建一个项目

单击 File→New 选项，出现新建文件的对话框，如图 4.2 所示。

Drawing Type：Board——线路板 PCB 文件，扩展名为 brd；

Board(wizard)——通过向导建立 PCB 文件，扩展名为 brd；

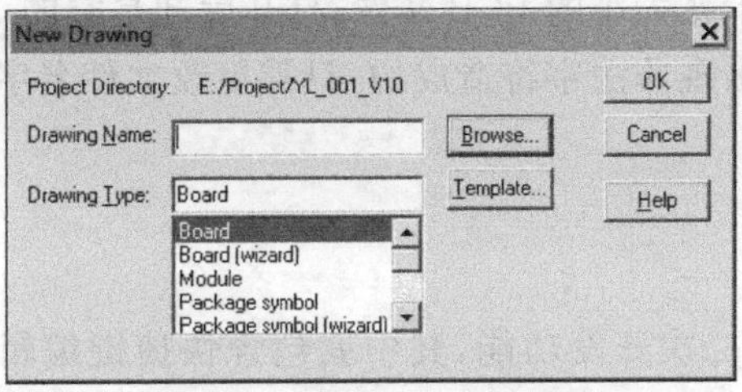

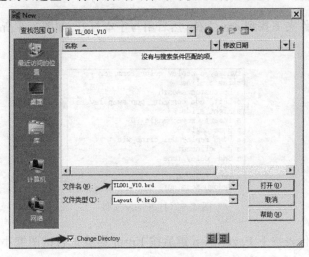

图 4.2　新建文件对话框

Module——模块文件,扩展名为 mdd;

Package symbol——元器件封装 Footprint 文件,扩展名为 dra;

Package symbol(wizard)——通过向导建立 Footprint 文件,扩展名为 dra;

Mechanical symbol——结构封装文件,扩展名为 dra;

Format symbol——项目格式文件,定义图纸尺寸和日期、设计者等信息,扩展名为 dra;

Shape symbol——Shape 形状文件,定义异形焊盘的形状尺寸,扩展名为 dra;

Flash symbol——Flash 文件,定义热焊盘(Thermal pad)形状,扩展名为 dra;

本次直接选中 Board 即可,新建其他文件,在后续中会依次讲解。

单击 Drawing Name 右侧的 Browse 按钮,输入新建项目的名字。

注意:同时要选中 Change Directory,否则新文件就会建立在软件默认的文件夹下,而不是指定的文件夹里。

4.1.2　项目文件命名规则

Allegro 16.6 和 OrCAD 一样,Allegro 不支持中文、中画线、小数点和空格等,如图 4.3 所示,PCB 文件的命名,包括父目录命名,最好都不要使用这些非法字符,当然现在高版本的软件遇到以这些字符命名的文件的时候,文件也能打开,但还是很不稳定。

图 4.3　输入文件名字

如果出现一个有几十兆大小的 PCB 文件,打开后却是空的,里面看不到任何信息,这种情况一般是文件名字出现非法字符造成的,只需更改文件名字就可以正常打开了。

4.1.3 快捷键介绍

Allegro 有很强大的二次开发功能,其中就包含快捷键编辑功能,可以根据 EDA 工程师自己的需要定义快捷键,从而提高布线的效率。

定义快捷键的方式一般有通过 Menu 文件、Skill 文件、env 文件和自定义文件等多种定义方式,在这里只简单介绍一下通过更改 env 文件来实现。

打开 pcbenv 文件夹,如果找不到这个文件,可以在桌面选择"计算机"后右击选择"属性"。单击"高级"选项中的"环境变量"按钮,在 Administrator 的用户变量里查找HOME,可以看到该变量的值,pcbenv 文件就在该变量值所在的文件夹下,如图 4.4 所示,pcbenv 文件的路径就是 C:\Cadence。

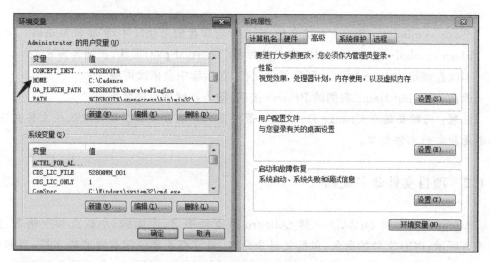

图 4.4　HOME 变量值

在 pcbenv 文件夹下找到 env 文件,然后用写字本打开,如图 4.5 所示,可以定义所需的功能键。

```
funckey o replay color_form.scr
alias a alias
a Up custom smooth
a Left "add connect; pop swap layers"
a Right slide
a Insert "move; angle 90"
a Home angle 90
a Down replay del_cline_via
a cut clinecut
a End   delay tune
a Del   undo
a Pgup zoom in
a Pgdown zoom out
```

图 4.5　打开 env 文件

最后一行,就代表按下 PageDown 键后按 Enter 键就进行试图缩小。

这里用了 Allegro 常见的两个语法:alias 和 funckey,alias 在输入命令结束后需要按下回车键,命令才能执行;而 funckey 则不需要按 Enter 键,就可以直接执行命令,可以用 funckey＝alias＋回车来说明这两个语句的不同。

初次使用 Allegro,可以直接用本书提供的 pcbenv 文件替代原来的 pcbenv 文件即可。这里简单说明一下视窗的控制方法:

1. 放大(Zoom In)

(1) 键盘命令:i(小写),和 OrCAD 一致。
(2) 鼠标滚轮操作:往上滚。
(3) 鼠标右键操作:按住鼠标右键,同时从上往左下 45°方向滑动。

2. 缩小(Zoom Out)

(1) 键盘命令:o(小写),和 OrCAD 一致。
(2) 鼠标滚轮操作:往下滚。
(3) 鼠标右键操作:按住鼠标右键,同时从下往右上 45°方向滑动。

3. PCB 显示(Zoom Fit)

(1) 单击 View 下的 Zoom Fit 按钮。
(2) 鼠标右键操作:按住鼠标右键,拖动鼠标在屏幕区画出"W"字母。

建议使用右键和按键来操作,初次尝试一下右键 Stroke 功能和快捷键功能,这样便可以脱离菜单,从而提高软件的使用效率,其他的快捷键会在后续学习中逐渐接触到。

本章软件讲述避开了常规的菜单式讲解,读者可以根据本书的思路,按照项目的设计流程来学习软件,设计到哪个流程了就学习相应的功能,而不是一次性把软件的功能全部讲完,真正等到使用的时候,却又不知道该使用哪些功能,又要从头开始学习。

4.2　PCB 元器件库管理

Allegro 的元器件封装 Footprint 是以单个分立的 dra 文件的形式存在于一个文件夹中的,与 OrCAD 集成在一个 obl 文件里的不同。单个 Footprint 可以打开编辑,这个比集成库要方便很多。这样不需要新建元器件库,只要把 Footprint 文件放在一个文件夹下,然后指定库的路径到这个文件夹里就可以了。

4.2.1　设置元器件库路径

单击主菜单 Setup→User Preference 选项,然后在左侧 Categories 中单击 Paths 左边的"＋"标志,在出现的下拉菜单中选中 Library,如图 4.6 所示。

这里用到的两个库地址变量是 padpath 和 psmpath。

padpath:padstack 的读取路径;

psmpath:Footprint 的读取路径。

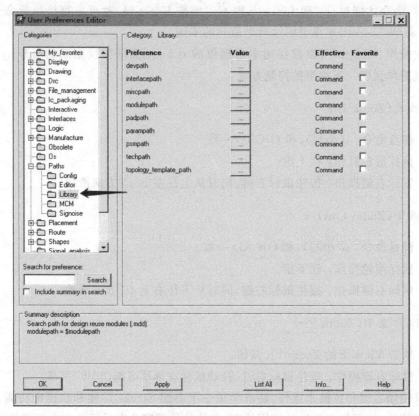

图 4.6　打开用户管理器

1. 设置 Padstack 库的路径

单击 Padpath 变量右边的 Value 按钮 ⬚，设置 Padstack 的保存路径，如图 4.7 所示。

图 4.7　设置 Padstack 的路径

（1）单击添加按钮，就可以增加一排空白行，如图 4.8 所示。

图 4.8 增加 Padstack 库文件

（2）单击空白行右侧按钮 ，选中需要添加的文件夹路径，如图 4.9 所示。

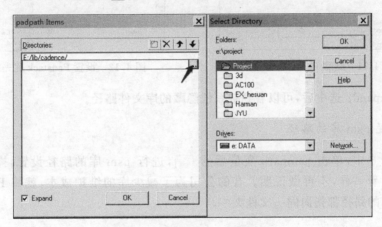

图 4.9 选择 Padstack 库文件

（3）选中文件夹后，直接单击 OK 按钮，这样就完成了添加 Padstack 库的操作，当然如果库很分散，按照上述方法可以添加多个文件夹，如图 4.10 所示。

图 4.10 添加多个 Padstack 库文件夹

Padstack的库文件就可以放在这些文件夹下面,这样便不需要新建库文件夹,管理起来很方便。

（4）选中任何一个库文件夹,单击右侧 ⊠ ,就可以删除该路径,如图4.11所示。

（5）如果在多个库中都有该库文件,可以单击右边的 ⬆⬇ 来设置这几个库的优先读取顺序,如图4.12所示,最上面的库会被优先读取,保证库文件的唯一性。

图4.11 删除Padstack库路径   图4.12 设置Padstack优先级

（6）Expand：选中后,可以看到被系统隐藏的库文件路径。

2. 设置psm库的路径

在图4.6中,单击psmpath变量后的 ▭ ,进行psm库的路径设置,操作方法同Padstack设置一样,不再做说明。有的公司为了减少库的维护成本,就将Padstack和psm两个库的路径都指向同一文件夹中。

4.2.2　创建Padstack和命名规则

Padstack是Allegro PCB设计中的最小单位,就是板子上的焊盘,Allegro里的焊盘和封装是分离的,这个与Pads和AD不同,同时也增加了Allegro元器件库管理的复杂度,所以在使用Allegro软件的中大型企业里,一般会增设专业的零件工程师（Library Engineer,简称LE）职位,新旧项目的不断迭代,造成元器件库越来越庞大,管理也要花费大量的时间。一般新项目的库文件会放在一个临时文件夹内,等项目实现量产了,元器件的封装经过检验没问题后,才会被Library工程师放入量产的库文件夹中。

Padstack一般有表贴（SMT）和插针（DIP）两种,Allegro里Padstack和Footprint可以分开管理,一般可以分别放置在两个不同的库内,也可以放置同一个库里,根据公司规定或个人爱好自由选择。

Padstack可以被多个Footprint文件复用,所以Padstack文件的名字必须是有规律的,这样需要某种尺寸的Padstack时,可以根据名字就可以搜索到。

下面是建议Padstack的文件名字,如表4.1所示,也可以按照英制尺寸命名：

表 4.1 建议 padstack 的文件名字

Padstack	圆 形	椭 圆 形	矩 形
SMT	cir+直径 如 cir1p0mm	obl+长×宽 如 obl0p5x1p6mm	rec+长×宽 如 rec0p5x1p6mm
DIP	cir+内径_外径 如 cir0p5_1p0mm	obl+内(长×宽)_外(长×宽) 如 obl0p5x1p0_0p8x1p3mm	rec+内(长×宽)_外(长×宽) 如 rec0p5x1p0_0p8x1p3mm

注意：因为命名中宽指的是水平方向尺寸,长指的竖直方向尺寸,所以不一定长大于宽；例如 rec0p5x1p6mm 与 rec1p6mmx0p5mm 是两个不同的 Padstack。

按照表 4.1 命名后,可以根据焊盘的尺寸查询到具体的 padstack 文件,避免了重复建 padstack 文件的工作。

注意：由于命名中不允许存在小数点和空格,所以小数点一般用 p 或 r 代替。

建立 Padstack 是制作 Footprint 的第一步,Padstack 的尺寸需要从元器件的规格书 (Datasheet)中获取,如图 4.13 所示。

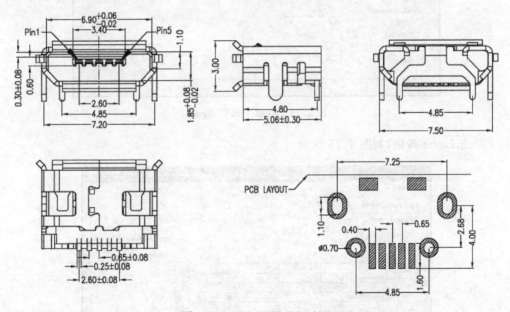

图 4.13　MicroUSB Datasheet

术语学习：元器件的规格书英文为 Datasheet 或 Spec。

该 Datasheet 中正好有 SMT 和 DIP 两种焊盘,下面就来讲如何制作 Padstack。

1. 建立 SMT 的 Padstack

从图 4.13 中可以看到焊盘的尺寸为 0.4mm×1.6mm,定义该 Padstack 文件的名字为 rec0p4x1p6mm,单击"开始"→"所有程序"→Cadence→Release 16.6→PCB Edit Utilities→Pad Designer 选项,启动 Pad_Designer 程序对话框,如图 4.14 所示。

按照图 4.13 所示,在 Parameters 内,更改 Units 内的值为 Millimeter,Decimal places 内的值代表精确到小数点后几位,默认 4 即可。

Drill/Slot hole 内更改 Plating 值为 Non-Plated,表明非镀锡孔。

图 4.14　启动 Pad Designer

单击 Layer 按钮，如图 4.15 所示。

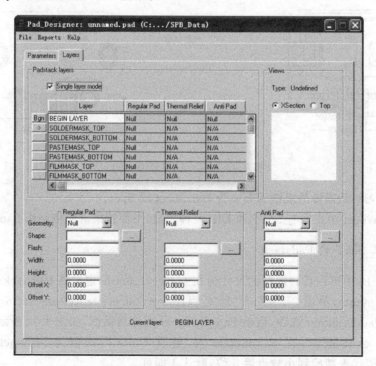

图 4.15　Pad Designer 的 Layers

Single layer mode：单层模式，SMT 的 Padstack 只有一层有焊盘，所以要选中此项。选中 BEGIN LAYER，在下面的 Regular Pad 项的 Geometry 内选中形状为矩形 Rectangle，Width 和 Height 内输入 0.4 和 1.6，如图 4.16 所示。

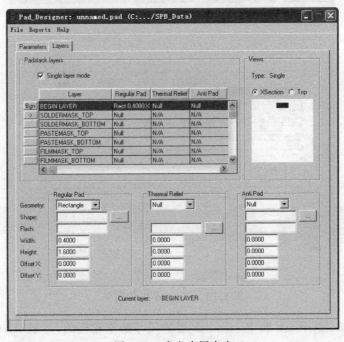

图 4.16　定义表层大小

如图 4.17(a)所示，在 BEGIN LAYER 左侧的 Bgn 按钮上，右击并选中 Copy to all 选项，出现如图 4.17(b)所示的对话框，选中 Soldermask 和 Pastemask 选项。

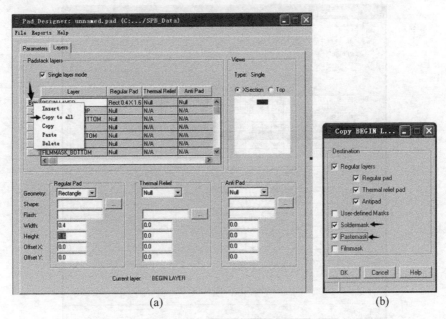

　　　　　　　　　　(a)　　　　　　　　　　　　　　　　(b)

图 4.17　Layer 的批量 Copy

然后单击 OK 按钮,可以看到 Soldermask 和 Pastemask 层都已经被定义为相同的尺寸,如图 4.18 所示。

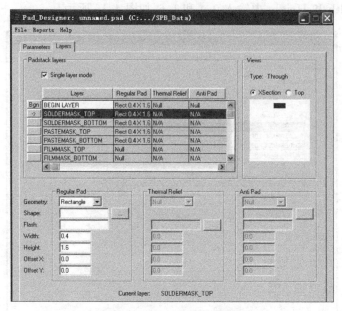

图 4.18 Copy to all 的结果

我们知道 Soldermask 和 Pastemask 层的尺寸是不相同的,一般 Pastemask 层保持和 TOP 的焊盘尺寸一致,Soldermask 要比 TOP 的焊盘尺寸大 0.05mm。同时背部的 Soldermask 和 Pastemask 层是不存在的,所以我们要修改一下各层的数据,修改结果如图 4.19 所示。

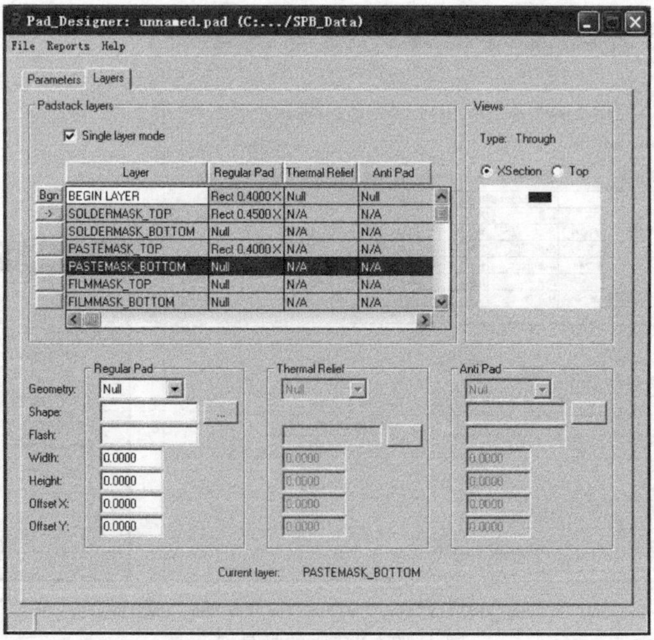

图 4.19 修改各层参数

SOLDERMASK_TOP：尺寸更改为 0.45×1.65

SOLDERMASK_BOTTOM：改为 Null

PASTEMASK_BOTTOM：改为 Null

Thermal Relief 和 Anti Pad 在负片中使用，现在基本 GERBER 资料使用的是正片，这两项默认 Null 即可。

到此已经完成了 rec0p4x1p6mm 的 Padstack 的建立，然后选择 File→Save as 选项，选择保存的文件夹，如图 4.20 所示，Padstack 文件的扩展名为 pad。

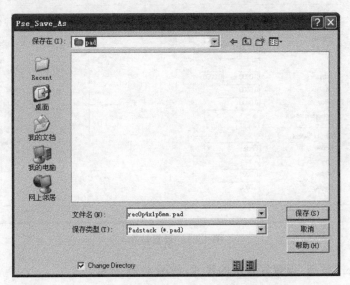

图 4.20　文件另存在 Padstack 库文件夹中

注意：Change Directory 选中后 Pad Designer 编辑路径回到所选文件夹路径。

2. 建立 DIP 的 Padstack

根据图 4.13，可以看到该孔的内径是 0.7mm，外径没有说明，可以按照加大 0.3mm 来设置外径，即 1.0mm，该 padstack 的名字定义为 cir0p7_1p0mm。

启动 Pad Designer 程序，设置如图 4.21 所示。

1）Drill/Slot hole：

Hole type——Circle Drill，圆孔；

Plating——Plated，孔内镀锡；

Drill diameter——0.7，孔径尺寸 0.7mm。

2）Drill/Slot symbol：

Figure——Circle，钻孔标志符为圆形；

Characters——A，钻孔特征字符为 A；

Width——0.7，钻孔标志符的 X 项直径为 0.7；

Height——0.7，钻孔标志符的 Y 项直径为 0.7。

注意：Drill/Slot symbol 该项可以不填，导出 GERBER 资料时会自动分配钻孔标志符和特征字符。

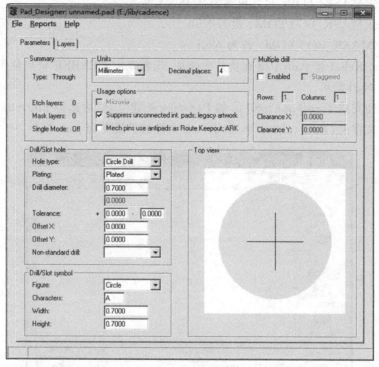

图 4.21　设置钻孔

单击 Layers 按钮,设置好各层的尺寸,如图 4.22 所示。

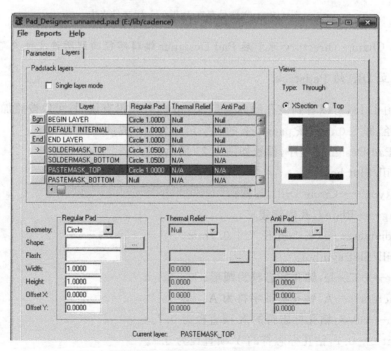

图 4.22　设置 DIP 的各层尺寸

可以看到 DIP 类的 Padstack 层数比较多。一般有以下几层：

BEGIN LAYER——Top 层焊盘尺寸；

DEFAULT INTERNAL——内层焊盘尺寸；

END LAYER——Bottom 层焊盘尺寸；

SOLDERMASK_TOP——Top 层 soldermask 尺寸；

SOLDERMASK_BOTTOM——Bottom 层 soldermask 尺寸；

PASTEMASK_TOP——Top 层的 pastemask 尺寸。

注意：一般 DIP 元器件是波峰焊焊接的，不需要 PASTEMASK 层，但图 4.13 的 MicroUSB 整体属于 SMT，该部分引脚的 Padstack 虽属于 DIP，但在焊接时也是用回流焊代替波峰焊的方式来进行焊接的，因此需要 PASTEMASK_TOP。

在右上角的 Views 中可以选择 XSection 和 Top 两种浏览模式，如图 4.23 所示。

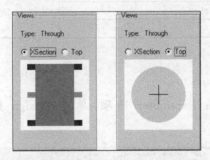

图 4.23　设置 Xsection 和 TOP 两种浏览模式

设置完成后另存为文件的名字设置为 cir0p7_1p0mm.pad 并保存到 pad 的库文件夹中。

4.2.3　创建 Package symbol

按照图 4.13 的 Datasheet 建立，首先根据规格书建好 3 种 Padstack 的文件 rec0p7x1p0mm、cir0p7_1p0mm 和 obl0p7x1p1_1p0x1p4mm，Package symbol 就是 PCB 中的 Footprint。

1. 新建 dra 文件

在如图 4.24 中选取 Package symbol，选择文件的保存地址和输入新文名字。

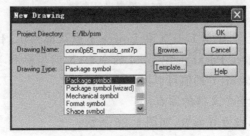

图 4.24　新建 Package symbol

新建 Package symbol 时名字也要有一定的规律,在实际项目中会出现几个元器件共用 Footprint 的情况,或者在相似的 Package symbol 文件上更改。Package symbol 名称有规律便于日后查找。Package symbol 名称建议按照"元器件类型(A)_间距_功能(B)_贴装方式_Pin 数量"命名。对一些小的元器件,可以按照外形尺寸命名,如 R0201、L0805。下面是 Package symbol 建议的命名方法,如表 4.2 所示。

表 4.2 **Package symbol 命名建议**

元器件名称	元器件类型(A)	功能(B)	贴装方式	尺　寸
连接器(公头)	head	USB、RJ45	SMT、DIP	
连接器(母座)	conn			
芯片	SOIC、PLCC			
模块	Module	BT、WiFi、NFC		
晶体	xtal、crystal			3225、2016
容阻感	C、R、L			0201、0603

2. 文件设置

选择 Setup → Design Parameter 选项,单击 Design 按钮,设置图纸单位为 millimeter,如图 4.25 所示。

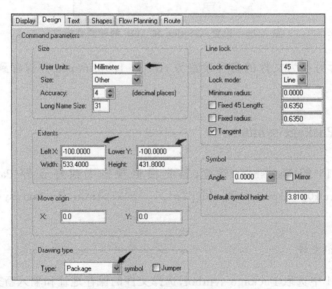

图 4.25 设置设计参数

Extents:画布的范围,默认 Left X 和 Lower Y 默认都为 0。代表画布区域左下角的坐标,因为画布原点一般在 Package Symbol 的中心,X 向坐标和 Y 向坐标正、负的情况都有,所以 Left X 和 Lower Y 的值可以都改为—100。

Move origin:设置整个文件的原点;

单击 Display 选项,设置好参数,如图 4.26 所示。

左侧 Display:

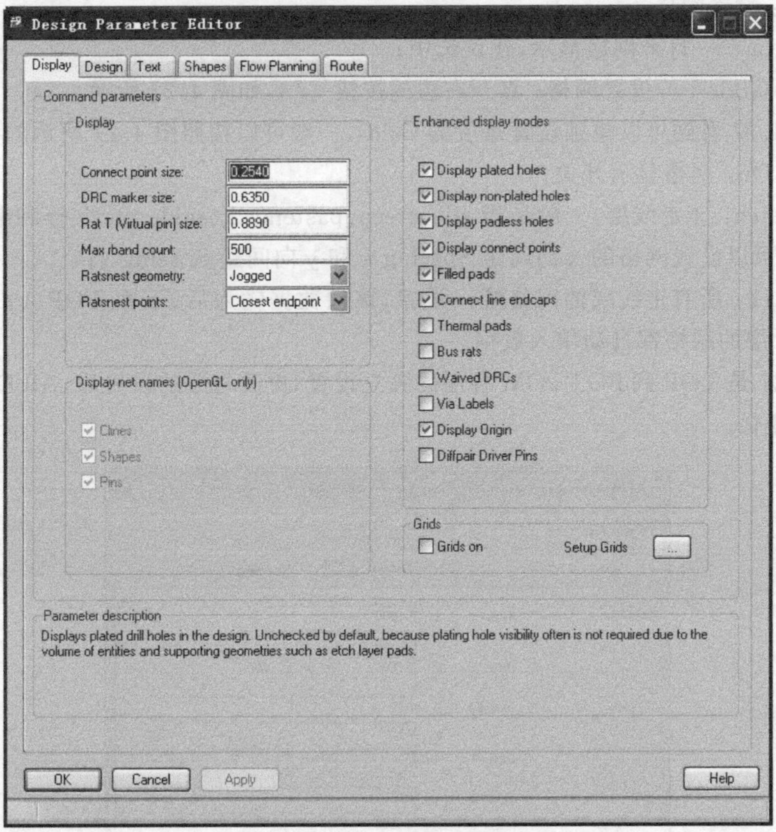

图 4.26 设置 Display 参数

Connect point size——连接点的尺寸；

DRC marker size——DRC 标志的尺寸；

Rat T(Viral) size——虚拟 T 型点的尺寸。

常用的就以上几个参数，其他选择默认值即可。

右侧 Enhanced display modes：

Display plated holes——显示镀锡孔，建议选中；

Display non-plated holes——显示非镀锡孔，建议选中；

Display padless holes——显示无 Pad 的孔，建议选中；

Display connect points——显示连接点；

Filled pads——Pad 填充显示，如果不选，则 Pad 做 2D 线框显示；

Connect line endcaps——连接线平滑显示，建议选中；

Thermal pads——热焊盘显示，建议选中；

Bus rats——Bus 线显示为一根粗线；

Waived DRCs——显示忽略的 DRC；

Via Labels——显示通孔的标签，一般不用选；

Display Origin——显示原点，建议选中；

Diffpair Driver Pins——等差 Pin 显示，一般不用选。

Grids：设置网格。

Grids on——打开网格显示，建议选中；

Setup Grids——设置网格；点开右边的按钮 ... ，如图4.27所示。

从图4.27看到可以单独设置每层的Grids，一般可以按照图4.27所示的参数设置。

Girds On：网格显示开关；

Non-Etch：非走线层，一般是指silkscreen、pastemask、soldermask等和电气连接无关的线层，可以设置网格的x向间距Spacing x和y向间距Spacing y；

All Etch：所有走线层的网格统一设置，该项数据输入后，下面TOP、Inter Layers、BOTTOM层的网格都自动填入数据。

图4.27是TOP到BOTTOM各层的独立设置，更改每层的设置后，All Etch内的值不会发生变化。

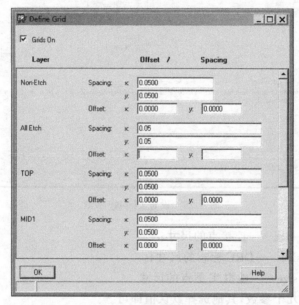

图4.27　设置网格参数

3. 放置信号Pin

选择Layout→Pins选项，在Options内单击Padstack右边的按钮，如图4.28所示，选择5个0.4mm×1.6mm的焊盘为Rec0p4x1p6mm。

Connect：互连焊盘，有网络和Pin number；

Mechanical：机构焊盘，无网络和Pin number。

Copy mode：

Rectangular——矩形阵列；

Polar——环形阵列。

因为有5个焊盘，间距是0.65mm，可以采用阵列放置Pin，设置如图4.29所示。

X：1×5排列，X向的数量为5个；

Y：Y向数量为1；

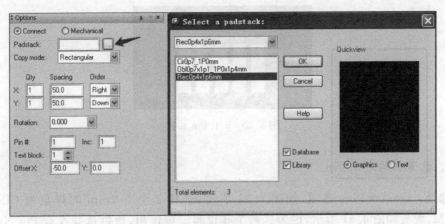

图 4.28　选择 Padstack

图 4.29　选择阵列

Spacing：相邻焊盘中心间距，X 向设为 0.6500，Y 向任意；

Order：Pin number 的阵列方向，Right 代表左侧为第一个 Copy 点，X 向有 Left、Right 两个方向可以选择，Y 向有 Up 和 Down 两个方向可以选择；

Rotation：Pin 的旋转方向；

Pin ♯：Pin number 的起始值，默认值为 1，也可以是字母编号，例如 A1；

Inc：Pin number 的增加值，只能是数字，例如按 1、3、5 放置，那 Inc 的值就为 2，按 1、2、3 放置，Inc 的值就为 1；

Text block：Pin number 的字体大小；

Offset：Pin number 的偏移值。

然后，在最下面的命令窗口内输入：x−1.3 0（x、y 坐标中间有空格），回车，右击并选择 Done 结束放置 Pin 的命令，这样就可以看到 5 个 Pin 已经放置在以（0,0）为中心的图纸上，如图 4.30 所示。

可以看到 5 个 Pin 从左到右摆列，Pin number 依次为 1、2、3、4、5，图纸原点的圆形十字标志在第 3 个 Pin 的中心。

注意：Pack Symbol 的原点很重要，一般放置在第 1 个 Pin 或元器件的中心点上，这样后期移动 Symbol 时，选择默认按原点移动很方便，如果原点离本体很远，移动起来就很麻烦。

图4.30　5个Pin放置

4. 放置机构定位 Pin

选择 Layout→Pins 选项，如图4.31所示，选择2个0.7mm的焊盘为 CIR0P7_1P0MM，设置如图4.31所示，因为这两个孔仅起定位作用，所以选择没有 Pin Number 机构焊盘，这两个 Pin 是没有信号的，在 OrCAD 的原理图 Part 内是看不到的，原理图的 Part 中实际是7个 Pin。

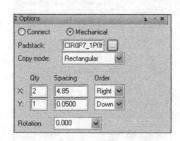

图4.31　2个机械定位孔

根据图纸可以算出左侧定位 Pin 相对原点的坐标为(−2.425,0.52)，所以 EDA 工程师，尤其是擅长建库的工程师，必须要有机械制图方面的知识储备，这样才能看懂三视图。

在命令行输入：x−2.425 0.52后按 Enter 键，右击后选择 Done 选项，放置定位孔如图4.32所示。

图4.32　放置定位孔

5. 放置剩余的 Pin

根据上面所述方法，再放置好最后两个 Pin，如图4.33所示。

6. 绘制外形

接下来要绘制丝印线，Allegro 在 2D 绘图方面不如专业设计软件功能强大，例如

AutoCAD,因此只需要绘制好元器件的范围即可。可以从图 4.13 中看到,该 Micro USB 的尺寸为 7.5mm×5.06mm,而且从板边到定位 Pin 中心的间距是 4.8mm。

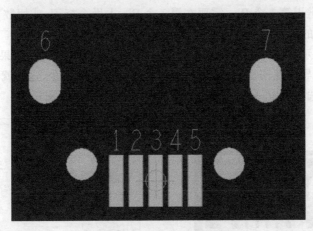

图 4.33　放置最后两个椭圆孔

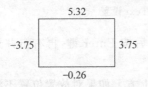

图 4.34　计算丝印坐标

这样就可以算出板边的丝印 Y 值为 4.8＋0.52＝5.32mm,接着算出其他 3 边到定位中心的距离,如图 4.34 所示。

单击主菜单中 Add→Line 选项,设置好丝印要放在哪一层,以及线的宽度和拐角,如图 4.35 所示。

元器件的丝印要放在 Package Geometry 下的 Silkscreen_Top 层,线的宽度要 0.1mm 以上,因为如果太细,板厂就无法加工出来。

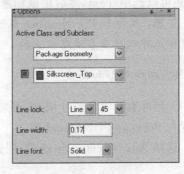

图 4.35　设置 Line

在命令栏中输入:x−3.75 5.32 后按 Enter 键,可以看到从这个坐标点拉出的线,如图 4.36 所示。

输入第二点:ix 7.5(这个是绝对坐标,代表在 X 轴正向 7.5mm),然后按 Enter 键;

输入第三点:iy−5.06,按 Enter 键;

输入第四点:ix−7.5,按 Enter 键;

回到起始点:iy5.06,按 Enter 键。这样就绘制好了丝印的外框,如图 4.37 所示。

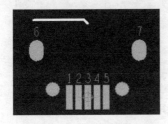

图 4.36　输入起始点

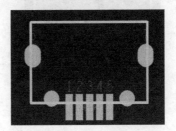

图 4.37　绘制丝印外框

7. 做第1个Pin标志

另外为了好辨识第1个Pin,需要在第1个Pin上做个标记,或用数字标记一下,放置标记还采用Line的方式。

如图4.38所示,用Line在第1个Pin上画一个三角形标记。如果在画三角形标记时发现网格太大,导致画不出很小的标记,可以改小网格的尺寸,这样就可以画出来了。

在主菜单中选择Add→Text选项,设置所在层如图4.39所示。

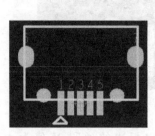

图4.38 添加第1个Pin标记

图4.39 Text设置

在需要添加Text的地方单击,然后在命令行输入:1,然后按Enter键,再右击并选择Done选项。

如图4.40所示,所输入的数字1就添加在了第1个Pin上方。如果对放置位置不满意,还可以选中Text,然后用鼠标拖动它来调整位置。

注意:丝印和Pin Number属性不同,Pin Number不会在线路板上显示出来,而这个丝印是可以显示在线路板上的。

8. 添加外形和高度

元器件有高度和尺寸限制,要将这些信息放置在Package Symbol内。这些信息要放置在Package Placebound层。

选择Add→Rectangle选项,层选择如图4.41所示。

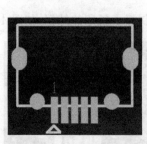

图4.40 添加Text

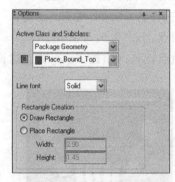

图4.41 设置Place Bound层

然后需要画出一个矩形框,把所有Pin都包含在内,如图4.42所示。该外框是PCB中可识别的物理尺寸,可以比实际尺寸稍大。如果在摆放元器件时,有两个元器件的

Place Bound 层有交叉,系统就认为这两个元器件在贴片时会干涉。

最后需要输入元器件的高度信息,选择 Edit→Properties 选项,在 Find 内选中 Shapes,如图 4.43 所示。

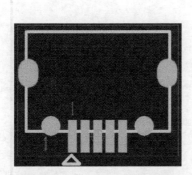

图 4.42　添加 Place Bound 层

图 4.43　选中 Shapes

接着在 Place_Bound_Top 做出的 Shape 内单击,弹出如图 4.44 所示的对话框。

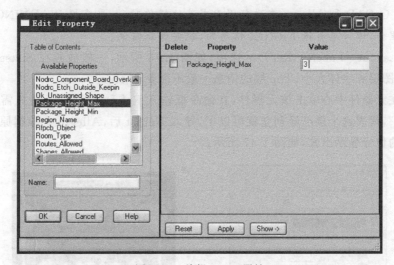

图 4.44　编辑 Shape 属性

选中左侧的 Package_Height_Max 选项,然后双击,这样就可以看到该属性已经显示在右边,在 Value 下方的输入框内输入 3,然后单击 Apply 按钮即可,这样就设置了元器件的高度为 3mm,这个高度属性很有用,如果某个区域有限高要求,EDA 工程师会在该区域设置一个高度 H,当 H 小于该区域内元器件的高度时,就说明该区域有元器件高度超出限制了,会有报错信息出现。

9. 添加位号

最后要做出元器件的位号,如果没有位号,此时保存文件,会显示错误信息,如图 4.45 所示。

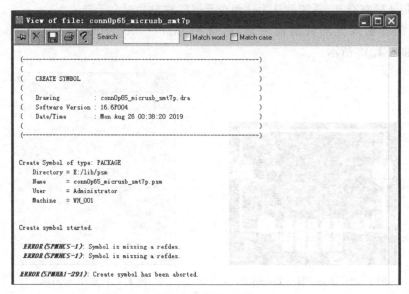

图 4.45　信息报错

注意：OrCAD 和 Allegro 在进行保存或其他操作时，如果有报 WARNING 信息的，一般不用理会，但如果有报 ERROR 信息的，就要改正错误。

选择 Layout→Labels→Ref Des 选项，如图 4.46 所示，一般放置在 Silkscreen_Top 层，设置好图层和字体大小，Top 层的信息一般不需要 Mirror。

然后在元器件中心单击该元器件，在命令框输入 Ref Des 的值，一般只需加个字符"＊"或"＃"，代表这个层已经创立就可以了，导入 Netlist 后，Allegro 会根据原理图中元器件实际的位号显示出来，如图 4.47 所示。

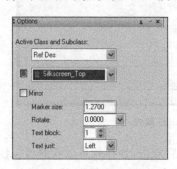

图 4.46　设置 Ref Des

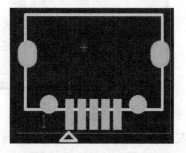

图 4.47　输入 Ref Des 值

10. 生成 psm 文件

通过以上 9 步，元器件的 Symbol 已经基本建立完成，还有最后一步，选择 File→Create Symbol 选项，然后生成一个 psm 文件。

psm 文件是 Package Symbol 文件和库文件的链接，库内有 dra 文件，必须有相应的 psm 文件才能使用。例如我们更新 Netlist 后，发现有报 Footprint 不存在，但发现该 dra 文件实际存在于库中，出现这种问题的原因就是缺少相应的 psm 文件。

4.2.4　创建异形 Shape symbol

Shape symbol 是用来制作 Padstack 的外形而设置的,通过上述建立 Padstack 的学习,我们可以知道 Padstack 外形一般为圆形、正方形、矩形、椭圆形和正八角形。如果要建三角形或功能机常用的锅仔片(Metal dome)按键,就必须要先建一个 Padstack 的外形 Shape symbol。

锅仔片又称金属弹片,英文名称 Metal dome,因为制造工艺简单,成本低廉,在功能机和智能机的侧键上经常使用,图 4.48 所示为智能机常用的侧键。如图 4.48 所示,左图为线路板上的按键(KEYPAD,因为外形像南瓜,又称南瓜键),右图为金属锅仔片,通过白色贴纸贴在南瓜键上。锅仔片中心鼓起,按下锅仔片后,锅仔片的中心下凹和 KEYPAD 焊盘的中心导通,使扁南瓜键的内外环导通。按键的另一面会有贴胶,与机壳黏合固定。

图 4.48　KEYPAD 和锅仔片

图 4.49 为图 4.48 中 KEYPAD 的具体尺寸,内部焊盘是圆形的,本节就讲述该外部焊盘的外形如何建立。

首先要了解,Shape symbol 必须只有一个封闭区域,如果做一个 Shape,然后挖空,直接做成如上图的那种外侧键,就会产生 1 和 2 两个封闭区域,如图 4.50 所示,这种做法是错误的做法。这样做了后,会在保存时产生报错信息,初学者很容易在这里出错。这种方法就不做尝试和介绍了,直接按照正确的方法介绍,使读者能避开很多弯路。

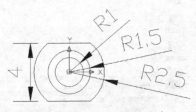

图 4.49　KEYPAD 的尺寸

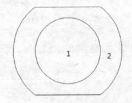

图 4.50　错误的做法

1. 制作封闭的外形

先用 AutoCAD 做出一个封闭的外形区域,如图 4.51 所示,开口的间隙(Gap)为 0.1mm,当然小于 0.1mm 更好,具体的做法属于 AutoCAD 的操作,这里不讲述,作为 EDA 工程师要了解 AutoCAD 软件的 2D 使用方法。保存后可将文件另存为 2004 版的 DXF 文件,如 KEYPAD3x5L.dxf。

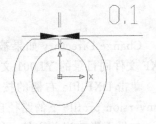

图 4.51　建立封闭区域

2. 新建 Shape symbol 文件

启动 Allegro,选择 File→New 选项,继续选择 Shape symbol,如图 4.52 所示。

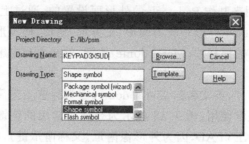

图 4.52　选择 Shape symbol

Shape symbol 代表的是 Padstack 的外形,命名的规则建议按照外形尺寸,如图 4.52 中 3 代表内径,5 代表外径,U 代表上部削平,D 代表下部被削平。

更改单位为 millimeter 和设置画布区域。

3. 导入 DXF 文件

接下来将做好的外形文件导入 Shape symbol 文件中,Allegro 接受的 2D 文件是 DXF 格式的。

选择 File→Import→DXF 选项,出现 DXF In 的对话框,如图 4.53 所示,建议 Change Directory 不选。

图 4.53　选择 DXF 文件

Change Directory 如果被选中,Shape symbol 的 dra 文件将保存路径自动切换到 DXF 文件同目录的 YL001 文件夹中。

单击 DXF file 右侧的按钮,选择刚才保存的 DXF 文件,选择后如图 4.54 所示, Conversion profile 下的路径自动生成,所以不用更改。

如果不影响当前文件,可以将 Incremental addition 选中,这样导进的内容不会把原来的文件覆盖掉,其他保持默认设置就好了。

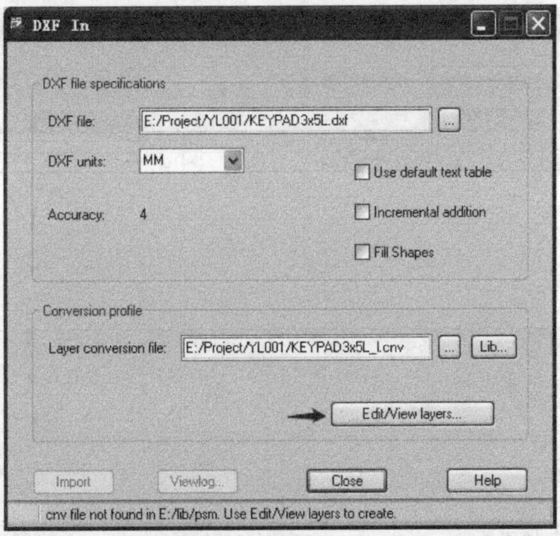

图 4.54　自动生成 cnv 文件

单击 Edit/View Layers 选项,设置如图 4.55 所示。

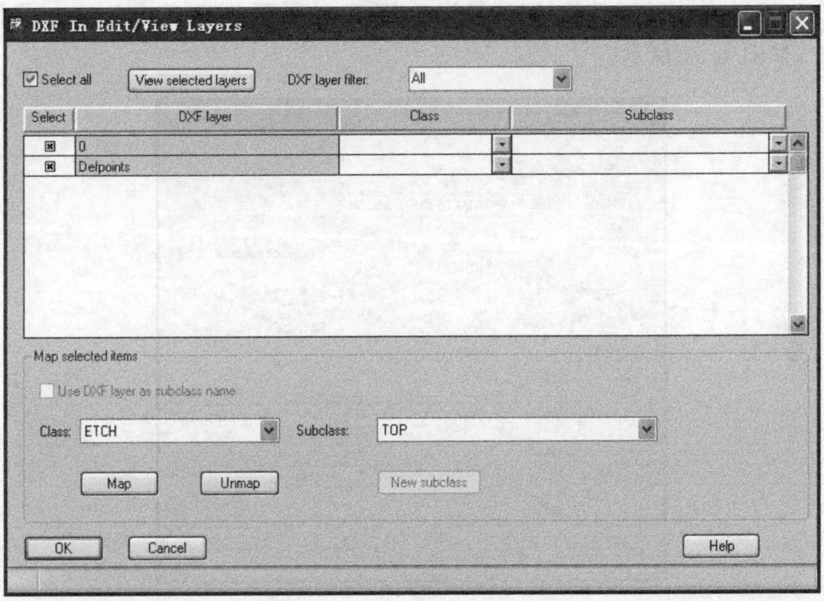

图 4.55　设置放置层

该对话框是设置 DXF 文件导入后放置在 Shape symbol 的那一层图层中,Select 下的 0 和 Defpoints 为 DXF 文件中的两个图层,选中 Select all 即可。

Class 选中 ETCH,ETCH 代表走线层,Subclass 选中 TOP,代表放在 TOP 层。选择完成后,单击下方的 Map 按钮,可以看到上方 Class 和 Subclass 的空白处变成 ETCH 和 TOP,如图 4.56 所示。

Allegro 的层有 Class 和 Subclass 的区分,Class 是一个总类,每个 Class 下有很多分类 Subclass。

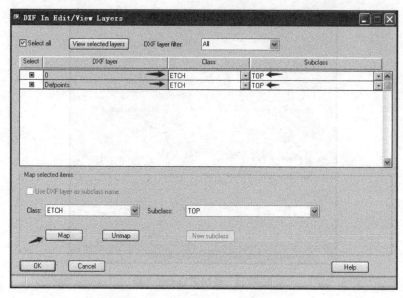

图 4.56 Map Class and Subclass

在图 4.56 中单击 OK 按钮,回到最初 DXF In 的界面,然后单击 Import 按钮后输入 DXF 文件,如图 4.57 所示。

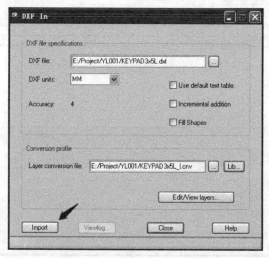

图 4.57 单击输入 DXF 文件

最后得到的结果如图 4.58 所示。

4. 设置原点

处理输入的图形,删除不用的部分,如标注,当然可以在图 4.56 中输入时只选择 DXF 文件中的 0 图层。

选择 Edit→Delete 选项(或使用快捷键 4),在 Find 内选中 Cline segs、Text 和 Shapes,如图 4.59 所示。

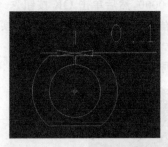

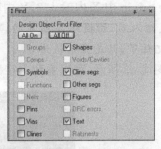

图 4.58　输入 DXF 文件后的结果　　　　图 4.59　设置删除的对象

　　然后,单击需要删除部分的线进行删除,删除后如图 4.60 所示。要保留一个封闭区域,所以不能存在其他线和字符。

　　Shape symbol 的原点是以后 Pin 出线的起始位置,如图 4.60 中原点在圆心处所示,如果不处理,后期走线的时候,会发现出线的地方始终在中心焊盘上。

　　理想情况是以后走线在外部焊盘上,如图 4.61 所示,例如希望从(2,0)处出线,则可以将原点移至(2,0)处。

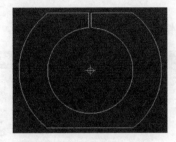

图 4.60　删除后的结果　　　　　图 4.61　出线点定义

选择 Setup→Design Parameter 选项,如图 4.62 所示。

图 4.62　更改原点

在 Move origin 中 X 内输入 2,Y 内输入 0.0000,然后单击 OK 按钮。

注意：X 输入后,切换到 Y 输入时,X 内的值又变为 0,这个是正常的,实际上 X 值已经被系统记忆住了,只是显示值为 0。

结果如图 4.63 所示,可以看到十字标志的原点位置已经移动到原来(2,0)的地方。

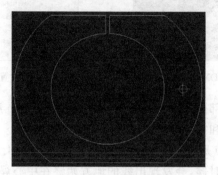

图 4.63　更改原点后的结果

5. 把线 Clines 变成 Shape

此时如果保存,会出现如图 4.64 所示的报错信息。

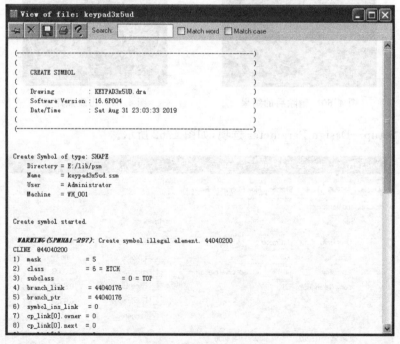

图 4.64　保存时的报错信息

Allegro 报错提示的信息很多,初学者不要被这些报错信息的英文吓到,要耐心去看每句话的意思,报错信息的专业性越强,如果熟练掌握好英文术语,这些信息理解起来反而越容易理解。该提示中只要看到两个重要单词 illegal 和 CLINE,把这两者联系起来后,就知道是 CLINE 出错了。

Shape symbol 代表的是 Padstack 的外形,需要的必须是一个 Shape,而不是 Cline(走线),而刚才导入时,只不过把 DXF 的 line 变成 Cline,所以只要将 Cline 变成 Shape 即可解决问题。

术语学习:Line 是指非铜没有连接关系的线,如丝印的外形线,Cline 是指有连接属性的走线,Shape 指的是大面积填充的 Line 或 Cline,可以是有连接属性的铜箔,也可以是没有连接属性的丝印白油。

图 4.65　设置 Filter

选择 Shape→Compose Shape 选项,在 Filter 内选择 Clines 选项,如图 4.65 所示。

然后框选所有,右击并选择 Done 选项,会发现此时显示已发生了变化,Cline 已经变成了 Shape,如图 4.66 所示。

这时候,再单击"保存"按钮,便可以发现没有报错信息出现了。

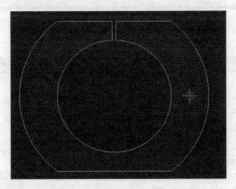

图 4.66　Cline 变 Shape

6. 生成 ssm 文件

和 Package Symbol 一样,选择 File→Create Symbol 选项,在该文件同目录下会生成一个 ssm 文件,如图 4.67 所示。

在库中 Allegro 是通过 ssm 文件来识别 Shape Symbol 文件,如果要更新 Shape Symbol 文件,同时也要重新 Create Symbol 来更新 ssm 文件,否则更新会失败。

4.2.5　创建异形 Package Symbol

下面以图 4.49 的 Package Symbol 的创建,来讲述一下异形 Package Symbol 的制作方法。

1. 建立异形 Padstack

进入 Pad Designer 界面,更改单位为 Millimeter,选择单层焊盘模式,如图 4.68 所示。

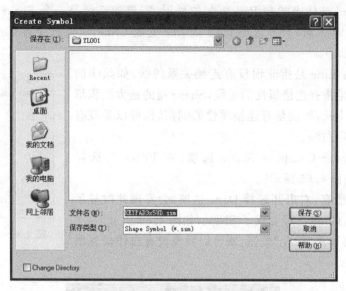

图 4.67　生成 ssm 文件

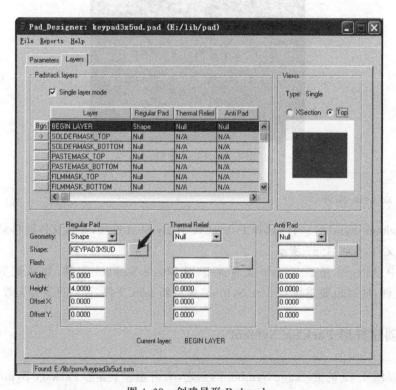

图 4.68　创建异形 Padstack

在 Geometry 内选择 Shape，Shape 内选择上节中制作的 KEYPAD3X5UD，选中后可以看到 Width 和 Height 框内自动显示数值。

设置好以后，另存为 keypad3x5ud.pad 文件，保存到设置库文件的 pad 文件夹内。

2. 建立内圈的 Padstack

内圈中心的 Padstack 文件 cir2p0mm. pad,该焊盘不需要焊接,不需要 Pastemate 层,这个过程不再讲述。

3. 放置内圈 Pin

名字为 KEYPAD3X5UD_P.dra,首先放置中心的 Pin 在原点上,如图 4.69 所示。

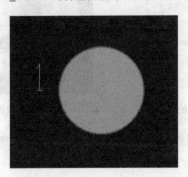

图 4.69　放置中心 Pin

注意:Package Symbol 和 Shape Symbol 文件的扩展名一样,所以不能起相同的名字。

4. 放置外圈的 Pin

选择 Padstack 为 KEYPAD3X5UD,然后在命令行输入:x 2 0,然后按 Enter 键,可以看到如图 4.70 所示的结果。

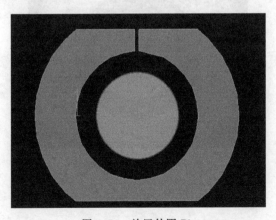

图 4.70　放置外圈 Pin

5. 添加 Soldermask

选择 Shape→Circular 选项,在 Option 中选择层,如图 4.71 所示。
在命令框内输入:x 0 0,然后按 Enter 键;

然后输入：ix 2.55 按 Enter 键；得到以原点为中心,半径为 2.55 的一个圆,如图 4.72 所示。

图 4.71　设置放置的层

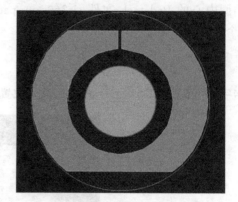

图 4.72　做圆形的 Soldermask

ix 和 iy 是绝对坐标的输入方法,这个在以后会经常遇到,ix 2.55 指在 x 正向偏移 2.55mm。

6. 修改 Soldermask 外形

选择 Shape→Edit Boundary 选项,或单击图标 ,单击圆形的 Soldermask 的边缘进行修改,修改后如图 4.73 所示,这个不需要很精确,把网格设置为 0.05,比 Pin 大一格就可以了。

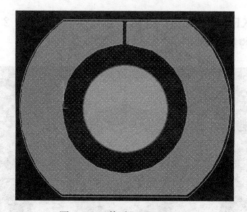

图 4.73　修改 Soldermask

7. 添加禁铺区

添加禁止铺铜区,为了防止铺铜或走线造成内外 Pin 间距变小,例如内圈 Pin 的属性为 GND,铺铜后内圈的 GND 会自动变大。选择 Shape→Circular 选项,在 Option 中选择层,如图 4.74 所示。

设置在 TOP 层禁止布线区域,其他层不需要设置禁止布线区域。

在命令框内输入：x 0 0,然后按 Enter 键；

接着输入：ix 1.5，然后按 Enter 键；得到以原点为中心，半径为 1.5mm 的一个圆，然后和 Soldermask 一样，修改外形，如图 4.75 所示。

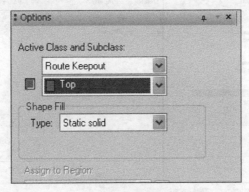

图 4.74　设置添加层

8. 设置允许走线和打孔

考虑到 Pad 上需要走线和打孔，所以需要在 Route Keepout 内设置允许走线和打孔。

选择 Edit→Properties 选项，或按下快捷键 F12，在 Find 内选中 Shapes，如图 4.76 所示。

图 4.75　添加禁止布线区

图 4.76　选择 Shapes

单击刚才作出的 Route Keepout 区域的 Shape，在左侧小正方形内选中 Routes_Allowed 和 Vias_Allowed 选项，如图 4.77 所示，这样该区域将被允许走线和放置过孔。

9. 添加 Place_Bound_TOP 外形

方法有以下 3 种：

(1) 同 Soldermask 那样新建一个 Shape，此过程不再赘述。

(2) 复制一个 Soldermask_TOP 的区域，然后用 Change 命令复制到 Place_Bound_TOP 层，下面介绍 Change 的使用方法。

为了方便识别，选择 Display→Color/Visibility 选项，找到 Package Geometry 内的 Soldermask_Top，单击如图 4.78 所示的右侧区域，将该层的颜色改为红色。

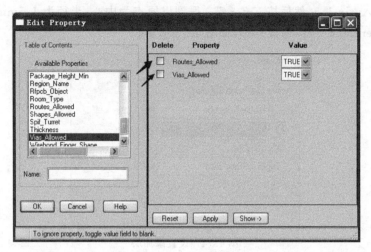

图 4.77　允许 Vias 和 Routes

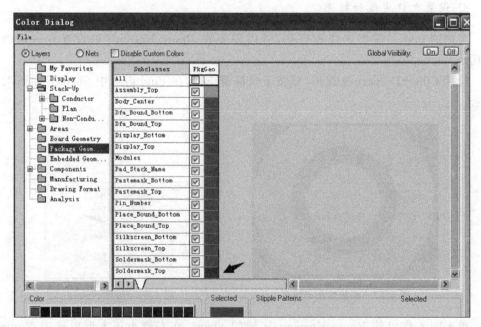

图 4.78　更改 Soldermask_Top 层颜色

选择 Edit→Copy 选项，或者按住鼠标右键拖动并画出 C 字母，在 Option 中选中 Shape，Allegro 的命令启开后，首先在 Find 内选择对象的种类，在 Option 内选择放置的层，然后用鼠标选中。单击 Soldermask_Top 的 Shape，就复制出一个同形状的 Shape，如图 4.79 所示。

选择 Edit→Change 选项，或者按下快捷键 Delete 键，开启 Change 命令模式，在 Find 中选择 Shapes 选项，在 Options 内选中 Package Geometry 和 Place_Bound_Top 选项，选中 Place_Bound_Top 前面的框，如图 4.80 所示。

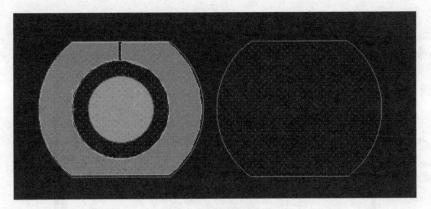

图 4.79　复制 Shape

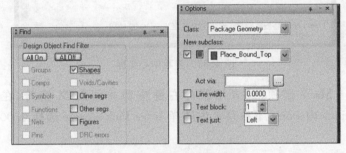

图 4.80　Change 模式设置

可以看到 Change 命令可以实现层、线宽、字符大小和字符位置改变这 4 种功能,需要实现哪种功能,就选中该项前面的框,当然也可选两种以上,例如走线换层的同时也改变线宽,此时需要选中两项。

单击右侧的 Shape,就可以看到 Shape 的颜色发生变化,已经改变到 Place_Bound_Top 层了,如图 4.81 所示。

图 4.81　Shape 被改变层

选择 Display→Element 选项,或者按下 * 键,在 Find 内选中 Other segs,然后单击左侧圆弧,如图 4.82 所示,可以看到该边界所在的层已经在 Place_Bound_Top 层了,同时该圆弧的中心坐标为(5.5000 0.0000),半径为 2.5500mm。下面将新的 Shape 移到和 Symbol 中心对齐,介绍一下 Move 命令的使用方法。

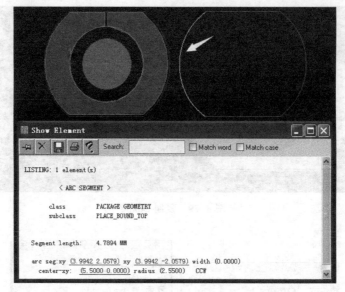

图 4.82　查看中心坐标

选择 Edit→Move 选项，或者用鼠标右键拖动并画出 M 字符，在 Find 内选中 Shapes，在 Options 内 Point 下拉菜单内选择 User Pick，Angle 选择 0.0000，如图 4.83 所示。

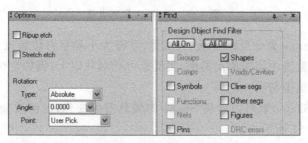

图 4.83　设置 Move

Ripup etch：移动时删除走线；

Stretch etch：移动时走线跟着被拉伸；

Type：使用模式，有 Absolute 和 Incremental 两种模式；

Angle：移动时旋转的角度，每 45°一个分级；

Point：移动的基点，有 4 种模式：

Sym Origin——以 Symbol 的原点为基点移动；

Body Center——以 Symbol 的中心点为基点移动；

User Pick——以鼠标所在点为基点移动；

Sym Pin♯——以 Symbol 的 Pin 为基点移动，选择后会出现 Symbol Pin 的选择项。

设置好以后，接着单击新生成的 Shape，在命令行内输入圆弧的中心坐标：x 5.50，然后按 Enter 键，可以看到鼠标在圆弧的中心点，移动 Shape 时光标始终在该中心点上。

输入需要将该 Shape 放置的位置：x 0 0，然后按 Enter 键，这样就可以看到该 Shape

和 Symbol 中心对应了,如图 4.84 所示。

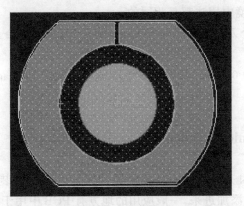

图 4.84　Move Shape

（3）Z-Copy 命令,选中 Edit→Z-Copy Shape 选项,Options 和 Find 的设置如图 4.85
所示。

图 4.85　Z-Copy 设置

Expand 代表比参照 Shape 的外边缘扩大了 0.05mm 的间距,Contract 代表比参照
Shape 的内边缘缩小的间距。单击 Soldermask 的 Shape 后,就直接得到 Place_Bound_
Top 的 Shape,如图 4.86 所示。

图 4.86　Z-Copy 结果

通过以上各步骤学习了 Change、Move、Copy、Z-Copy 的用法,这些命令只要用到一次就熟悉了,在其他环境中用法都是相同的。

注意:Change 两个层必须在同一个 Class 内才行,否则就会失败,而 Z-Copy 可以跨class 实现。

接下来设置高度为 0.1mm 和添加 Ref Des,和一般的 Package Symbol 相同,在这里不做重述。

4.2.6　新建 Mechanical symbol

Mechanical symbol 是指那些不需要元器件位号的器件封装,不需要在原理图中添加,可以直接从 PCB 中添加进来,一般应用的地方有 PCB 中用于定位的非镀锡孔和导入机构图的 DXF 文件。

这里讲述一下非镀锡孔(NPTH)的 Mechanical symbol 的制作方法,在导入 DXF 文件中的应用会在后续章节中讲解。

1. 做出 Padstack

保存文件的名字为 hole+直径,例如 hole1p0mm.pad,各项设置如图 4.87 所示,Pad和孔径设置为相同。

2. 新建 Mechanical symbol

新建一个名称为 hole1p0mm.dra 的 Mechanical symbol 文件,如图 4.88 所示。
单击 OK 按钮后进入 Mechanical symbol 的编辑模式。
设置单位为 Millimeter,更改图纸范围,选择 Layout→Pins 选项,在 Options 内的Padstack 项选择 hole1p0mm.pad 文件,如图 4.89 所示,可以看到与 Package Symbol 不同,这个没有 Pin Number 项。
接着在命令窗口输入:x 0 0,然后按 Enter 键。
这样便可以看到 Pad 已经被放置在原点处,如图 4.90 所示。

3. 添加禁止布线区域

一般比孔径大 0.25mm 即可。单击并选择主菜单 Shape→Circular 选项,在 Options中选择层,如图 4.91 所示,因为是通孔,所以 Route Keepout 区域要选择所有层。

4. 添加 Place_Bound 区域

因为是通孔,所以 Place_Bound_Top 和 Place_Bound_Bottom 都要添加,方法和Package Symbol 的添加方法一样,在这里不做重述。

5. 生成 bsm 文件

选择 File→Create Symbol 选项,然后保存生成的 bsm 文件,文件名字和该 Symbol的名字相同,建议不要更改。

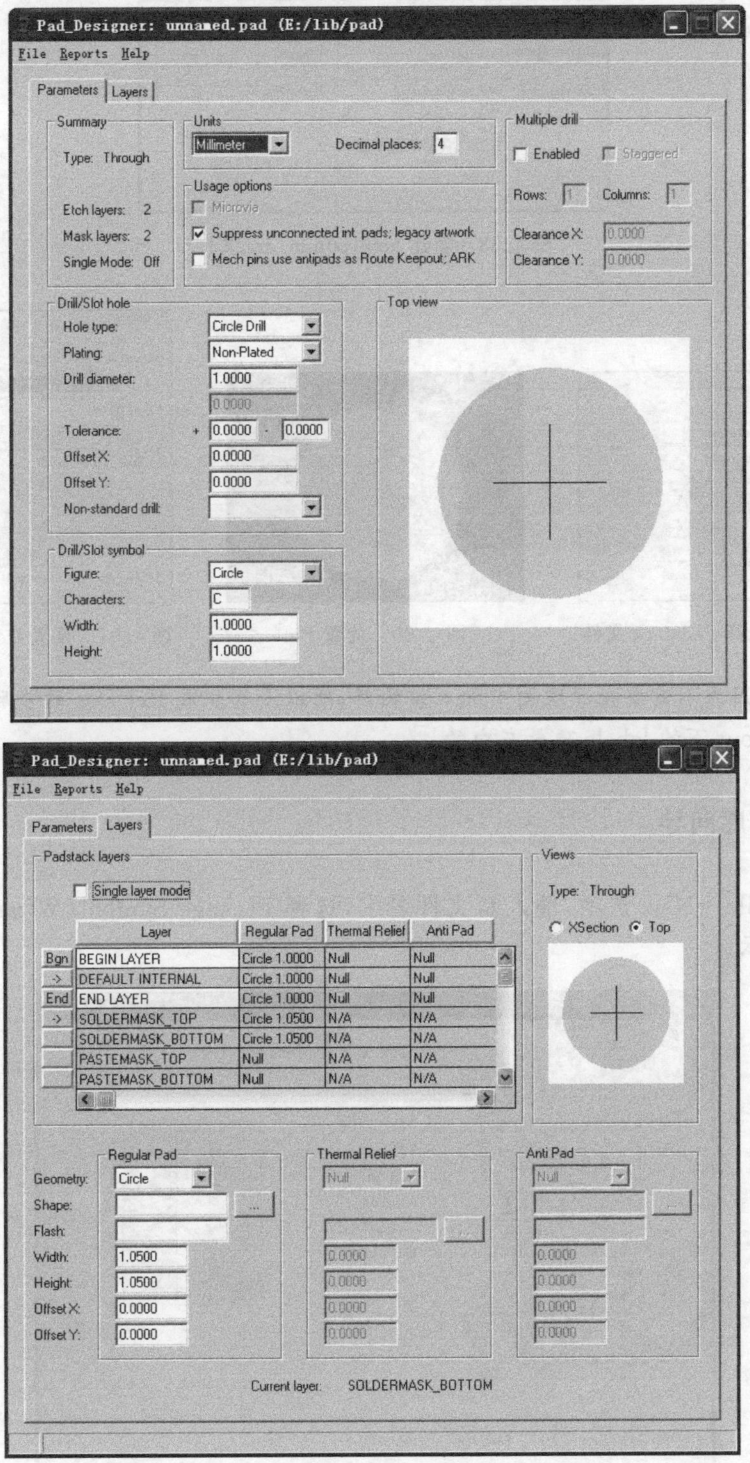

图 4.87 设置 hole1p0mm

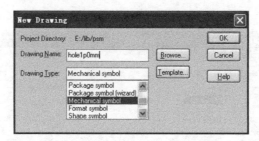

图 4.88　新建 hole1p0mm.dra 文件

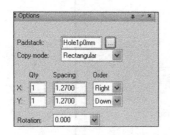

图 4.89　选择 Padstack 文件

图 4.90　放置 Pin

图 4.91　设置 Route Keepout

注意：因为不需要在原理图中加入该物料，所以没有生成 Ref Des 的步骤，当然也可以发现 Layout 下的 labels 项是灰白的。

4.2.7　建库向导

单击 File→New 选项，输入新文件名字，选择 Package Symbol（Wizard）选项，如图 4.92 所示。

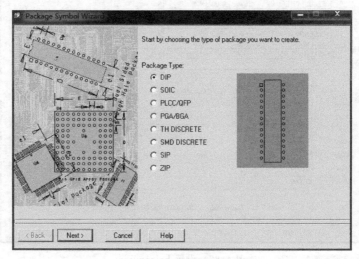

图 4.92　建库向导

该功能是通过建库向导新建一个 Package Symbol 文件,选择该项可以快速建一些 BGA、DIP、SOIC 等标准的 PCB 元器件库。

根据向导的提示建 Package Symbol 文件,这个比较简单,实际项目中很少用到,有兴趣的读者可以自行尝试一下,这里不做讲述。

4.2.8 其他 Symbol

还有 Format Symbol 和 Flash Symbol 没有讲到,Format Symbol 是一个外框文件,如图 4.93 所示,直接放在 PCB 文件的外围,和 AutoCAD 文件一样,标明公司、项目名称、版本号和设计人员姓名等信息。

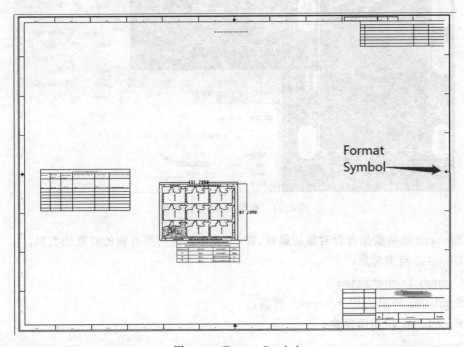

图 4.93　Format Symbol

实际设计时,这个外框一般直接从以前的文件中复制过来,很少独立建一个 Format Symbol 文件。Format Symbol 的文件扩展名也是 dra,然后 Create Symbol 后生成一个 osm 文件,这个 osm 文件和 dra 文件一起放到 psm 库中。

Flash Symbol 的文件扩展名是 dra,然后 Create Symbol 后生成一个 fsm 文件,这个 fsm 文件和 dra 文件一起放入 psm 库中。Flash Symbol 是做负片时才使用的,现在 PCB 文件所出的 Gerber(底片)资料都是正片的,这个现在几乎用不到,这里也不做讲述。

4.2.9 PCB 库文件导出

在 PCB 设计中经常会出现这样的场景:硬件工程师发过来一个 PCB 文件,然后告诉 EDA 工程师,某颗物料 M1 的封装就使用该板子上位号为 W1 的封装,不需要新建封装。

操作方法如下：

1. 查看 PCB Footprint 的名字

打开源 brd 文件，单击 Display→Element 选项，或者按下小键盘的 * 键，在 Find 内选中 Symbol，选择该位号的 Symbol，然后查看该 Symbol 的名字，记住名字，如图 4.94 所示。

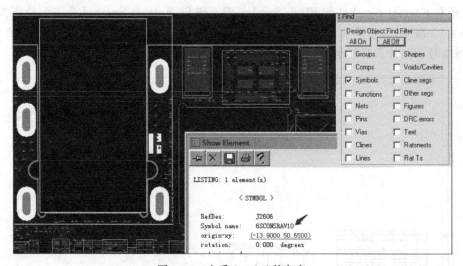

图 4.94　查看 Symbol 的名字

Element 的功能是查看对象的属性，在 Find 内选择需要查询的对象的类别。

Groups：组类对象；

Comps：Device Type；

Symbols：PCB 内的 Footprint 封装；

Functions：指功能模块；

Nets：网络；

Pins：各种焊盘；

Vias：板子上的各种连接孔；

Clines 和 Cline segs：PCB 内的信号走线，Clines 是整根线，Cline segs 指整根线的某段线；

Lines 和 Other segs：各种没信号属性的线，Lines 是整根线，Other segs 指整根线的某段线或 Shape 的边缘线；

Shapes：各类铜箔；

Figures：各类标志符号；

Text：各种文本文字；

DRC errors：DRC 报错标志符号；

Ratsnests：鼠线，net 没有连线之前是以虚拟的线连起来了，这些线被称为鼠线；

Rat Ts：T 型点。

2. 查看 PCB Footprint 的名字

选择 Tools→Padstack→Modify Design Padstack 选项,单击 Symbol 内的 Pin,可以在 Options 中看到该 Padstack 的名字,接着单击其他 Pin 并记下所有的 Padstack 名字,如图 4.95 所示。

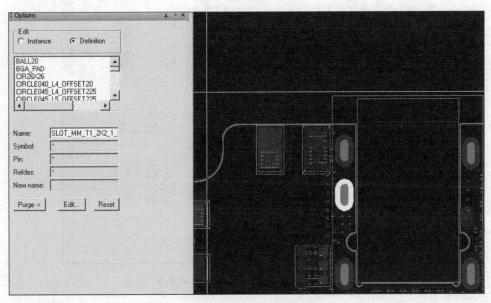

图 4.95　查看 Padstack 的名字

3. 查看 Flash 或 Shape Symbol 的名字

单击图 4.95 中左侧下方的 Edit 按钮,接着单击 Layers 按钮,可以看到该 Padstack 中使用 Shape 和 Flash 的名字。按照这种方法,查看所有使用 Padstack 中 Shape 和 Flash 的名字,然后记住这些名字,如图 4.96 所示。

4. 从源文件导出 Symbol 和 Padstack 文件

选择 File→Export→Libraries 选项,如图 4.97 所示。

建议全部选中各类的 Symbol,在 Export to directory 下选中需要导出文件的保存路径,该文件路径不要与 PCB 文件中使用的 Footprint 文件库路径相同,最好单独新建一个临时的文件夹。

单击 Export 按钮,出现 libraries 导出的进度条,如图 4.98 所示。

进度条消失后,会出现 log 文件,这个不用理会,单击关闭此文件即可,然后打开刚才的 tem_lib 文件夹,可以看到有很多 pad、dra、psm 和 txt 文件,这就说明导出 Symbol 成功了。

5. 找出所需的 Symbol 和 Padstack 文件,复制并放到库文件中

让文件夹内文件按名称排序,找到 1、2、3 步中记住的 Package Symbol、Padstack、Shape 和 Flash 文件,如图 4.99 所示,然后复制到 PCB 所在库文件中即可。

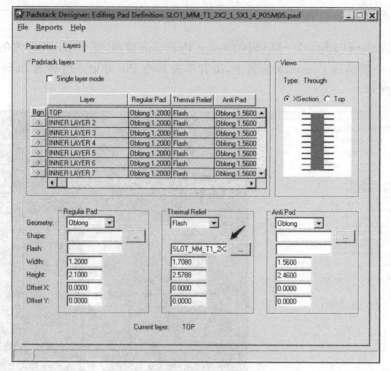

图 4.96　查看 Shape 和 Flash 的名字

图 4.97　导出 Footprints 设置路径

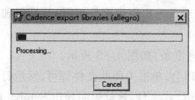

图 4.98　导出 Footprints 进度

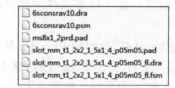

图 4.99　复制库文件

Package Symbol 文件：6sconsrav10. dra

6sconsrav10. psm；

Padstack 文件：slot_mm_t1_2x2_1_5x1_4_p05m05. pad

$$ms8x1\_2prd.\,pad;$$

Flash Symbol 文件：slot_mm_t1_2x2_1_5x1_4_p05m05_fl. dra

slot_mm_t1_2x2_1_5x1_4_p05m05_fl. fsm。

注意：复制时必须包括 dra 文件所生成的 ssm、bsm 和 fsm 文件一起才行，否则会出现找不到该 Symbol 的报错信息。

4.3　PCB 文件操作

本节讲述 PCB 文件的具体操作，Allegro 的界面比较复杂，功能也比较多，有些功能的操作在前面的章节中已经实际应用到了。为了节省时间，使大家能快速进入学习，本节避免了和其他书籍一样的菜单式讲解，只讲解实际常用的一些操作，在熟练掌握了这些常用操作的基础上，再进行更高阶的操作学习。实际上很多功能在设计中使用的概率很小，有些功能的操作连做项目几十年的工程师可能都不会用。

按照笔者多年的项目经验，只要能够掌握 Allegro 30%～40% 的功能操作，就足以应对高速高阶板的 PCB 设计了。初入 EDA 行业者，不要盲目地把精力放在必须学会每个功能的操作，例如某个菜单下的所有功能一定要弄清楚等，只要学会能满足项目设计使用的那些功能操作就可以了。这就像厨师一样，不需要把每种菜系菜谱都学习清楚，只要根据眼前的材料，做出可口的菜就可以了。

4.3.1　工作界面介绍

工作界面在建 Symbol 的时候大家已经有所接触，PCB Editor 的界面也有些相识，如图 4.100 所示，包含主菜单区、悬浮菜单区、工作区、命令窗口区和 3 个常用的选项区。

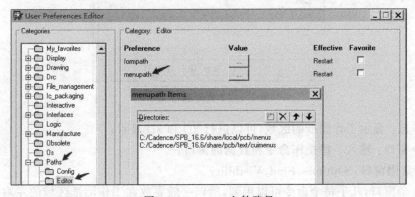

图 4.100　menu 文件路径

主菜单区：这个是 Allegro Editor 的主菜单，包含各种基本的操作命令都在这里可以实现，这个菜单可以被编辑。打开 Allegro Editor 后，系统会根据设置的 menu 文件路径找到 menu 文件并显示出来，下面是默认的 menu 文件路径，如图 4.101 所示。

悬浮菜单：总共有 16 个，单击主菜单 View→Customize Toolbar→Toolbars 选项，如图 4.102 所示，可以在 Toolbars 里选择需要显示的悬浮菜单。

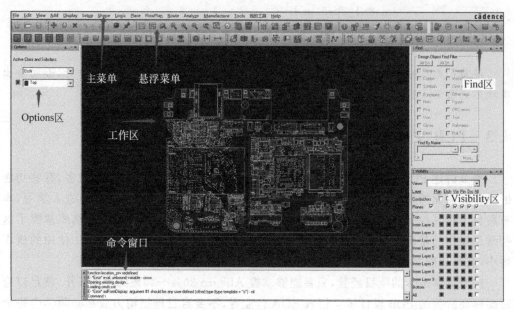

图 4.101　工作界面

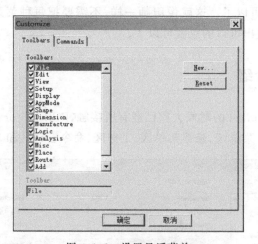

图 4.102　设置悬浮菜单

工作区：显示工作图纸的区域，可以进行 2D 和 3D 显示；

命令窗口：输入一些操作命令和数据的窗口；

3 个常用窗口：Options、Find、Visibility。

这 3 个窗口，几乎每个命令可以用到，所以一般要放在工作图纸区域的左右两侧，随时可以使用。这 3 个菜单的一些操作与其他菜单不同，一般有以下几种使用方法。

1. 打开或关闭

单击主菜单下 View→Windows 选项可以打开或关闭，如图 4.103 所示。单击按钮，可将该菜单关闭。

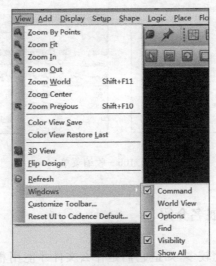

图 4.103 设置常用的 3 个菜单打开或关闭

2. 任意区拖动

在如图 4.104 所示的蓝色区域,单击此区域后拖动鼠标,可以将菜单放置到工作区域的任何地方。

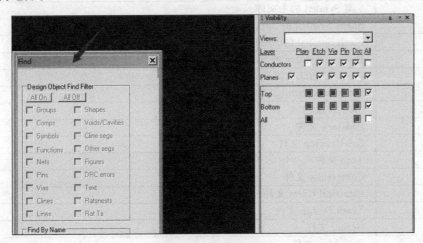

图 4.104 拖动菜单

3. 固定

单击图 4.105(a)的右上角最左侧按钮 ，可以将菜单收缩至一侧,如图 4.105(b)显示效果,需要时单击 Find 按钮,就可以将该菜单置前。

4. 收缩

单击如图 4.105(a)所示右上角的中间按钮 ，可将该菜单拉伸至整个侧面,然后按钮变为 ，单击后可将菜单恢复至原来状态。

 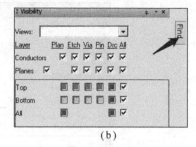

(a)　　　　　　　　　　　　　　　　(b)

图 4.105　收缩菜单

4.3.2　各种文件的扩展名介绍

Allegro 的文件类型比较多,知道它们是什么文件才能用相应的程序打开并进行编辑,表 4.3 汇总了 Allergo 所用的文件格式。

这些文件格式大家需要牢记,一些没见过的文件格式,后续的章节中会一一做讲解说明。

表 4.3　**Allegro 的文件格式类型**

扩　展　名	文　件　类　型	备　注
brd	PCB 文件	
dra	5 类 Symbol 的主文件	
ssm	Shape Symbol 的 Symbol 文件	
fsm	Flash Symbol 的 Symbol 文件	
psm	Package Symbol 的 Symbol 文件	
osm	Format Symbol 的 Symbol 文件	
bsm	Mechanical Symbol 的 Symbol 文件	
mdd	Module 文件	
pad	Padstack 文件	
cla	Sub-drawing 文件	
tcf	Tech 文件	
dcf	Constraints 文件	
top	Electrical Csets 文件	
dpf	Team Design 文件	
art	Gerber 文件	
dlt	Drill Map 文件	
drl	Drill 文件	
rou	钻孔坐标文件	
scr	Script 文件	
strokes	Stroke 文件	
form	Form 文件	对话框文件
meu	Menu 文件	设置主菜单文件
txt	Placement 文件	元器件的位号坐标文件
ipc	IPC356、IPC2581 文件	用于 Open、Short 测试
prm	Gerber、颜色、Text 等设置文件	Copy 其他 brd 文件的设置
sav	文件错误关闭时产生的保存文件	可以将 sav 改为 brd 后使用

4.3.3　各层包含内容介绍

Allegro 和其他 CAD 软件一样,都采用了分层的立体设计架构,但平时只能看到 2D 的平面设计显示,图 4.106 为一个 10 层 2 阶板的截面层叠示意图。

图 4.106 中可以看到最左侧为 1～10 层,每层的铜箔都有厚度,层与层之间绝缘层也是有厚度的,Top 层上面和 Bottom 层下面是 Soldermask 的厚度,每层之间都是有厚度的,各层立体叠加后压合到 1.0mm,最终形成我们常看到的线路板。

除了叠加以外,Allegro 还有很多层,是同层组合的,例如线、焊盘、通孔焊盘和铜箔都是在线路层的,元器件的 Soldermask、Silkscreen 和板子上的 Soldermask、Silkscreen 共同构成了最终的 Soldermask、Silkscreen 内容。初学 EDA 的工程师,对 Allegro 繁多的层面也眼花缭乱,不知道如何正确使用,包括有的老工程师对某个层面的使用也不是很清楚,下面就介绍一下每个层面的使用。

Layer No.	sig/pln	Copper thk. before process (oz)	Construction	Finished thickness (um)	Tolerance	Dk (1GH
S/M				20	+/-10	3
1	1/3			30	+/-5	
		压合前: 76+/-10.2 um	PP 1067X1(RC75%)	66	+/-13	3.5
2	1/3			20	+/-5	
		压合前: 76+/-10.2 um	PP 1067X1(RC75%)	66	+/-13	3.3
3	1/3			20	+/-5	
		压合前: 89+/-10.2 um	PP 1080X1(RC67%)	81	+/-16	3.3
4	H			15	+/-5	
			Core	130	+/-26	3.6
5	H			15	+/-5	
		压合前: 89+/-10.2 um	PP 1080X1(RC67%)	74	+/-15	3.3
6	H			15	+/-5	
			Core	130	+/-26	3.6
7	H			15	+/-5	
		压合前: 89+/-10.2 um	PP 1080X1(RC67%)	81	+/-16	3.3
8	1/3			20	+/-5	
		压合前: 76+/-10.2 um	PP 1067X1(RC75%)	66	+/-13	3.3
9	1/3			20	+/-5	
		压合前: 76+/-10.2 um	PP 1067X1(RC75%)	66	+/-13	3.5
10	1/3			30	+/-5	
S/M				20	+/-10	3
				1000		

图 4.106　10 层 2 阶板的层叠

单击主菜单 Display→Color/Visibility 选项,如图 4.107 所示,可以看到默认打开的是 Stack-Up(堆叠或层叠)文件夹,显示出 1～10 层,每层就代表图 4.106 中铜箔层;显示√就代表图层被打开,鼠标单击各自下面的方框,就可以关闭或打开所属层。

如果想改变 Top/Pin 的颜色为红色,单击下方的 Selected 按钮,然后在左侧的 Color 内选择红色,可以看到 Selected 内已经显示出来红色了,如果在 Color 内没有中意的颜色也没有关系,可以单击打开 Customize 选项,打开颜色定制对话框,如图 4.108(b)所示,选择中意的颜色到自定义颜色即可。

然后,单击 Top/Pin 按钮下控制显示方框后面颜色的矩形块,可以看到颜色已经改变为红色的了,如图 4.108(a)所示。

下面依次单击鼠标,来打开每个 Class。

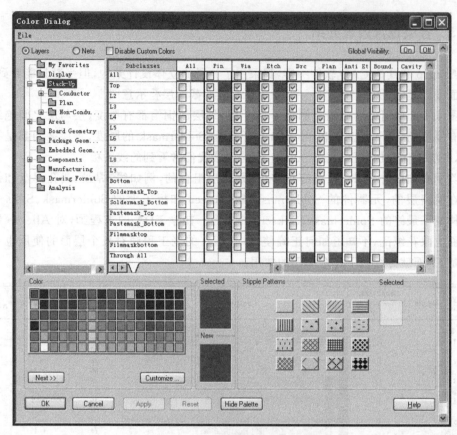

图 4.107　颜色对话框

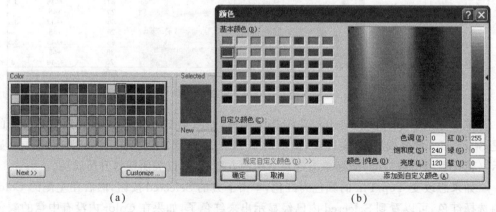

（a）　　　　　　　　　　　　　　　　　　（b）

图 4.108　颜色选择

1. DRC Class

DRC 是 Design Rule Check 的简称，当 Allegro 电气规则出现错误时，会在该处出现错误标记，每层有单独的 DRC 层可以打开或关闭，可以把每层的 DRC 标记显示设置为不同的颜色，如图 4.109 所示，这样根据颜色就可以看出是哪一层出问题了。

2. Pin Class

Pin Class 代表每层元器件的 Pin,可以单独打开或关闭,把每层的 Pin 设置成不同的颜色,一般元器件放在 Top 和 Bottom 层,只有 Top 和 Bottom 层有 Pin 存在,如图 4.110 所示。

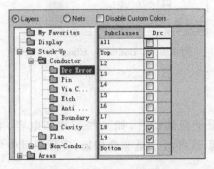

图 4.109 DRC Class

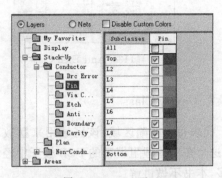

图 4.110 Pin Class

3. Via Class

代表每层连接孔 Via 的 Pad,可以单独打开或关闭,如图 4.111 所示。

4. Etch Class

代表每层的走线和 Shape,可以单独打开或关闭,建议设置成不同的颜色来区分层,如图 4.112 所示。

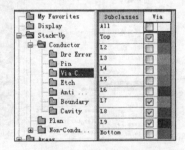

图 4.111 Via Class

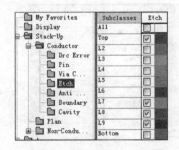

图 4.112 Etch Class

5. Anti Etch Class

代表每层的 Anti Etch,可以单独打开或关闭,Anti Etch 在分割 GND 和电源 Shape 时经常使用,如图 4.113 所示,这个在后面章节会讲到。

6. Boundary Class

代表每层 Shape 的边缘,可以单独打开或关闭,如图 4.114 所示。

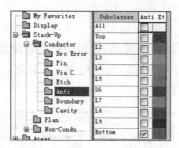

图 4.113　Anti Etch Class

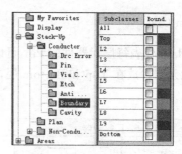

图 4.114　Boundary Class

7. Cavity Class

代表每层凹陷区域,该区域用来摆放埋在板子里的器件,如一些芯片和电容、电阻等,这个在一些埋阻埋容的 PCB 板子中经常用到,这些板子是非常规板,实际项目中用得不多,本书不做讲解。

可以每层单独打开或关闭,如图 4.115 所示。

8. Constraint Region Class

代表每层的区域规则,可以单独打开或关闭,如图 4.116 所示,一般会用 Shape 在 BGA 区域做一个线宽线距稍小的区域规则,该区域规则高于整版设置的其他规则。可以在所有走线层设置,或单独某层设置。

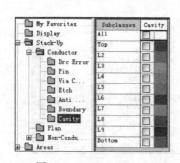

图 4.115　Cavity Class

图 4.116　Constraint Region Class

9. Route Keepout Class

代表每层禁止走线的区域,PCB 板上有些区域,例如天线区域,为了追求天线的性能,不允许天线下方走线,遇到这种情况就需要做出 Route Keepout 区域,这样在走线或设置 Shape 时就会自动避开这个区域,Route Keepout 可以单独设置每层或所有层都设置,如图 4.117 所示。

10. Via Keepout Class

代表每层禁止放置 Via 的区域,这个和 Route Keepout Class 作用相似,如图 4.118 所示。

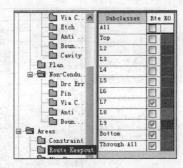

图 4.117 Route Keepout Class

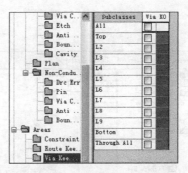

图 4.118 Via Keepout Class

11. Package Keepout Class

代表禁止放置元器件的区域,可以设置 Top 层和 Bottom 层的某个区域内禁止放置元器件,如图 4.119 所示。

12. Package Keepin Class

代表允许放置元器件的区域,可以设置 Top 层和 Bottom 层某个区域内允许放置元器件,与 Package Keepout 的作用恰好相反,如图 4.120 所示。

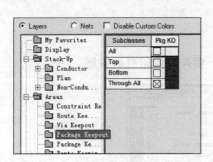

图 4.119 Package Keepout Class

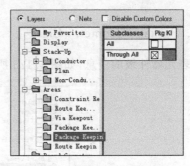

图 4.120 Package Keepin Class

13. Route Keepin Class

代表允许走线的区域,可以设置 Top 层和 Bottom 层某个区域内允许走线,与 Route Keepout 的作用恰好相反,如图 4.121 所示。

14. Board Geometry Class

代表线路板级的信息,如图 4.122 所示,例如 PCB 线路板上我们能看到的丝印信息,一般是由板级的丝印和元器件级的丝印共同组合起来的,下面介绍一下常用几层所包含的信息。

All:所有层,在所有层加入的信息,每层都能看到;

Outline:线路板的板框层,是线路板的外框信息层;

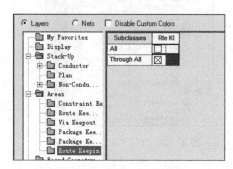

图 4.121　Route Keepin Class

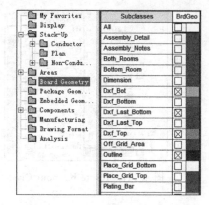

图 4.122　Board Geometry Class

Silkscreen_Bottom：Bottom 层的丝印信息层，添加文件的版本号、日期和 Logo 等信息，因为在 Bottom 层，所有信息需要镜像显示；

Silkscreen_Top：Top 层的丝印信息层，添加文件的版本号、日期和 Logo 等信息；

Soldermask_Bottom：Bottom 层的绿油层信息；

Soldermask_Top：Top 层的绿油层信息。

注意：以 DXF 开头的信息层是放置结构图层，是另外添加的，后续会讲到这些层的使用。

15. Package Geometry Class

代表元器件级的信息，如图 4.123 所示，下面是每层信息的讲解。

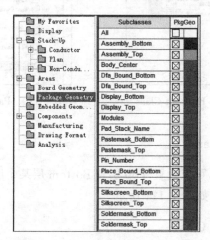

图 4.123　Package Geometry Class

Assembly_Bottom：Bottom 面元器件装配层，一般有元器件外形、方向标志丝印等；

Assembly_Top：Top 面元器件装配层，一般有元器件外形、方向标志丝印等；

Body_Center：元器件中心层，显示元器件中心的标志；

Display_Bottom：Bottom 面元器件显示层，一般有元器件外形、方向标志丝印等，可以等同于 Assembly_Bottom 层；

Display_Top：Top 面元器件显示层，一般有元器件外形、方向标志丝印等，可以等同于 Assembly_Top 层；

Modules：Modules 专属信息层；

Pastemask_ Bottom：Bottom 面元器件钢网层，用于贴片时加注锡膏；

Pastemask_ Top：Top 面元器件钢网层；

Pin_ Number：元器件引脚编号的显示层；

Place_Bound_ Bottom：Bottom 面元器件尺寸层，包括长度、宽度和高度；

Place_Bound_ Top：Top 面元器件尺寸层，包括长度、宽度和高度；

Silkscreen_Bottom：Bottom 层元器件的丝印信息层；

Silkscreen_Top：Top 层元器件的丝印信息层；

Soldermask_Bottom：Bottom 层元器件的绿油层信息；

Soldermask_Top：Top 层元器件的绿油层信息。

16. Components Class

代表元器件的属性信息，如图 4.124 所示，下面是每层信息的讲解。

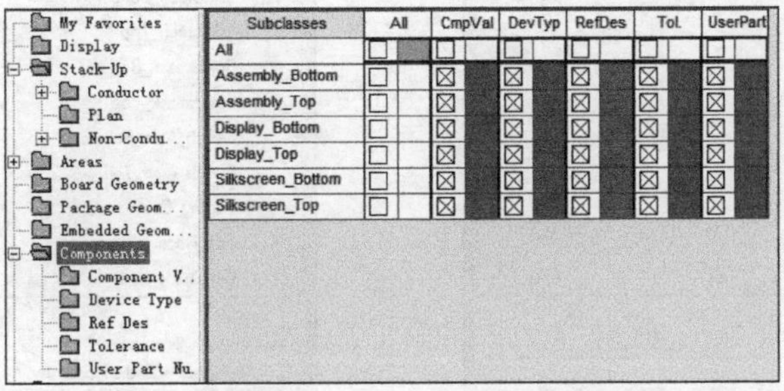

图 4.124　Components Class

Component Value：元器件的数值，例如电容值、电阻值和电感值等；

Device Type：元器件的类型描述层；

Ref Des：元器件的位号放置层；

Tolerance：元器件的 Value 误差数值放置层；

User Part Number：元器件的厂家编号名字放置层。

4.3.4　图层添加和删除

Allegro 自带的图层很多，一般可以满足设计的需求，但有时为了方便区别，需要加特殊命名的层，如导入结构图 DXF 图纸，需要有专门的图层来放置 DXF 图。

1. 新建图层

选择主菜单下 Setup → Subclasses 选项，如图 4.125 所示。

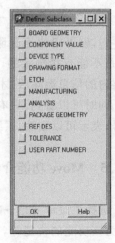

图 4.125　图层编辑

一般常用的是第一个 BOARD GEOMETRY,单击 BOARD GEOMETRY 左侧的按钮,然后在 New Subclass 后,输入新图层的名称 DXF_TOP,如图 4.126 所示,注意名称为英文,不支持中文输入。

输入完成后,按下 Enter 键,便可以看到新图层 DXF_TOP 已经被添加到 BOARD GEOMETRY 的 Class 内了,如图 4.127 所示。

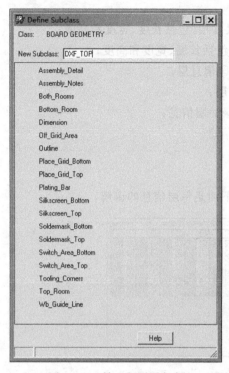

图 4.126　输入新图层名字

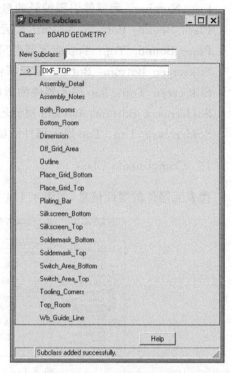

图 4.127　新建图层成功

2. 删除图层

如果要删除 DXF_TOP 图层,只需要点中图层前面的 →,就可以快速删除。注意:如果图层内有文件信息,是不能直接删除的,会有报错信息出现,首先需要将图层内的信息删除后,才能删除图层。

同时可以看到,只有后期添加的图层前面才有 → 符号,表示可以删除,系统自带的图层不能删除和编辑。

图 4.128　选择 Move

4.3.5　Move 功能介绍

选择主菜单 Edit→Move 选项,可以看到 Move 后的"7"为该功能的快捷键,Move 可以实现元器件、孔、线等对象的移动功能,如图 4.128 所示,这个在 Symbol 部分已经详细介绍过使用方法了。

4.3.6　Mirror 功能介绍

选择主菜单 Edit→Mirror 选项，可以看到 Move 后的"9"为该功能的快捷键，Mirror 和 AutoCAD 中镜像功能的使用方法相似，可以将 Top 或 Bottom 的元素以镜像的方式 放到相反层去。

一般使用的对象是 Symbol 和 Text，具体使用方法会在后面导入 DXF 图的章节中 详细说明。

4.3.7　Change 功能介绍

选择主菜单 Edit→Change 选项，可以看到 Change 后的 Del 为该功能的快捷键， Change 的作用是换层、改变 Text、改变线宽等，这个在创建异形 Package Symbol 4.2.5 节中已经使用过，这里不做说明。

4.3.8　其他 Edit 功能介绍

Edit 下面还有很多其他功能，在建 Symbol 中都有使用，这里简单说明一下。
Copy：复制对象；
Spin：任意角旋转；
Delete：删除队形；
Z-Copy：Shape 偏移 COPY；
Vertex：line 添加折角点；
Delete Vertex：删除折角点；
Text：编辑 Text 的内容；
Group：建立元器件分组；
Properties：对象属性编辑；
Net Properties：Net 属性编辑。

4.3.9　导入结构图

机构图承载了板框、元器件位置、安装等信息，是结构工程师提供的 DXF 文件，DXF 文件可以用 AutoCAD 软件打开，图 4.129 就是用 AutoCAD 打开文件后的效果图，为了 图片的可视效果，特意将传统的黑色背景换成白色。

DXF 文件一般为传统的 3 视图，左侧是左视图，右侧为右视图，中间为前视图。左 视图可以看到屏蔽罩、天线焊盘的位置和尺寸，右视图可以看到座充、光感、SIM 卡、电 池、连接器的位置、焊盘尺寸和正负方向，前视图可以看到 PCB 线路板的厚度为 0.80mm。

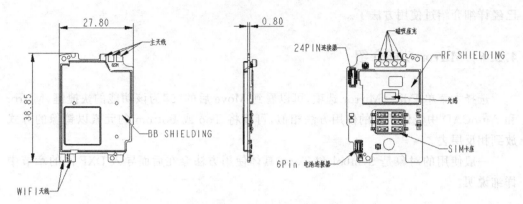

图 4.129　DXF 文件

下一步就是将 DXF 文件导入 PCB 中去，新建一个 PCB 文件，然后在 BOARD GEOMETRY Class 内新建 DXF_TOP 和 DXF_BOTTOM 两个 Subclass，如图 4.130 所示。

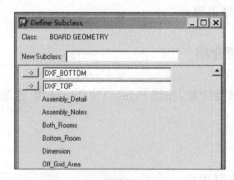

图 4.130　新建两个 Subclass

选择主菜单 File→Import→DXF 选项，如图 4.131 所示。

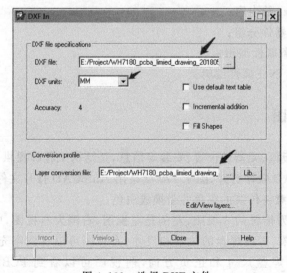

图 4.131　选择 DXF 文件

1. 导入 DXF 文件

在 DXF file 输入框中选中需要导入的 DXF 文件,一般 DXF 文件的单位为公制的,Allegro 默认英制的,需要将 DXF units 中的 MILS 改为 MM,导入的方法与之前介绍的新建 Shape Symbol 方法一样,只是图层不同。

Conversion profile 下的 Layer conversion file 首次是自动添加的,如果输入框是空的,就单击后面的按钮,选择在 DXF 目录下自动生成的 cnv 文件即可。

接着单击 Edit/View layers 按钮,如图 4.132 所示。

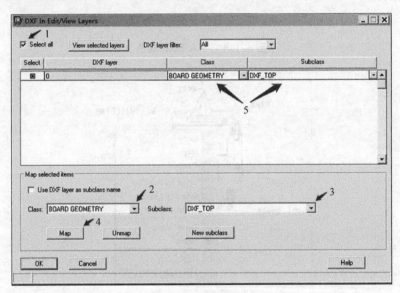

图 4.132　设置图层

(1) 选中 Select all。

(2) 在 Class 中选中 BOARD GEOMETRY。

(3) 在 Subclass 中选中 DXF_TOP。

(4) 单击 Map 按钮,可以看到 5 处的信息已经更新。

然后单击 OK 按钮,回到 DXF In 界面,单击 Import 按钮,可以看到 DXF 里的线框已经导入了 PCB 中,导入的 DXF 信息一般很多,只需要保留左右视图就可以了,其他的可以删除掉,如图 4.133 所示。

2. 将右视图镜像

选择 Edit→Move 选项,在 Find 内选择 Shape、Other segs 和 Text 选项,然后选中全部右视图,单击 Move 按钮时,右击并选择 Mirror Geometry,将右视图进行镜像,如图 4.134 所示。

接着在图中单击一下,选择镜像后放置的位置,如图 4.135 所示为镜像后的结果,可以看到 Text 是镜像后生成的。

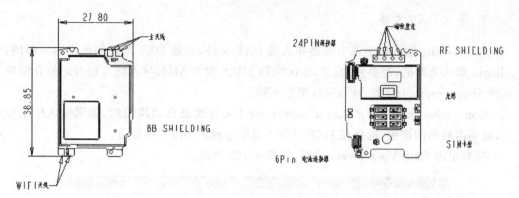

图 4.133 导入 DXF 成功

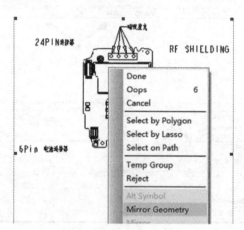

图 4.134 镜像右视图

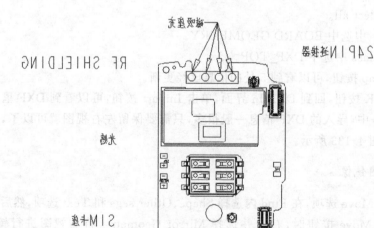

图 4.135 右视图镜像成功

3. 将镜像后的右视图放置到 DXF_BOTTOM

选择 Edit→Change 选项,按图 4.136 所示,设置好 Options 和 Find,选择右视图所有图形,右击并选择 Done 选项,这样就可以看到右视图被放到 DXF_BOTTOM 内了。

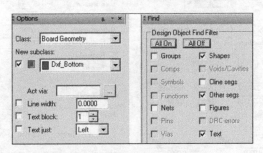

图 4.136 设置 Options 和 Find

4. 设置板子原点

选择 Display→Element 选项,在 Find 内选择 Other segs 选项,单击图片左下角 1 处的圆弧,如图 4.137 所示,可以查看到该处圆弧的中心坐标信息。

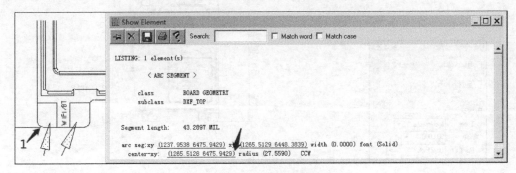

图 4.137 查看圆弧信息

选择 Setup→Design Parameter 选项,在 Move origin 中输入 1265.5128 和 6475.9429,将板子的原点设置在圆弧的中心处,如图 4.138 所示。

原点选择可以根据自己喜好选择,如果选择左下角为原点,那么整个图形基本处在第一象限,X 和 Y 的值都是正数,这样元器件的坐标都是正数,便于后期的 SMT 贴片。

5. 将 DXF_TOP 和 DXF_BOTTOM 进行重合放置

查看一下右边视图 Bottom 的左下方圆弧中心的坐标为(109.4899 6.9850),然后启动 Move,在 Options 中选择 Point 为 User Pick,如图 4.139 所示。

选中右侧所有线框,右击并选择 Done 选项,在命令框内输入:x 109.4899 6.9850然后按 Enter 键,可以看到图形移动,光标在左下方圆弧中点处,然后在命令框内输入:x 0 0,然后按 Enter 键。

此时左视图的 TOP 面和右视图的 BOTTOM 面完成重合,如图 4.140 所示。

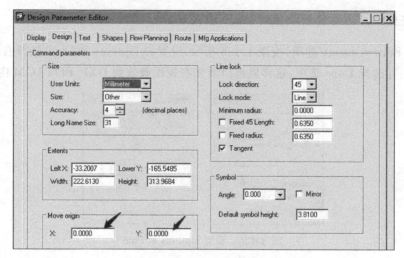

图 4.138　输入新原点坐标

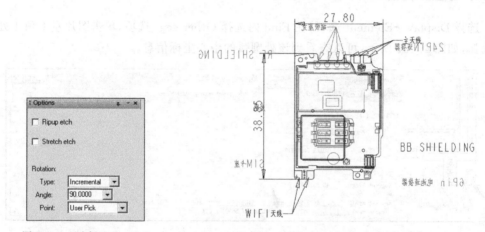

图 4.139　选择 User Pick　　　　　图 4.140　TOP 和 BOTTOM 重合

4.3.10　设置板层

　　Allegro 默认的是两层板,如果在项目中使用的是多层板,则需要添加走线层,选择主菜单 Setup→Cross Section 选项,打开板层编辑器,如图 4.141 所示。

　　Subclass Name:板子层数名称;

　　Type:材料的类型,SURFACE 表层,CONDUCTOR 走线 PLANE 电源面;

　　Material:材料的名称,AIR 空气,COPPER 铜箔(还有 TIN、GOLD 很多种,默认COPPER),FR-4 绝缘材质(还有 PTFE 等很多种,默认 FR-4);

　　Thickness:材料的厚度;

　　Conductivity:材料的传导系数;

　　Dielectric Constant:材料的介电常数;

　　Loss Tangent:材料的阻尼因子;

	Subclass Name	Type		Material		Thickness (MM)	Conductivity (mho/cm)	Dielectric Constant	Loss Tangent	Negative Artwork	Shield	Width (MM)
1		SURFACE		AIR				1	0			
2	TOP	CONDUCTOR	▼	COPPER	▼	0.03048	595900	4.5	0	☐		0.1300
3		DIELECTRIC	▼	FR-4	▼	0.2032	0	4.5	0.035			
4	BOTTOM	CONDUCTOR	▼	COPPER		0.03048	595900	4.5	0	☐		0.1300
5		SURFACE		AIR				1	0			

Total Thickness: 0.26416 MM

Layer Type ALL **Material** ALL **Field to Set** Thickness **Value to Set** [ ] Update Fields

☐ Show Single Impedance
☐ Show Diff Impedance

OK Apply Cancel Refresh Materials -> Report Help

图 4.141 板层编辑器

Negative Artwork：负片设置；

Shield：屏蔽信号；

Width：线宽度；

Total Thickness：PCB 的厚度，每层厚度叠加的总和；

Show Single Impedance：选中后可以看到单根阻抗值；

Show Diff Impedance：选中后可以的看到等差线的阻抗值。

1. 添加板层

在 Subclass Name 的 TOP 和 BOTTOM 内，右击并选择 Add Layer Above 或 Add Layer Below 选项，如图 4.142 所示。

然后对列表 3 和 5 进行同样的操作，列表 3 和 5 内选择 TYPE 为 DIELECTRIC，Material 为 FR-4。列表 4 内选择 TYPE 为 CONDUCTOR，Material 为 COPPER，同时更改 Subclass Name 名字为 IN2，如图 4.143 所示。

每层的厚度和介电常数之类的值可以不考虑，但如果需要仿真，就要像图 4.106 那样将叠层中的精确值输入进来。

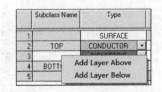

图 4.142 添加层

2. 删除板层

如果要删除某一层，将鼠标放在该层处，右击并选择 Remove Layer 选项，这样就可以删除该层了，如图 4.144 所示。

	Subclass Name	Type	Material	Thickness (MM)	Conductivity (mho/cm)	Dielectric Constant	Loss Tangent	Negative Artwork	Shield	Width (MM)
1		SURFACE	AIR			1	0			
2	TOP	CONDUCTOR	COPPER	0.03048	595900	4.5	0	☐		0.1300
3		DIELECTRIC	FR-4	0.2032	0	4.5	0.035			
4	IN2	CONDUCTOR	COPPER	0.03048	595900	4.5	0.035			0.1300
5		DIELECTRIC	FR-4	0.2032	0	4.5	0.035			
6	BOTTOM	CONDUCTOR	COPPER	0.03048	595900	4.5	0	☐		0.1300
7		SURFACE	AIR			1	0			

图 4.143　更改 Subclass Name

Layout Cross Section

	Subclass Name	Type	Material	Thickness (MM)	Conductivity (mho/cm)	Dielectric Constant	Loss Tangent	Negative Artwork	Shield	Width (MM)
1		SURFACE	AIR			1	0			
2	TOP	CONDUCTOR	COPPER	0.03048	595900	4.5	0	☐		0.1300
3		DIELECTRIC	FR-4	0.2032	0	4.5	0.035			
4	IN2	CONDUCTOR	COPPER	0.03048	595900	4.5	0.035			0.1300
5			FR-4	0.2032	0	4.5	0.035			
6	BOTTOM	CONDUCTOR	COPPER	0.03048	595900	4.5	0	☐		0.1300
7			AIR			1	0			

Add Layer Above
Add Layer Below
Remove Layer

图 4.144　删除板层

一般 PCB 硬板的层数是 1 和 2、4、6 等偶数层的,FPC 软板的层数是任意的,可以是 3、5 等奇数层,这个在设置层数的时候要根据实际需要的层数来设置。

4.3.11　创建板框(Outline)

板框是板子的外形,需要放在 Board Geometry 的 Outline 层,外形可以是 Line 或 Shape,推荐用 Shape,这样后续做布线区、元器件放置区会很方便。

如图 4.145 所示,重新设置好 Outline 层的颜色,关掉 Dxf_Bottom 层,只显示 Dxf_Top 层出来。

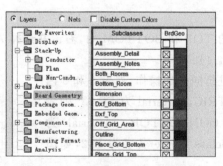

图 4.145　设置 Outline 的颜色

使用 Change 功能,将 Dxf_Top 的外形线放置到 Outline 层,线宽 0.1mm,如图 4.146 所示。如果对 AutoCAD 熟练,可以用 AutoCAD 制作板框,然后导入 PCB 中,直接用 Change 功能放置到 Outline 层,然后和 Dxf 层原点重叠放置。

可以看到板子中孔外形也被放置进了 Outline 层,这是因为这些为通孔,可以用 Outline 做出来,也可以放置 Mech Symbol。

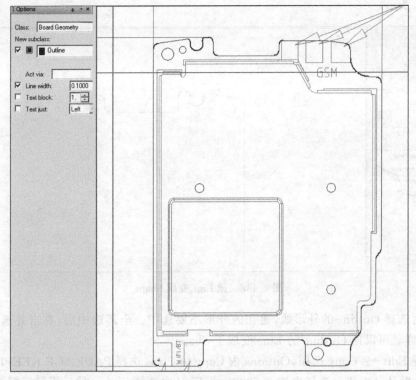

图 4.146　制作 Outline

当反在 Outline 线没有完全闭合，用 Edit→Vertex 命令进行修改，修改完成后，单击 Done 按钮，结束对此图层的修改，完成布线框的制作。

选择 Edit→Vertex 或 Options 的 Class 设置为 Board Geometry，New subclass 的 subclass 设为 All Shape 命令的设置，然后将鼠标放置在 Shape 边缘的位置，单击一下 Outline，选择工具栏的中的 Outline 工具，将 Package Keepin 的 Shapes 做成 Outline。

注意：有些是结构上的定位圆形丝印，这个要根据具体情况判定，判定很简单，如果孔的外形在 Dxf_Top 和 Dxf_Bottom 都存在，那么这个就是通孔，如果只存在于 Dxf_Top 和 Dxf_Bottom 其中一个面的，那就是定位丝印。

4.3.12　创建元器件放置区（Package Keepin）

Package Keepin 是允许放置元器件的区域，如果将元器件放置到 Package Keepin 区域外，就会有 DRC 报错。

首先关掉 Dxf_Top 层，打开 Package Keepin 层的显示，可以将颜色更改为紫色，如图 4.147 所示。

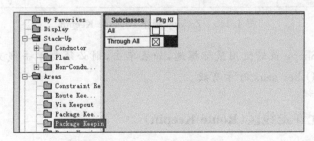

图 4.147　打开 Package Keepin 层

选择主菜单 Shape→Compose Shape 选项，在 Options 内选择 Outline 层，如

图 4.148 所示。

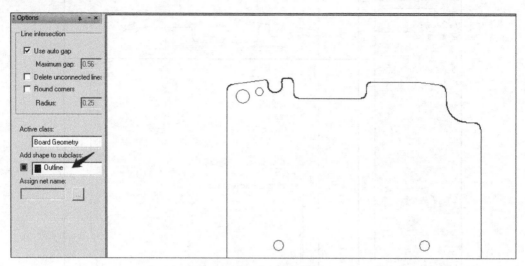

图 4.148　把 Line 变成 Shape

　　然后选择 Outline 的外形线,通孔的外形不要选中。全部选中后,右击并选择 Done 选项,这样就可以把 Outline 的 Line 变成了 Shape。

　　选择 Edit→Z-Copy 选项,Options 内 Copy to Class 选择 PACKAGE KEEPIN 选项,Subclass 默认 All,Size 选择内缩 0.5000mm,Find 内选择 Shape,然后用鼠标框选一部分 Outline,这样就可以马上看到在 Outline 生成了一个 Package Keepin 的 Shape,如图 4.149 所示。

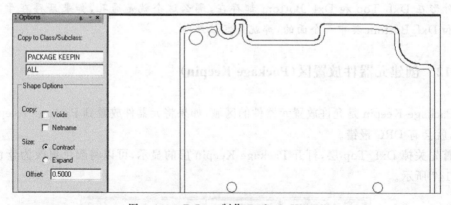

图 4.149　Z-Copy 制作 Package Keepin

　　注意:选择 Shape 最好使用鼠标框选,如果单击,则必须要单击线交汇的点,只有保证同时选中两根 Other segs 时才有效。

4.3.13　创建允许走线区(Route Keepin)

　　Route Keepin 是指允许走线的区域 Shape,如果走线到该区域外,就会有 DRC 报错信息产生。

选择 Edit→Z-Copy 选项，Copy to Class 选择 ROUTE KEEPIN 选项，Size 选择内缩 0.2500mm，Find 内选择 Shape，然后框选 Outline 的 Shape，这样就自动生成了一个 Route Keepin 的 Shape，如图 4.150 所示。

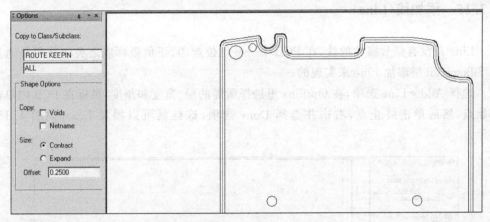

图 4.150　Z-Copy 制作 Route Keepin

一般走线离板边 0.25～0.3mm 就可以了，如果太靠近板边，就可能在分板时分板机削到板边的走线。

4.3.14　创建禁止走线区(Route Keepout)

Route Keepout 是指禁止走线的区域 Shape，如果走线到该区域内，就会有 DRC 报错信息产生。一般在孔走线避开区、晶体邻层挖开、天线净空区使用。Route Keepout 可以设置到某一层，也可以设置到所有层。

先选择主菜单 Shape→Compose Shape 选项，把孔的 Line 变成 Shape。

接着选择 Edit→Z-Copy，在 Options 内的 Copy to Class 选择 ROUTE KEEPOUT，Size 选择外扩 0.2500mm，Find 内选择 Shape，然后框选 Outline 的 Shape，这样就自动生成了一个 Route Keepout 的 Shape，如图 4.151 所示。

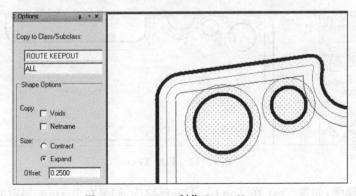

图 4.151　Z-Copy 制作 Route Keepout

一般走线离孔边缘 0.2500mm，如果太靠近孔边缘，可能在钻孔时钻头会钻到孔边的走线。

4.3.15 添加线（Line）

Line 是没有信号属性的线，在 PCB 中一些定位丝印、正负极标志之类的线都是通过在 Silkscreen 层添加 Line 来实现的。

选择 Add→Line 选项，在 Options 里选择所需的层、宽度和角度，鼠标在 PCB 内单击起始点，然后单击终止点，右击并选择 Done 选项，这样就可以添加 Line，如图 4.152 所示。

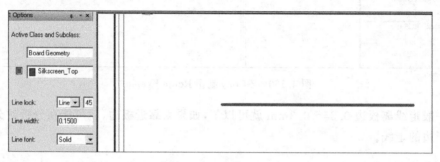

图 4.152　添加 Line

4.3.16 添加文本（Text）

Text 是板子上描述信息的文字，如厂家信息、版本号、日期等，根据需要添加到每层中去，目前只能支持英文字母及数字，汉字需要按图像方式或 Line 方式加入。

选择 Add→Text 选项，在 Options 里选择所需的层、大小和对齐方式，鼠标在 PCB 内单击起始点，在命令窗口输入 WH7180_V1.0，右击并选择 Done 选项，这样就可以添加 Text，如图 4.153 所示。

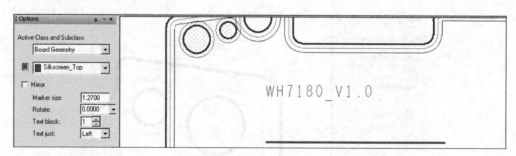

图 4.153　添加 Text

Mirror：镜像，如果 Text 在 Top 层，不需要勾选，如果在 Bottom 层则需要勾选；
Marker size：尺寸标志的大小，不用理会；
Rotate：旋转角度；

Text just：对齐方式。

Add 菜单下还有其他子菜单，这里简单说明一下：

Arc w/Radius：添加部分弧线 Line；

3pt Arc：3 点间添加圆弧 Line；

Circle：添加整圆 Line；

Rectangle：添加填充的矩形 Shape；

Frectangle：添加非填充的矩形 Shape。

4.3.17　查看属性

Allegro 可以通过查看功能，查看对象的所属层、尺寸等属性，这个在讲解如何设置 PCB 图纸的原点时，用查看功能查看过左下角圆弧的中心坐标值。

选择 Display→Element 选项，在 Find 里选择所需的内容，例如选择 Shape，单击 PCB 中的一个 Shape，这样就可以弹出该 Shape 的属性对话框，如图 4.154 所示，会显示该 Shape 所在的图层、起始点坐标、长度、宽度、面积等。

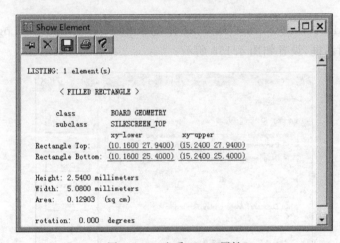

图 4.154　查看 Shape 属性

4.3.18　查看间距

利用该功能可以查看不同对象之间点的间距，选择 Display→Measure 选项，在 Options 里选择 Other segs 选项，依次点源 Route Keepin 和 Package Keepin 的边缘，然后右击并选择 Done 选项，这样就可以弹出间距测量结果的对话框，如图 4.155 所示，可以看到，Route Keepin 和 Package Keepin 的间距是 0.2500mm，与上述结果相同。

当然，根据 Find 的选择结果，可以看到 Pin 与 Pin、Line 与 Line、Line 与 Shape 等各种不同对象的间距。

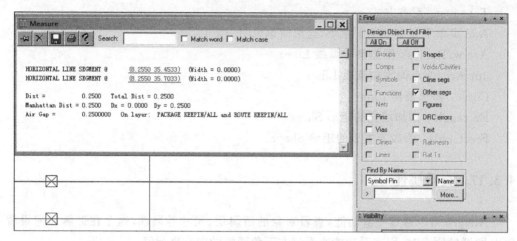

图 4.155　查看 Shape 间距

4.3.19　导入原理图

先从 OrCAD 中导出 Netlist 文件,选择主菜单 File→Import→Logic 选项,弹出 Import Logic 对话框,设置如图 4.156 所示。

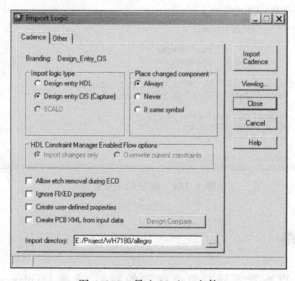

图 4.156　导入 Netlist 文件

Import logic type:选择导入 Netlist 的文件格式,选择 Design entry CIS(Capture)选项;

Place changed component:放置好的元器件位置是否要改动,默认选择 Always 选项;

Allow etch removal during ECO:导入 Netlist 后,走线自动删除,一般不选;

Ignore FIXED property:忽略 FIXED 属性的元器件,一般不选;

Create user-defined properties：创建用户自定义的属性，一般不选；

Create PCB XML from input data：自动生成 XML 文件，XML 文件是 PCB 之间相互比对的文件，这里一般不选；

Import directory：选择 Netlist 文件的路径。

设置好以后，单击 Import Cadence 按钮，出现一条进度条，进度条结束后，会出现 netrev. lst 文件打开后的界面，如图 4.157 所示，这个文件在 PCB 文件同目录下也可以找到。

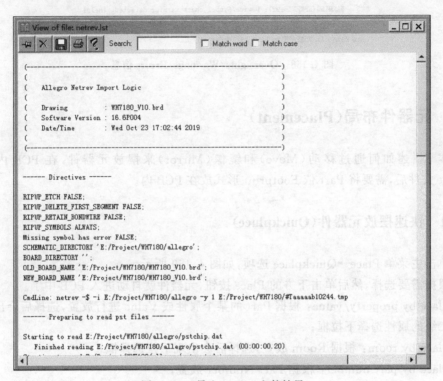

图 4.157 导入 Netlist 文件结果

netrev. lst 文件记录了更新的结果，初次导入会有很多报错信息，分 Directives、Preparing to read pst files、Oversights/Warnings/Errors、Library Paths 和 Summary Statistics 总共 5 部分。

Directives：新旧文件信息、更新属性信息；

Preparing to read pst files：Netlist 文件读取情况；

Oversights/Warnings/Errors：元器件封装匹配情况；

Library Paths：各种库的路径；

Summary Statistics：状态总浏览。

一般只要看 Oversights/Warnings/Errors 是否有元器件封装问题的报错就可以了，例如图 4.158，就是告知 ECAP_6354 的 Package Symbol 在原件库里没有找到的提示信息。

```
------ Oversights/Warnings/Errors ------

#1   WARNING(SPMHNI-192): Device/Symbol check warning detected. [help]

WARNING(SPMHNI-194): Symbol 'ECAP_6354' for device 'DNI-C_1_ECAP_6354_100UF'
not found in PSMPATH or must be "dbdoctor"ed.

#2   WARNING(SPMHNI-192): Device/Symbol check warning detected. [help]

WARNING(SPMHNI-194): Symbol 'ECAP_6354' for device 'DNI-C_1_ECAP_6354_DNI-C'
not found in PSMPATH or must be "dbdoctor"ed.

#3   WARNING(SPMHNI-192): Device/Symbol check warning detected. [help]

WARNING(SPMHNI-194): Symbol 'ECAP_6354' for device 'DNI-C_1_ECAP_6354_47UF'
not found in PSMPATH or must be "dbdoctor"ed.
```

图 4.158　Oversights/Warnings/Errors 信息

4.4　元器件布局(Placement)

本节讲述如何通过移动(Move)和镜像(Mirror)来摆放元器件,在 PCB 内导入 Netlist 文件后,需要将 Part 依 Footprint 形式放在 PCB 内。

4.4.1　快速摆放元器件(Quickplace)

单击主菜单 Place→Quickplace 选项,如图 4.159 所示。

根据需要选择,然后单击下方的 Place 按钮,元器件就自动进入 PCB 中了。

Place by property/value:根据 Part 的某个属性或 Value 进行放置,选择后会出现一级和二级的属性选择下拉框;

Place by room:根据 Room 放置,选择后会出现下拉选择框;

Place by part number:根据 Part Number 放置;

Place by net name:根据网络标号放置;

Place by net group name:根据网络组放置,这个需要在原理图里设置,如果没有设置,在这里就是无效的灰白显示;

Place by schematic page number:根据原理图的页码放置;

Place all components:放置所有元器件,一般直接选择这个比较方便;

Place by refdes:根据元器件编号进行放置,该项选中后,下方的 Place by REFDES 的子项框内的选项就被激活了,按照需求进行设置即可;

Placement Position:元器件放置的区域;

Place by partition:按照块放置,这个一般都是无效显示,一般在分工协作中使用,例如一个项目由多个工程师同时进行摆件;

By user pick:选择放置的中心点;

Around package keepin:环绕 Package keepin 进行摆件,这个必须提前做好 Package keepin 的 Shape;

Edge:选择摆件时靠近 Package keepin 的 4 个方向,可以多选;

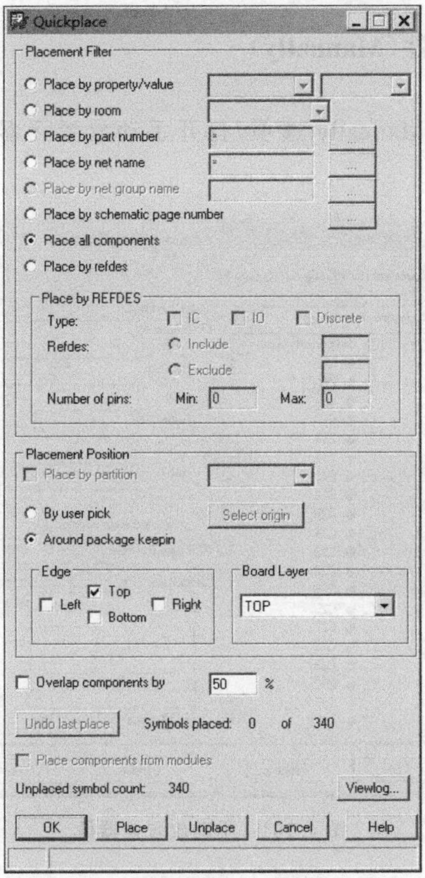

图 4.159　快速摆放器件设置

Board Layer：选择放入 PCB 的 TOP 还是 BOTTOM 面，如果放置在 BOTTOM 面，元器件会自动被镜像；

Overlap components by：摆放全部元器件的百分比；

Symbols placed：Symbol 的数量和放置的数量显示；

Unplaced symbol count：没有放置的元器件数量显示；

图 4.160 是按照 Package keepin 的 Right Edge 快速摆放的结果。

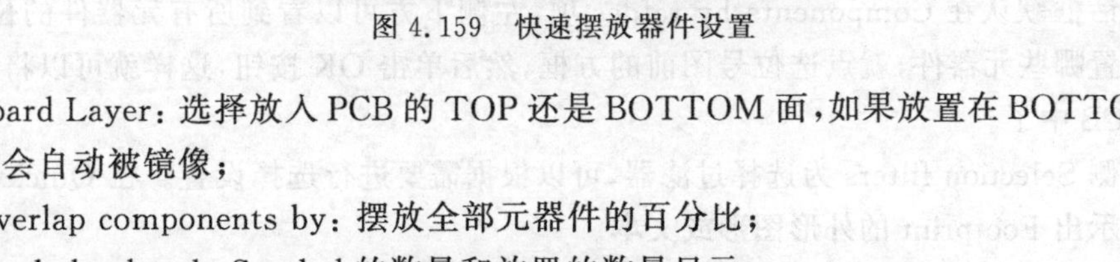

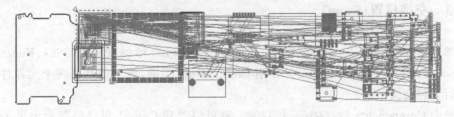

图 4.160　Right Edge 快速摆放元器件

自动放置元器件后，出现错误的元器件没有被放置出来，此时就需要将没有被放置出来的元器件逐个手动进行放置，并且可以看到放置不成功的信息。

4.4.2 手动摆放元器件(**Manually**)

单击主菜单 Place→Manually 选项,打开手动放置元器件的对话框,如图 4.161 所示。

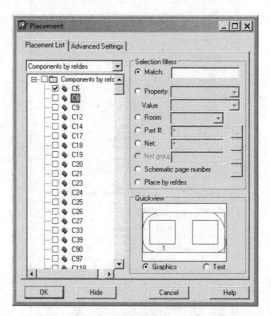

图 4.161 手动放置元器件

对话框默认在 Components by refdes 项,左侧下方可以看到所有元器件的位号图, 需要放置哪些元器件,就点选位号图前的方框,然后单击 OK 按钮,这样就可以将元器件 放入 PCB 中了。

右侧 Selection filters 为选择过滤器,可以根据需要进行选择设置。在 Quickview 内 可以显示出 Footprint 的外形图形或文本。

如果放置不成功,则会在下方的命令行内显示出现错误的原因,根据报错信息提示, 添加缺失的 Symbol 或 Padstack,然后再次手动或自动放置。

4.4.3 交换位置(**Swap**)

单击主菜单 Place→Swap 选项,如图 4.162 所示,可以看到有 Pins、Functions、 Components 3 个功能,初期学习先介绍 Components 功能,该功能是将两个元器件的位 置进行互相交换。

选中 Components 后,单击一个 J2000,就可以看到 Comp1 里已经显示出了 J2000, 接着单击 U6500,Comp2 里便显示 U6500,同时 J2000 和 U6500 的位置已经互换完 毕了。

如果想保持两个元器件的旋转角度不变,可以勾选 Maintain symbol rotation 项。

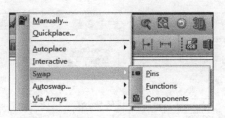

图 4.162　Swap 功能

4.4.4　布局规则介绍

俗语说"物以类聚,人以群分",摆件也基本按照这样的规则来摆放,相同电压或功能的元器件集中在一起摆放,不同电压或功能的元器件离得远一点进行摆放。

摆件一般遵循十三字原则:信号顺、交叉少、路径短、隔离、靠近。

1. 信号顺

通常按照信号的流程逐个安排各个功能电路单元的位置,以每个功能电路的核心元器件为中心,围绕它进行布局。

2. 交叉少

移动元器件时要注意网线的连接,要注意如果两个元器件存在多个网线的连接时要通过旋转来使网线的交叉变得最少。另外使模块与模块之间线的相互穿越最少。

3. 路径短

移动元器件时要注意网线的连接,把有网线关系的元器件放在一起,并且能大致达成互连最短。

还有抗干扰原则:三靠近、五隔离。

1. 隔离

高低压之间要隔离,数字元器件和模拟元器件要隔离。射频元器件与其他模块要隔离。易受干扰的元器件与其他模块要隔离。输入和输出要隔离。板边要隔离(例如重要信号线要远离板边)。

2. 靠近

高频元器件内部要靠近(减少它们的分布参数和相互间的电磁干扰)。去耦电容尽量要靠近元器件。ESD 和 EMI 元器件要靠近接口。

4.4.5　元器件移动(Move)

单击主菜单 Edit→Move 选项,在 Find 内选择 Symbols,如图 4.163 所示。

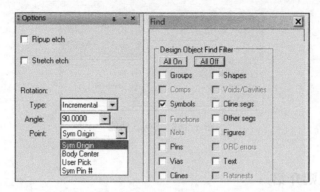

图 4.163　Move Symbols

Ripup etch：移动时删除走线；

Stretch etch：移动时线跟着被拉伸；

Type：Absolute——绝对角度值；

Incremental——相对角度值；

Angle：旋转角度；

Point：Sym Origin——按 Symbol 原点为基点移动，一般默认这个即可；

Body Center——按 Symbol 中点为基点移动；

User Pick——按鼠标所在点为基点移动；

Sym Pin ♯——按 Symbol 的某 1 个 Pin 的中心为基点移动，选择后会出现 Symbol Pin ♯，需要在后面的框内输入 Pin Number。

设置完成后，就可以单击，选中 Symbols 进行 Move 了，如果要多个选中，就可以右击并选择 Temp Group 选项，选中多个 Symbol 后，右击并选择 Done 选项。

如果在 Move 的过程中需要旋转元器件，就可以右击并选择 Rotate，旋转的角度就是在 Type 里设置好的。移动到需要的位置后，再次单击，然后右击并选择 Done 选项，这样就完成了 Move 操作。

注意：多个元器件旋转时，Point 要选中 User Pick，这样可以整体进行旋转。

4.4.6　元器件镜像（Mirror）

单击主菜单 Edit→Mirror 选项，单击 PCB 内的 Symbol，可以看到 Symbol 直接被放到另外一面，位号图也跟着被镜像。

如果要选中多个，右击并选择 Temp Group，选中多个 Symbol 后，右击并选择 Done。然后单击，完成多个对象的 Mirror 操作。

4.4.7　设置 Group

为了方便对多个 Symbol 整体操作，Allegro 设置了 Group 更能，与 AutoCAD 中的 Block 功能相似。

单击主菜单 Edit→Group 选项,在 Options 的 Group 内加入新建 Group 的 Name,例如 CPU,如图 4.164 所示。

然后按 Enter 键,出现 Create Group 的对话框,如图 4.165 所示,然后单击"是"按钮,即可看到 Group 创建成功。

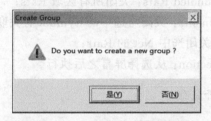

图 4.164　新建 Group　　　　　图 4.165　Create Group 对话框

选中 CPU,在 PCB 中单击 U4000、U3000、U1000,然后右击并选择 Done 选项。在 Move 和 Mirror 操作时,可以在 Find 内选中 Group,这样就可以看到 3 个 Symbol 可以一起 Move 和 Mirror 了。

4.4.8　鼠线(Rats)操作

如图 4.166 所示,可以看到很多直接相连的细线,每根线就是一个 Net,表示这些线要实际被连起来,这些线被称为鼠线(Rats),这个在之前也有提到过。

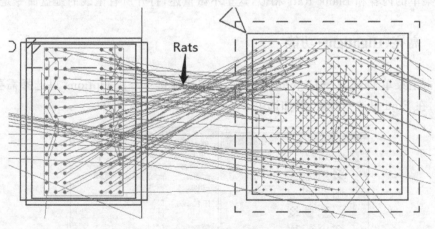

图 4.166　Rats 显示

1. 关闭鼠线

单击主菜单 Display→Blank Rats 选项,可以看到出现 5 个子下拉菜单,如图 4.167 所示。

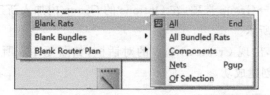

图 4.167　Blank Rats

All：关闭所有 Rats,可以使用快捷键 End 键;

All Boundled Rats：关闭所有区域 Rats;

Components：关闭与选中的 Symbol 有关联的 Rats;

Nets：关闭选中 Net 的 Rats;

Of Selection：从选择屏幕之后执行。

2. 打开鼠线

如果需要重新打开这些 Rats,就单击主菜单 Display→Show Rats 选项,根据子菜单选择所需要的操作,如图 4.168 所示。

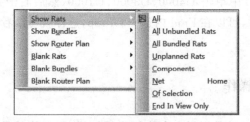

图 4.168　Show Rats

子菜单的内容和 Blank Rats 相似,这里不做重述,打开所有鼠线的键盘命令是 F12。

4.4.9　高亮(Highlight)功能

单击主菜单 Display→Highlight 选项,或按快捷键 F7,在 Options 里选择需要高亮的图案,在 Find 里选中对象,例如选中 Symbols,如图 4.169 所示。

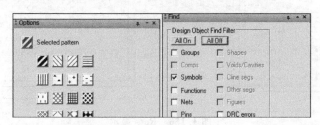

图 4.169　Highlight Symbols

选中 PCB 的 Symbol 后,就可以看到 Highlight 显示。

单击主菜单 Display→Color/Visibility 选项,如图 4.170 所示可以通过更改 Display 内的 Temporary highlight 的颜色来设置 Highlight 的颜色。

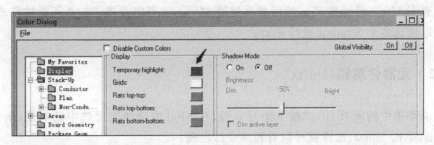

图 4.170　更改 Highlight 颜色

4.4.10　去除高亮(Dehighlight)功能

单击主菜单 Display→Dehighlight 选项,或按快捷键 F8,在 Options 里选择去除高亮的对象,在 Find 里选中对象,例如选中 Symbols,如图 4.171 所示。

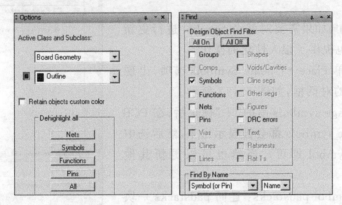

图 4.171　Dehighlight Symbols

Retain objects custom color:保持对象设置的颜色,做项目为了方便识别,不同的 Net 会使用不同颜色,这个和 Highlight 不同;

Nets:去除所有 Net 的高亮;

Symbols:去除所有 Symbol 的高亮;

Functions:去除所有 Function 的高亮;

Pins:去除所有 Pin 的高亮;

All:去除所有高亮。

4.4.11　元器件锁定(Fix)

一些元器件放置好以后,不再做位置调整,为了防止在 Move 中被误选,需要给这些元器件进行 Fix 锁定操作。

单击菜单中的 ![icon] 图标,或按下小写 f 键,在 Find 内选择需要选中的对象,例如选中 Symbols,单击 J2000,这样就可以看到命令行出现:

Property FIXED added to element Symbol:CONN2P54_2X5 at 95.5092,28.2207.

这表明 J2000 已经被 Fix,然后如果使用 Move,就可以发现 J2000 不能被移动了,另外也可以框选多个 Symbol 进行 Fix。

4.4.12　元器件解锁(Unfix)

单击菜单中的 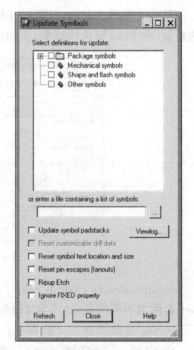图标,或按下小写 u 键,在 Find 内选择需要选中的对象,例如选中 Symbols,单击 J2000,这样就可以看到命令行出现:

Property FIXED removed from element Symbol:CONN2P54_2X5 at 95.5092,28.2207.

这表明 J2000 已经被 Unfix,然后如果使用 Move,就可以发现 J2000 又可以被移动了。

4.4.13　元器件封装更新

摆件过程中,如果需要对某个 Symbol 进行更新操作,Allegro 也提供了很人性化的操作。

单击主菜单 Place→Update Symbols 选项,出现更新 Symbols 的对话框,如图 4.172 所示。

单击 Package symbols 前的"+"标记后,在 PCB 中所有 Package symbols 都会被显示出来,然后选中需要更新的 Symbol 即可。当然也可以更新其他 Symbol。

Update symbol padstacks:连同 padstacks 一块更新;

Reset symbol text location and size:位号、丝印一起更新;

Reset pin escapes(fanouts):还原 Pin 隐藏;

Ripup Etch:去除连接的线;

Ignore FIXED property:忽略 Symbol 被 Fix 的情况,如果该项不选,在 Symbol 被 Fix 时,Symbol 更新将失败;

设置好以后,单击 Refresh 按钮,Update Symbols 就开始执行。

图 4.172　Update Symbols

4.4.14　导出 2D 和 3D 文件

元器件摆好后,需要导出 2D 的 DXF 文件和 3D 的文件,发给 ME(结构工程师)进行 Double Check 工作。

1. 导出 Top 层的 2D 文件

单击主菜单 File→Export→DXF 选项，出现 DXF Out 对话框，如图 4.173 所示。

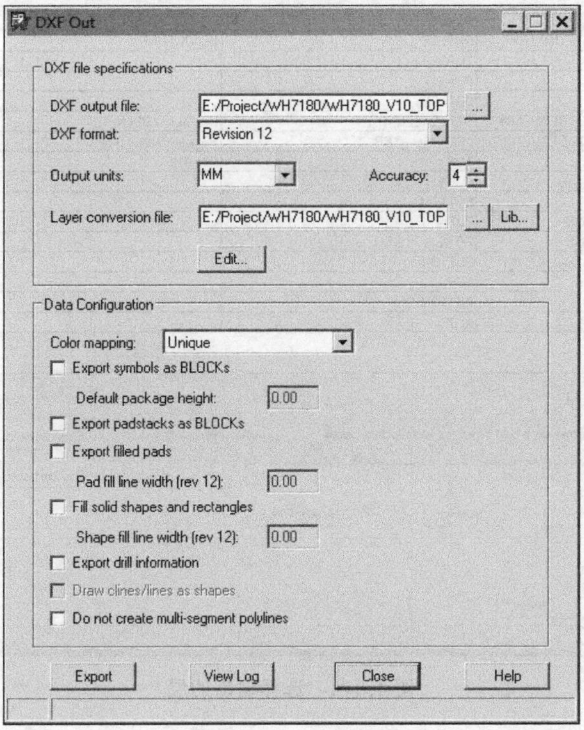

图 4.173 输出 DXF

DXF output file：选择保存输出文件的文件夹和输出名字，需要输出 Top 和 Bottom 两层，先输出 Top，文件名字可以为"项目名＋版本号＋Top"，例如 WH7180_V10_TOP。

DXF format：选择 DXF 文件的版本，一般默认最低版本 Revision 12 即可；

Output units：输出文件的单位；

Accuracy：精度，一般 MM 默认是小数点后 4 位，MIL 默认是小数点后 2 位；

Layer conversion file：一般保留默认即可；

Data Configuration：一般都保留默认即可。

单击 Edit 选项，在出现的对话框内选择以下层面，如图 4.174 所示。因为输出的信息是供 ME 工程师使用的，所以需要输出元器件外形信息、正负标志、焊点的外形、屏蔽罩尺寸等信息。

然后单击 OK 按钮，返回到图 4.173 后，单击 Export 按钮，就生成了 Top 层的 DXF 文件。

2. 导出 Bottom 层的 2D 文件

用同样方法输出 Bottom 层的 DXF 文件 WH7180_V10_BOTTOM.dxf。

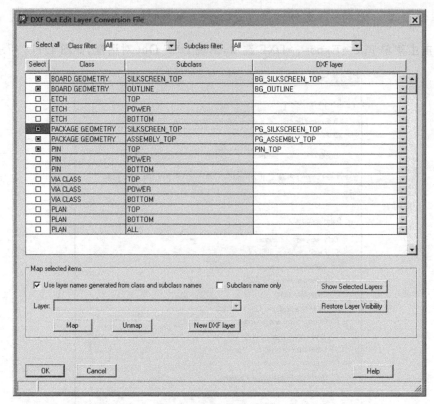

图 4.174 选择输出的层

3. 导出 3D 文件

DXF 文件只反映了外形的平面信息,无法体现高度信息,所以需要导出 3D 文件。单击主菜单 File→Export→IDF 选项,出现 IDF Out 对话框,如图 4.175 所示。

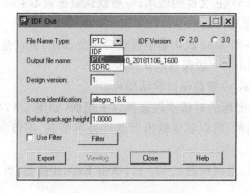

图 4.175 输出 3D 文件

File Name Type:文件的格式,3D 编辑软件常用的有 Pro/E、UG 和 Soliderwork 等,一般选用 PTC 的 Pro/E 软件格式文件;

IDF Version:适用软件的版本号,一般选低版本 2.0;

Default package height：默认元器件的高度，如果建 Symbol 时没有定义高度，则默认高度为 1.0000mm。

User Filter：使用过滤器，可以单击 Filter 按钮设置过滤器。

然后，单击 Export 按钮，这样就可以看到生成了两个 3D 文件，扩展名为 emn 和 emp，其中 emn 为板框和元器件坐标文件，emp 为每个元器件的尺寸文件。

为了提高软件使用效率，本书附带的快捷键设置中，添加了部分菜单，可以单击"上海卫红工具箱"→"导出"→"自动导结构"后，软件将自动执行上述 3 个步骤，如图 4.176 所示。

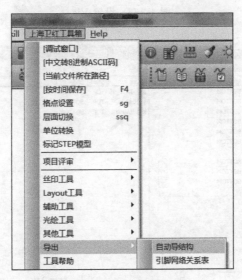

图 4.176　自动导出

4.5　走线规则(**Router Rule**)设置

本节讲述具体的走线规则设置，这个是 EDA 工程师必须掌握的重点，建议大家根据讲述步骤实践动手操作。

4.5.1　添加过孔(**Via**)

首先建立一个通孔的 Padstack 文件，例如 VIA0402，代表孔径 0.2mm，Pad 是 0.4mm。

单击主菜单 Setup→Constraints→Physical 选项，出现 Physical 设置对话框，如图 4.177 所示。

单击图 4.177 右侧 DEFAULT 内 Vias 部分，出现 Edit Via List 的对话框，在左侧选择需要填加的过孔，例如 VIA0402，双击 VIA0402 后添加到右侧的 Via list 内，下方的框内可以 Review 到该孔的状态，可以看到该孔是直接被绿油覆盖的，如图 4.178 所示。

可以看到右侧有 3 种 Via，使用的优先级自上而下，最上层的优先级最高，走线时会自动默认 VIA10_18,如果要默认使用 VIA0402,可以选中右侧的 VIA0402 后,双击最右侧的 Up 按钮,将 VIA0402 的位置调至最高即可。

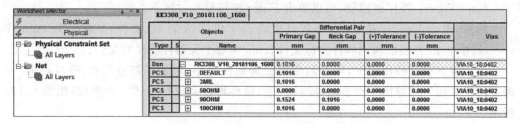

图 4.177　设置 Via

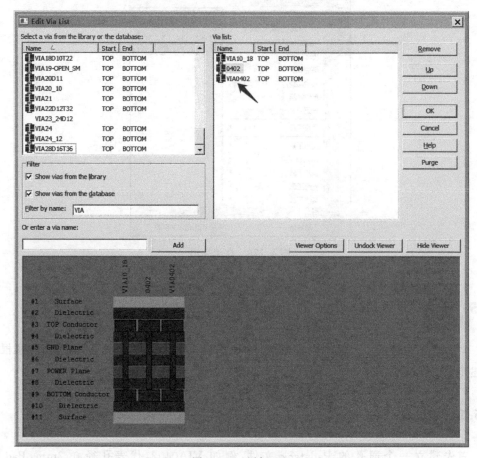

图 4.178　添加 Via

4.5.2　设置线宽(Physical)

在图 4.177 中,右侧 DEFAULT 内设置线的宽度,Line 和 Neck 的宽度区别如示意图 4.179 所示。

设置好 Line 和 Neck 的最大值和最小值,目前线路板厂能做到的线宽为 0.05mm,这样 Neck 出线的情况基本没有了,可以不用考虑 Neck 的情况。

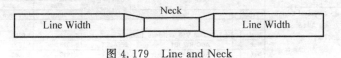

图 4.179　Line and Neck

DEFAULT 是整个线路板走线的通用规则,如果某些线,例如 50Ω 的阻抗线,如果需要走特殊线宽 0.125mm 的,就需要新建 Physical 规则,然后把这个 Rule 指派给阻抗线的 Net。

1. 建立 Physical Rule

在右侧 Name 内右击并选择 Create→Physical CSet 选项,在出现的对话框中输入所要建立的 Physical Rule 名称,如 50OHM 代表 50Ω 阻抗的线宽,如图 4.180 所示。

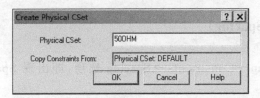

图 4.180　新建 Physical Rule

可以看到在 Objects 的 Name 内已经新增了一个 50OHM 的项目,如图 4.181 所示,然后在 Line Width 内输入最小值和最大值都为 0.1250 即可。也可以单击 50OHM 前的"+",每层设置宽度可以不相同。

Objects			Line Width	
			Min	Max
Type	S	Name	mm	mm
*		*	*	*
Dsn	⊟	RK3308_V10_20181106_1600	0.1016	5.0800
PCS	⊞	DEFAULT	0.1016	5.0800
PCS	⊞	3MIL	0.0762	5.8420
PCS	⊟	50OHM	0.1250	0.1250
Lyr		TOP	0.1250	0.1250
Lyr		GND	0.1250	0.1250
Lyr		POWER	0.1250	0.1250
Lyr		BOTTOM	0.1250	0.1250
PCS	⊞	90OHM	0.1270	5.0800
PCS	⊞	100OHM	0.1016	5.0800

图 4.181　设置新 Physical Rule

2. 将 Physical Rule 赋应用对象

接着用鼠标选中 Net 下的 All Layers,把 50OHM 的 Physical Rule 指派给需要的 Net,例如,DDR_A0,在 Referenced Physical CSet 内选择 50OHM,然后可以看到 Line Width 内最大和最小值自动更新为 0.1250mm,如图 4.182 所示。

Allegro 的 Rule 设计思路都是先建立一个规则的 Rule Class,然后把这个 Rule 赋值给某个 Net 或 Class,如果需要更新 Rule,只需要把 Rule Class 更新就可以了。

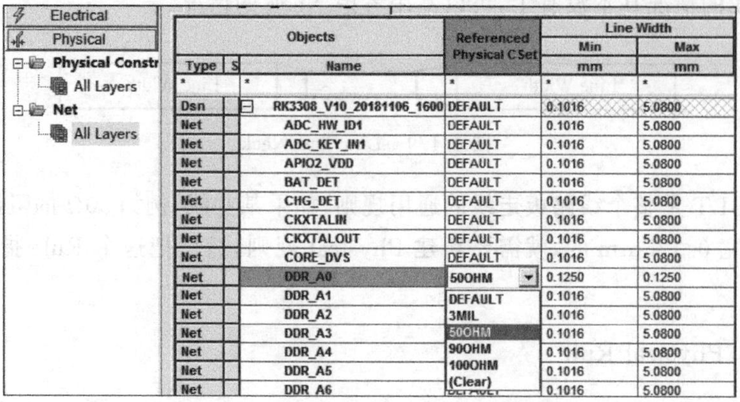

图 4.182　将新 Physical Rule 指派给 Net

4.5.3　设置线距（Spacing）

单击主菜单 Setup→Constraints→Spacing 选项，即出现 Spacing 设置对话框，如图 4.183 所示。

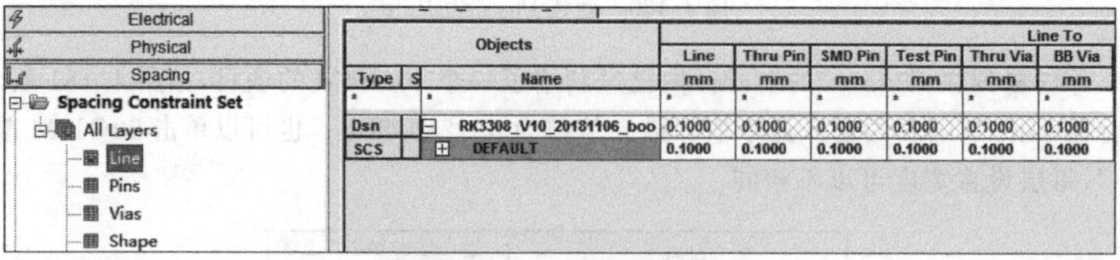

图 4.183　设置默认的线距

设置默认 Line 到 Via、Line、Pin、Shape、Hole 等的间距，如果将间距都设置为0.1000mm，需要填写的数字比较多，要有耐心把所有数字填完。

DEFAULT 是默认的线距，Allegro 会自动将这个 Rule 指定给所有的 Net，如果要设置其他间距的 Rule，就需要新建 Electrical Rule。

1. 建立 Electrical Rule

操作方法与 Physical Rule 类似，选中 DEFAULT，然后右击并选择 Create→Spacing CSet 选项，输入新建的 Rule 名字，例如 50OHM。

Copy Constraints From：这个选与不选关系不大，反正新建 Spacing Rule 后数据都需要重新修改，如图 4.184 所示。

设置 50OHM 的各项间距为 0.1500mm，如图 4.185 所示。

2. 将 Electrical Rule 赋应用对象

然后将新的 Spacing Rule 指派给 Net，如图 4.186 所示，DDR_A1 选择使用 50OHM 的 Rule。

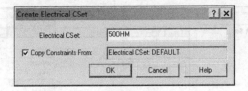

图 4.184 新建 Spacing Rule

		Objects		Line To					
				Line	Thru Pin	SMD Pin	Test Pin	Thru Via	BB Via
Type	S	Name		mm	mm	mm	mm	mm	mm
		*		*	*	*	*	*	*
Dsn		RK3308_V10_20181106_boo		0.1000	0.1000	0.1000	0.1000	0.1000	0.1000
SCS		DEFAULT		0.1000	0.1000	0.1000	0.1000	0.1000	0.1000
SCS		50OHM		0.1500	0.1500	0.1500	0.1500	0.1500	0.1500

图 4.185 设置新 Spacing Rule

Net		DDR_A0	DEFAULT	0.1000	0.1000	0.1000
Net		DDR_A1	50OHM	0.1500	0.1500	0.1500
Net		DDR_A2	DEFAULT	0.1000	0.1000	0.1000
Net		DDR_A3	50OHM	0.1000	0.1000	0.1000
Net		DDR_A4	(Clear)	0.1000	0.1000	0.1000
Net		DDR_A5	DEFAULT	0.1000	0.1000	0.1000

图 4.186 将新 Spacing Rule 指派给 Net

4.5.4 设置区域规则(Region)

通常在 BGA 内线会比较细,需要设置区域规则,区域规则的优先级最高,下面就以设置一个 0.05mm 的线宽线距 Rule 为例,讲述一下具体的操作方法。

1. 新建一个区域 Rule

首先新建一个 0P06MM 的 Physical Rule 和 Spacing Rule,线宽线距都设置为 0.0600mm,在 Physical 的 Region 内右侧找到 Name 栏,右击并选择 Create→Region 选项,新建一个 BGA 的 Region,如图 4.187 所示。

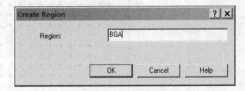

图 4.187 新建 Region

2. 在该区域添加 Physical Rule 和 Spacing Rule

将新建的 Region 选择 Physical Rule 为 BGA,如图 4.188 所示。

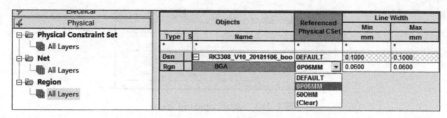

图 4.188　新 Region 指派 Physical Rule

进入 Spacing 内 Region，将 BGA 选择使用 Spacing Rule 为 0P06MM，如图 4.189 所示。

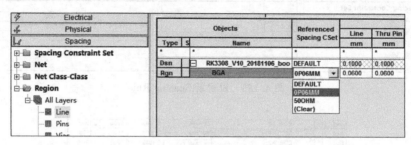

图 4.189　新 Region 指派 Spacing Rule

3. 在 PCB 的 BGA 内添加 Shape 区域

选择主菜单 Shape → Rectangular 选项，在 Options 里选择 Active Class 为 Constraint Region，Subclass 为 Top，Assign to Region 内选择 Bga，如图 4.190 所示。

然后在 BGA 内做出一个 Shape，如图 4.191 所示。

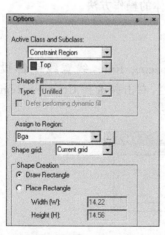

图 4.190　添加 Constraint Region 的 Shape

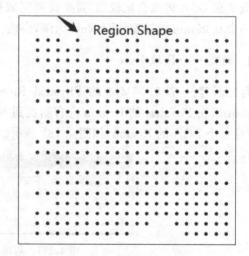

图 4.191　BGA 内添加 Constraint Region

4.5.5　建立 Bus Class

相同功能的一组线被称为 Bus 线或总线，把相同属性的线统一设置到一个 Bus 内，这样比较好统一控制,例如 Rats 可以按 Bus 显示,也可以使不同的 Bus 显示不同颜色,还可以按 Bus 整体设置 Physical Rule 和 Spacing Rule 等,例如下面常用的 DDR Date 线分组。

在 Net Class-Class 的右侧选中 DDR_D0～DDR_D7,如图 4.192 所示,右击 Create→Net Class 选项,新建一个 Class,如果 Class 已经存在,可以选择 Add to 选项,然后添加到已存在的 Class 内即可。

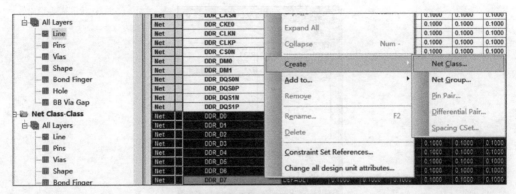

图 4.192　新建 Class

接着,在出现对话框中输入 Class 的名字 DDR_DATA0。如图 4.193 所示,如果 Physical Rule 和 Spacing Rule 不改变,则不用选中 Create for both physical and spacing。

图 4.193　输入 Net Class 名字

然后单击 OK 按钮就完成新建 Bus Class。

4.5.6　建立 Pin Pair

Pin Pair 是 Pin 与 Pin 之间的连线,同一个 Net 可以有 1 个或多个 Pin Pair,如图 4.194 所示,3 个 Pin 建立了 3 个不同的 Pin Pair。

单击主菜单 Setup→Constraints→Constraints→Constraint Manager 选项,选中需要建立的 Pin Pair 的 Net,右击并选择 Create→Pin Pair 选项。选中 First Pins 和 Second Pins,然后单击 OK 按钮,Pin Pair 就建立成功了,如图 4.195 所示。

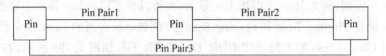

图 4.194　Pin Pair 示意图

图 4.195　选择 Pin Pair

4.5.7　建立差分走线（Differential Pair）

一些 USB、CLK、HDMI 或 MIPI 的信号线，需要建立差分走线（Differential Pair），单击主菜单 Setup→Constraints→Constraints→Constraint Manager 选项，选择需要建立 Differential Pair 的两个 Net，右击并选择 Create→Differential Pair 选项，如图 4.196 所示，输入新建 Differential Pair 的名字，然后单击 Create 按钮即可。

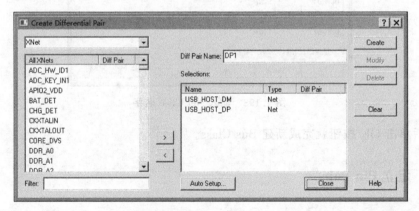

图 4.196　新建 Differential Pair

Differential Pair 需要定义不同的 Physical and Spacing Rule，定义方法与上述类同，不做讲述。

4.5.8 规则的输入和输出

如果需要直接沿用其他 PCB 文件的 Rule,可以先在参考的 PCB 文件中输出 Rule,然后输入新的 PCB 中去。

1. Rule 输出

打开 Constraint Manager,选择 File→Export→Constraints 选项,新建立一个 dcf 文件,如图 4.197 所示。

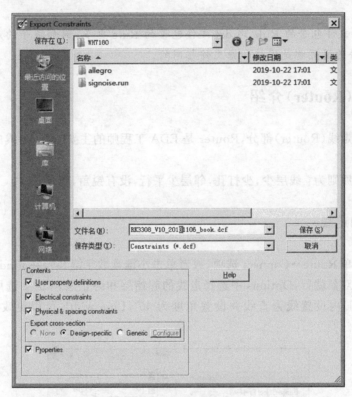

图 4.197　输出 Rule

然后单击"保存"按钮,这样就可以输出了一个 Rule 文件。

2. Rule 输入

打开新 PCB 文件,打开 Constraint Manager,选择 File→Import→Constraints 选项,选择刚才生成的 dcf 文件,单击 Import 按钮,这样就可以将所有的 Rule 应用到新 PCB 文件中去了。

4.5.9　Tech 文件

如果要直接复制参考文件的板层设置,就需要导入参考文件的 Tech 文件。

1. 输出 Tech 文件

单击主菜单 File→Export→Tech file 选项,选择保存地址并输入要保存文件的名字,然后单击 Export 按钮,生成扩展名为 tcf 的 Tech 文件,如图 4.198 所示。

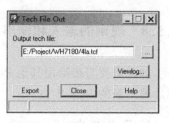

图 4.198　输出 Tech file

2. 输入 Tech 文件

打开新 PCB 文件,选择 File→Import→Tech file 选项,选择刚才生成的 tcf 文件,单击 Import 按钮,这样就将板层设置应用到新 PCB 文件中去了。

注意:tcf 文件包含的 Rule 比 dcf 文件包含的 Rule 更多,例如板子的层叠、厚度,以及 Gerber 文件的设置都是保持和源文件相同的。

4.6　走线(Router)介绍

本节讲述走线(Router)部分,Router 是 EDA 工程师的主要工作,走线的好坏对板子的影响很大。

一般走线原则为:线层少,少打孔,邻层少平行,没有锐角,拐角 145°。

4.6.1　手动走线

单击主菜单 Route→Connect 选项,或者单击小键盘数字键"5",在 Find 内选择对象,一般选择默认对象就行,Options 中选择走线的起始层和终止层,Via 中选用使用的通孔种类,Line lock 内设置线为直线并设置角度为 45°,Line width 可以更改线的宽度,如图 4.199 所示。

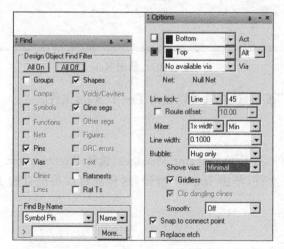

图 4.199　Router 设置

Bubble：有 Off、Hug only、Hug preferred 和 Shove preferred 4 种选项；

Off——走线过程中不避开其他 Net 的线，会有 DRC 报错信息出现；

Hug only——为自动避开其他 Net 线，其他 Net 线不会动；

Hug preferred——自动避开其他 Net 线，同时其他线也会自动避开，但 Via 不动；

Shove preferred——自动避开其他 Net 线，同时其他线也会自动避开，Via 也会动；

Shove vias：有 Off、Minimal、Full 3 种选项，Via 移动的范围由小到大；

Gridless：不捕捉网格；

Smooth：从小到大有 Off、Minimal 和 Full 3 种模式；

Snap to connect point：自动捕捉到焊盘中心；

Replace etch：不允许环形走线，Pin 与 Pin 之间的连线存在时，如果第二次连接，第一次的线会被自动删除。

单击起始点后，移动鼠标，开始走线，发现进入 Region Rule 范围，线宽会自动改变，然后右击，如果需要加 Via 换层就选择 Add Via 选项，或者直接在鼠标处双击加 Via，这样线就会被自动换到另外一层，如图 4.200 所示。

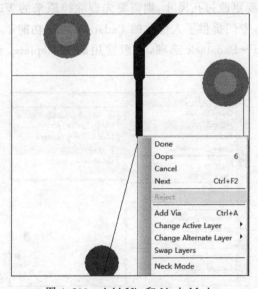

图 4.200 Add Via 和 Neck Mode

如果线需要局部变细，就选择 Neck Mode，线的宽度就变为 Neck 设置的宽度，如果需要结束 Neck Mode，就右击并选择去掉 Neck Mode 前的选项。

4.6.2 差分走线

图 4.201 为差分走线的情况，两根线会按照设定的 Rule 一起走，如果要单根走线，就需要右击并选择 Single Trace Mode 选项，如图 4.201 所示。

如果要重新切换到差分走线的模式，就需要右击并选择去掉 Single Trace Mode。

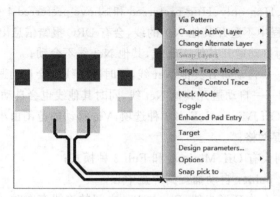

图 4.201　差分走线

4.6.3　过孔编辑

如果线走完后,需要更改过孔尺寸,则需要先删除掉原来的 Via,再重新加 Via,这样的操作太麻烦,Allegro 专门提供了人性化的 Padstack 编辑功能。

单击主菜单 Tools→Padstack 选项,一般常用的是 Replace,选择 Replace 选项,如图 4.202 所示。

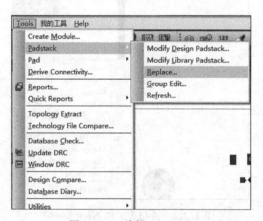

图 4.202　编辑 Padstack

Modify Design Padstack 是只修改本 PCB 中的 Padstack,Modify Library Padstack 是修改库中的 Padstack。

如图 4.203 所示,选中原 Via,就可以看到 Old 内显示为 VIA10_18,然后在 New 内选择新的 Via 名称。

Single via replace mode:单个 Via 替换模式,不选择时,会将所有 VIA10_18 的 Via 都替换掉;

Ignore FIXED property:忽略 FIXED 属性,不选中时,被 FIXED 的 Via 将不会执行 Replace。

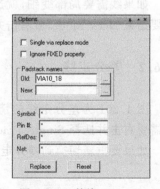

图 4.203　替换 Padstack

然后,单击 Replace 按钮,将 Via 进行替换操作。

4.6.4　Slide 功能介绍

Slide 功能在走线时使用的频率仅次于 Connect,如果线连通后,就需要局部做优化,例如线与线之间的间距要退压至最小值。

单击主菜单 Router→Slide 选项,或者按下小键盘的数字键"1",可以看到 Find 内只有 Vias 和 Cline segs 被选中,其他都为灰白,如图 4.204 所示,Groups 和 Rat Ts 也几乎用不到,所以 Slide 的对象一般是 Via 和 Cline 的分段线。

Slide 主要是设置 Options,如图 4.204 右侧所示,首先要选择对象所在的层,Min Corner Size 和 Min Arc Radius 一般默认一倍线宽,Vertex Action 内有 Line Corner(直线角)、Arc Corner(弧度角)和 Move 3 种选项,根据实际需要选择,有些 RF 线需要做圆弧的,那就选择 Arc Corner。

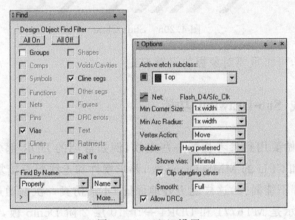

图 4.204　Slide 设置

Bubble:内有 Off、Hug only、Hug preferred 和 Shove preferred 4 种选项,作用和 Router 的选项一样,推线的范围和强度由小到大。

Shove vias:内也有 Off、Minimal、Full 3 种选项,和 Router 的选项相同;

Clip dangling clines:推线时遇到有阻碍的 dangline 线时,就删除 dangline,dangling clines 是指不起任何连接作用,没有 Net 属性或走线时多出的一部分的分叉线;

Smooth:也有 Off、Minimal、Full 3 种选项,平滑的程度由小到大;

Allow DRCs:如果该 Via 或 Cline 有 DRC 产生,将不能 Slide。

设置好了以后,用鼠标选择对象,这样就可以移动鼠标,光标在 Cline 上下或左右移动了。如图 4.205 所示,感觉满意后,单击鼠标,可以进行下一根 Cline 的推挤。

4.6.5　Delete 功能介绍

单击主菜单 Edit→Delete 选项,或者单击 ⊠,在 Find 中选择需要删除的对象,通过勾选、框选或右击 Temp Group 选中多个目标,在屏幕中单击空白处,即可删除。

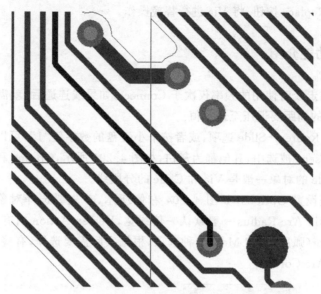

图 4.205 Slide Cline

为了防止误删,可将重要对象提前设置 Fix。

4.6.6 复用走线(Sub-Drawing)功能

新项目走线初始要用到参考板的一些走线,例如常用的 DDR 部分;CPU 厂家一般会配一个有 DDR 和 CPU 的 MMD Demo 板,要求摆件和走线要直接复制过来,包括每个 GND 孔和电源孔都不能漏掉,这样能更好地保证 DDR 仿真一次性通过。

如图 4.206 所示是 MT6771 和 DDR4 一个 10 层 2 阶 Demo 板,也包含了 PMU 部分,直接按照这个复制到新的 PCB 中即可。

Allegro 提供了走线复用的 Sub-Drawing 功能,在使用之前,先把 DDR 和 CPU 按照坐标和 Demo 板放置一致,如果原理图使用和 Demo 板一样的元器件编号,可以导出 Demo 板的 Placement 文件,然后导入新的 PCB 文件中,元器件将自动和 Demo 板摆放一致,这个作为课后练习。

1. Sub-Drawing 输出

打开 Demo 板,先用 Element 查看并记录 CPU 的中心坐标值,单击主菜单 File→Export→Sub-Drawing 选项,在 Find 里选择 Shapes、Cline segs 和 Vias,如图 4.207 所示,注意不建议选择 Symbols,例如 Demo 板内 R111 被 Sub-Drawing 到新 PCB 中,而如果新 PCB 中不存在 R111 这个元器件编号,那么 R111 将被以"R*"悬空放置到新 PCB 中去,这样会对新 PCB 走线造成干扰。

Preserve Refdes:保留元器件编号,建议选择;

Preserve nets of shapes:保留 Shape 的网络属性,建议选择;

Preserve nets of vias:保留 Via 的 Net 属性,建议选择;

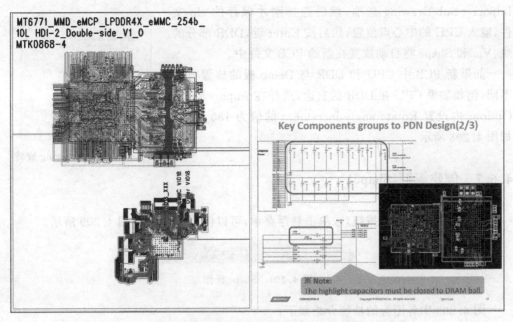

图 4.206 MT6771 的 10 层 2 阶 Demo 板

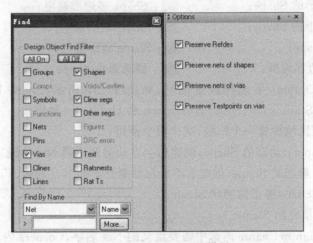

图 4.207 Sub-Drawing 设置

Preserve Testpoints on vias：保留 Via 作为测试点，建议选择。

Demo 板中 DDR 和 CPU 部分所有的走线层，GND 层可以关掉，右击并选中 Temp Group，选中所有层走线、孔环和 Shape，选择 Complete，在命令行内输入 CPU 中心的坐标：

x　27.84 73.96，然后按 Enter 键，输入保存文件的名称，即可保存成 clp 格式的 Sub-Drawing 文件。

2. Sub-Drawing 输入

打开新的 PCB 文件，用 Element 查看并记录下 CPU 中心坐标值，单击主菜单 File→

Import→Sub-Drawing 选项,然后选择刚才保存的 clp 文件,输入 CPU 的中心点位置,然后按 Enter 键,DDR 部分的线、Via 和 Shape 将自动放置在新的 PCB 文件中。

如果新 PCB 中 CPU 和 DDR 与 Demo 板的放置方向不同,例如如果 CPU 在 DDR 的右边,这样在 Import 时,在 Options 内设置 Rotate angle increment 的值为 180 即可,如图 4.208 所示。

图 4.208　Sub-Drawing 旋转

4.6.7　创建铜箔(Shape)

单击主菜单 Shape 按钮,或单击悬浮菜单,可以创建 Shape,如图 4.209 所示。

图 4.209　Shape 操作

图 4.209 中各图标的功能介绍如下:

- ：创建多边形的 Shape;
- ：创建矩形的 Shape;
- ：创建圆形的 Shape;
- ：选择 Shape;
- ：Shape 边界编辑;
- ：Shape 自动避开;
- ：Shape 多边形避空;
- ：Shape 矩形避空;
- ：Shape 圆形避空;
- ：删除孤岛 Shape。

单击 ,在 Options 里选择放置的层,如图 4.210 所示,Shape Fill 中有 Cavity、Dynamic copper、Static solid、Static crosshatch 和 Unfilled 5 种形式。

Cavity:选定区域放置一个凹腔,这个很少使用;

Dynamic copper:动态的 Shape,创建后会自动避开不同 Net 的线、Via 和 Shape;

Static solid:静态的 Shape,创建后不会自动避开不同 Net 的线、Via 和 Shape;

Static crosshatch:静态的网状 Shape;

Unfilled:未填充的 Shape。

然后,在 Assign net name 内选中需要定义的 Net 名字,Corners 内选择倒角的形状,在 PCB 内选中两点并按先后单击它们,这样就可以创建一个矩形的 Shape。

4.6.8　Shape 优先级设置

Shape 的优先级一般与创建的先后顺序一致,如图 4.211 所示,Shape1 先创建,则 Shape2 会自动避开 Shape1。

单击图标 ,选中 Shape2,右击并选择 Raise Priority 选项,然后右击并选择 Done,这样就看到 Shape1 自动避开 Shape2,如图 4.212 所示。

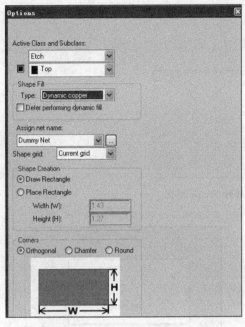

图 4.210 Shape 创建

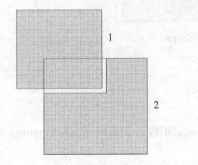

图 4.211 Shape1 优先级高于 Shape2

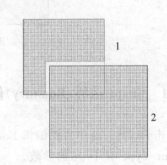

图 4.212 Shape2 优先级高于 Shape1

4.6.9 合并 Shape

如图 4.213 所示,创建的 Shape1 和 Shape2 是属于同一个 Net 的,两个 Shape 有相交的部分,可以将两个 Shape 合并为一个。

单击主菜单 Shape→Merge Shapes 选项,然后先后单击这两个 Shape,这样就可以看到这两个 Shape 中间的边界被自动合并成一个,如图 4.214 所示。

4.6.10 避空(Void)Shape

使用 这 3 种工具,可以对 Shape 进行避空操作,如选中 ,然后选中需要避空的 Shape,做出一个矩形框,这样就可以看到 Shape 被在中间挖出了一个矩形区域,如图 4.215 所示。

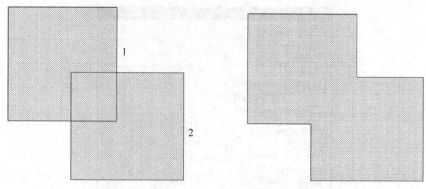

图 4.213　同属性 Shape 相交　　　　　　　图 4.214　合并 Shape

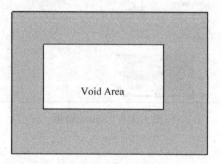

图 4.215　避空 Shape

4.6.11　Shape 边界(Boundry)修改

单击▣,然后选中需要编辑 Boundry 的 Shape,如图 4.216 所示,在 Options 中选择 Segment Type 中 Type 的参数。

图 4.216　选择 Shape 拐角样式

Line:使用成任意角的直线;

Line 45:使用 45°角直线;

Line Orthogonal：使用直角 90°的直线；

Arc：使用圆弧。

选择什么样的 Type，就决定了最终修改后 Shape 的拐角样式，例如选择常用的 Line45，单击 Shape 的边界，修改右下角的结果如图 4.217 所示。

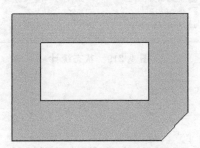

图 4.217　Line 45 拐角样式

4.6.12　去除孤岛(Island)Shape

Island Shape 指的是被孤立到某一层，没有和其他 Clines、Vias 和 Shapes 相连的 Shape，这些 Shape 在线路连接上属于多余的，在高频电路中，一般每层都铺 GND 网络的 Shape，这就造成了很多的 GND Shape 被其他 Net 的 Clines、Vias 和 Shapes 分割开，同时没有和其他层的 GND 网络相连，形成大量的天线，从而对电路造成干扰。

去除 Island Shape 是在走线完成和优化后，出 Gerber 资料之前进行的，去除 Island Shape 不会对电路的开路和短路(Open\Short)造成任何影响。

单击 ![icon]，或者选择主菜单 Shape→Delete Islands 选项，可以看到在 Options 里显示出每层 Island Shape 的数量，如图 4.218 所示，显示在 Top 层有 5 个 Island Shape，单击 Delete all on layer 按钮，就可以删除该层的所有 Island Shape。

单击 First 按钮，可以逐个显示每个 Shape，确认无误后，可以分别删除，当然如果发现了很大面积的 Island Shape，还是要尽量加 GND Via，使上下层的 Shape 连起来，这样不用删除，就自动去掉 Island Shape 了。

图 4.218　去除 Island Shapes

单击 Report 按钮，可以看到 Island Shape 的具体情况。

4.7　走线检查

走线结束后，首先关掉所有层，打开 Rats 后确认看不到一根 Rats，这表明初步走线已经结束。在走线过程中，单击主菜单 Display→Status 选项，如图 4.219 所示，这样也可以看到剩余多少线及完成的状态统计。

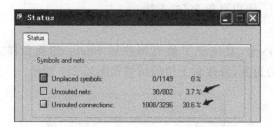

图 4.219　状态统计

4.7.1　DB Doctor 使用

单击主菜单 Tools→Database Check 选项,选择更新所有 DRC 和 Shape 的外形,然后单击 Check 按钮,更新所有的 DRC 和 Shape,如图 4.220 所示。

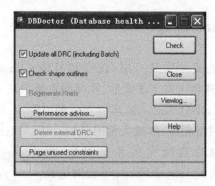

图 4.220　DBDoctor 操作

DBDoctor 操作是非常重要的,在出 Gerber 前也要操作一下,笔者曾经碰到过 Via 放在不同 Net 的 Cline 上,但没有报 DRC 的错误信息,经过 DBDoctor 操作后,DRC 才出现报错信息。

4.7.2　DRC(Short)检查

违反 Rule 的地方会有 DRC 报错信息出现,一般逐个单层显示,按层使用 Slide,去除所在层的 DRC 标志即可。然后关闭所有层显示,单独显示 DRC 层,确保所有的 DRC 报错信息去除掉。当然,有的 DRC 报错信息是允许的,要做好确认。

打开主菜单 Display→Status,也可以看到 DRC 报错信息的个数统计。

4.7.3　元器件完全放置

打开主菜单 Display→Status,可以看到元器件是否被完全放置到 PCB 里来。同时打开主菜单 Tools→Report,如图 4.221 所示,选择 Unplaced Components Report 选项。

然后,单击 Report 按钮,这样就生成一份未放置元器件的报告。

图 4.221 Unplaced Components Report

4.7.4 连线(Open)检查

单击主菜单 Tools→Report 按钮,选择 Unconnected Pins Report 选项,然后单击 Report 按钮,如图 4.222 所示,可以看到没有连接的 Net 报告。

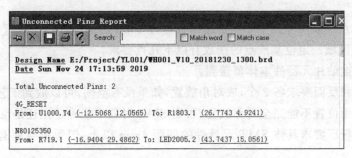

图 4.222 Unconnected Pins Report

4.7.5 丝印检查

为了满足后期生产、测试、维修和装配的需求,设计时需要特意在 Silkscreen 层放置 一些字符,例如测试点附近加功能描述的 Text、电池正负极等,手机板比较小,不需要把 元器件位号的 RefDes 印制在线路板上。一般丝印有以下几项需要检查:

(1) PCB 文件的版本号。

(2) 连接器、IC 第 1 个 Pin 或方向的标识。

(3) 电池、发动机、MIC、二极管、钽电容的正负丝印。

(4) 丝印不被元器件覆盖或在漏铜上。

(5) 按键贴纸和 LCD、Speaker 等的定位丝印。

(6) 夹具测试点的功能丝印。

4.7.6 定位基准点（Fiducial 或 Mark）放置

板子上的定位基准点有两个作用，一是在 SMT 时贴片定位，二是区分线路板的正反面。如果拼板中有报废板，板厂就会在 Fiducial 的中心做打叉标记，俗称"打叉板"，这样在 SMT 时，如果检测不到基准点，就确认是报废板，贴片机不会将该线路板贴片。

定位基准点一般放在 PCB 对角上或传输工艺边上，如图 4.223 所示，箭头指示部分都是定位基准点，SMT 时只需要任意找两个对角的基准点定位即可。

图 4.223　Mark 点

定位基准点一般尺寸为中心焊盘选择直径为 1mm 的铜箔，然后选择直径为 3mm 的漏铜和非铜箔区域。定位基准点的摆放有以下几点要求：

（1）不能被贴片元器件本体覆盖到。

（2）正面和反面要求各 2 个，成对角放置，如果没有空间，可以放到工艺边上。

（3）正反面位置不能完全对称放置，否则 SMT 时就不能确定正还是反面在贴片了。

（4）有的板厂要求具体 SMT 元器件的间距 4mm 以上，但手机空间有限，没有这个要求。

4.7.7 漏铜（Soldermask）处理

由于 EMC 和 ESD 的需要，基带（BB）工程师和射频（RF）工程师会要求在一些区域加些漏铜，后期便于加导电布过测试，一般加在屏背部、扬声器附近、FPC 撕手上等区域。

漏铜要结合需求进行处理，并不是漏铜越多越好，漏铜要避开非 GND 的网络和各类的丝印，由于丝印有高度，会造成贴片不良，现在很多定位丝印也用漏铜方式做在板子上，这个也要做好检查工作。

4.8　资料输出

本节讲述 Allegro 如何输出各种文件，EDA 设计软件有 AD、Pads、Allegro、Eagle、Mentor、CR5000 等很多种，这些软件的文件结构和扩展名都各不相同，所以必须输出一种统一格式的文件,这样才能便于板厂生产。目前通用的是 RS274X 的 Gerber 文件,由于早期计算机存储原因,线路比较少的线层,例如电源和 GND 层采用负片(Negative)格式,但现在大多采用正片(Positive)格式了。

4.8.1 Artwork 设置

单击主菜单 Manufacture→Artwork 选项,如图 4.224 所示,默认显示在 Film Control 的 label 页,此时需要先选择 General Parameters 的 label。

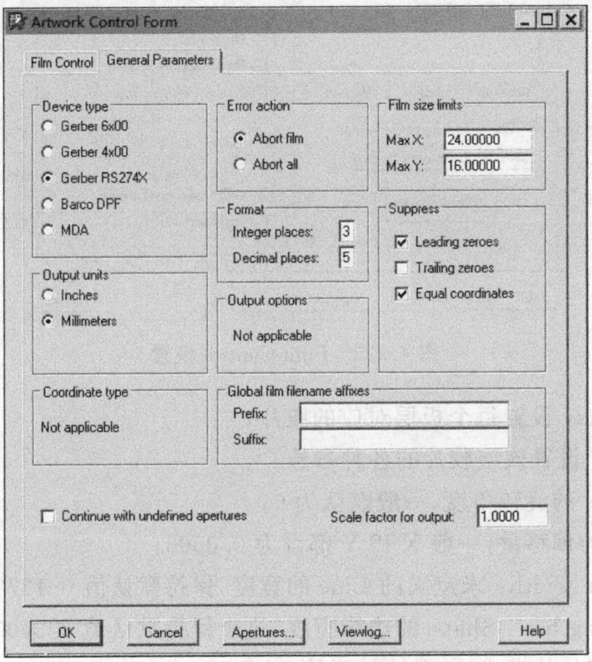

图 4.224 General Parameter 设置

Device type:Gerber 的类型,选择 Gerber RS274X;

Error action:默认选择 Abort film;

Film size limits:底片尺寸限制,一般不用改动;

Output units:单位选择,此选项要与 PCB 中单位保持一致;

Format:精确度,一般设置如图 4.224 所示 3 和 5;

Suppress:设置一些和数位有关的量,Leading zeroes 设置是否将输出数据中小数点前的 0 删除,Trailing zeroes 设置是否将输出数据小数点后面的 0 删除,Equal coordinates 设置是否输出等效的坐标值;

Continue with undefined apertures:设置如果匹配光圈时,系统是否继续进行,默认值是 999,该项设置是针对标量型光绘格式的,例如 Gerber 4x00,而 RS274X 格式不用选择;

Scale factor for output:设置输出的比例系数,默认为 1.0000。

Film Control 用来设定每个板层光绘胶片及相应参数,界面如图 4.225 所示。

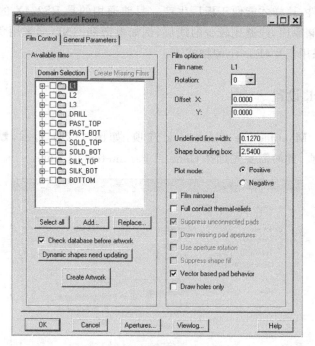

图 4.225　Film Control 设置

Available films：设置每个板层对应的胶片；

Film options：设置该层胶片的各种参数。

Rotation：胶片的旋转角度，一般默认为 0；

Offset：胶片的偏移量，一般 X 和 Y 都设为 0.0000；

Undefined line width：未定义的 Line 的宽度，保持默认值 0.1270 即可；

Shape bounding box：Shape 的边缘宽度，这个保持默认值 2.5400，数字不能太大；

Plot mode：胶片的模式，一般选择正片 Positive；

Film mirrored：胶片数据镜像，这个一般不选择；

Full contact thermal-reliefs：应用于负片光绘文件，当选中此项时，Pin、Via 和 Shape 相连时不是通过热焊盘，而是通过实心焊盘连接，默认不选中此项；

Suppress unconnected pads：只对内层孔适用，用来设置在光绘文件中是否生成没有和连线相连的引脚和过孔，默认选中此项；

Draw missing pad apertures：只有选择为矢量形的光绘文件输出格式时才有效，如果选中该项，当外形框和焊盘在 art_aper.txt 文件中找不到匹配的光圈，则在输出光绘文件时采用线型光圈，如果没有选中，就不制作这些找不到匹配光圈的外形框和焊盘了，默认不选中此项；

Use aperture rotation：只有选择为矢量形的光绘文件输出格式时才有效，设定是否将光圈文件进行旋转，默认不选中此项；

Suppress shape fill：只有选择为矢量形的光绘文件输出格式，且设置为负片类型的光绘文件时才有效，用来设定输出的 Shape 是否进行填充，默认不选中此项；

Vector based pad behavior：只有选择为矢量形的光绘文件输出格式时才有效，设置标量光绘文件是否利用矢量方法来确定如何制作焊盘的 Flash；

　　Draw holes only：设置把没有连接的 Via 所在层的 Pad 去除，默认不选中此项。

　　Available films 里罗列了设计中包含的所有光绘层，可以单击各层前面的选项框选中该层进行操作，单击前面的"＋"号可以展开该层所包含的所有层数据信息。

　　右击某光绘层，如右击 L1 会弹出一个菜单，如图 4.226 所示。

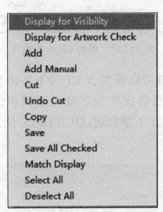

图 4.226　右键单击某层后的菜单

　　Display for Visibility：显示该层的相关数据，这个在导出 Gerber 时会经常用到，Review 一下该层的内容；

　　Display for Artwork Check：显示该层的相关数据并做检查处理；

　　Add：在该光绘层后面添加一个新的光绘层，选择该命令后，会出现一个提示框，输入新的光绘层名称后单击 OK 按钮即可。新生成的光绘文件包含的信息与该光绘层相同，需要根据需要进行修改；

　　Add Manual：与 Add 相似，只是不会继承原来光绘文件的设置，会弹出一个选择框，可以手动选择需要的 Class 和 Subclass；

　　Cut：删除光绘层，一个设计文件至少要有一个光绘层，当只有一个光绘层时，不能被删除；

　　Undo Cut：用来撤销刚刚被删除的光绘层；

　　Copy：用来复制所选光绘层，并增加一个名为 copy_of_XXX 的光绘层；

　　Save：生成一个 txt 文本文件，存储在当前设计文件的目录下，和光绘文件同名，包含了该光绘层的所有 Class 和 Subclass 信息；

　　Save All Checked：保存所有光绘文件为一个 FILM_SETUP.txt 文件并检查错误，包含所有光绘层的 Class 和 Subclass 信息；

　　Match Display：用于当前 Allegro 设计界面中所有的 Class 和 Subclass 代替所选光绘层中所有的 Class 和 Subclass；

　　Select All：选择所有光绘层；

　　Deselect All：取消选择所有光绘层。

1. 添加 Class 光绘层

在图 4.226 中选择 Add 选项后出现下图对话框,输入 OUTLINE,如图 4.227 所示。

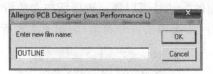

图 4.227　添加 Class 光绘层

然后单击 OK 按钮,这样就可以看到在 L1 的下方出现了 OUTLINE 的 Class 光绘层,添加以后左侧 Class 光绘层的次序是不能上下调换的,次序取决于添加所选中的 Class 光绘层,例如,该次是在 L1 下添加的,OUTLINE 就只能出现在 L1 的 Class 下面,如图 4.228 所示。

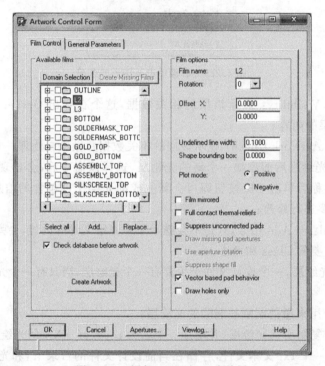

图 4.228　添加 OUTLINE 光绘层

注意:添加后,OUTLINE 里会把当前显示的所有 Subclass 都载入,如果将当前显示的 Subclass 全部关掉,就会导致创建失败。

2. 删除 Class 光绘层

删除操作很简单,选中该 Class 光绘层后,右击出现图 4.226 的菜单,选择 Cut 选项后,就可以将该 Class 光绘层删除。

3. 删除 Subclass 光绘层

单击 OUTLINE 光绘层前的"＋"号,可以看到里面有很多不是需要的 Subclass 信息,此时需要将不需要的 Subclass 光绘层删除掉。

如图 4.229 所示,VIA CLASS/BOTTOM 需要删掉,单击并选中 VIA CLASS/BOTTOM 选项后,右击并选择 Cut 选项,这样就可以将该层删除。

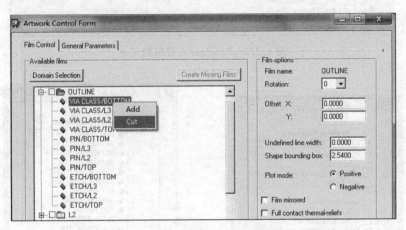

图 4.229　删除 Subclass 光绘层

根据这个方法依次删掉不需要的 Subclass 层,直到仅剩下最后一个 Subclass 层,系统不允许再继续删除了,如图 4.230 所示。

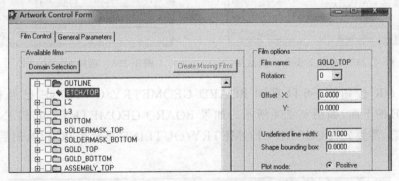

图 4.230　删除直到最后一个 Subclass 光绘层

Class 光绘层不允许为空,所以只能等添加需要的 Subclass 后,再把最后一个不需要的删除掉。

4. 添加 Subclass 光绘层

下面需要为 OUTLINE 层添加板框信息,单击 OUTLINE 下的 ETCH/TOP 选项,然后右鼠出现,如图 4.231 所示的对话框。

选择 Add 选项后,出现 Subclass Selection 对话框,如图 4.232 所示。

单击 BOARD GEOMETRY 前的"＋"号展开,选择 OUTLINE 选项,如图 4.233 所示。

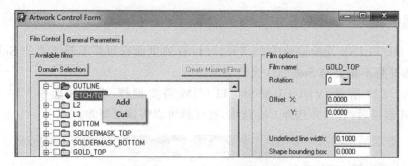

图 4.231　Subclass 右键编辑菜单

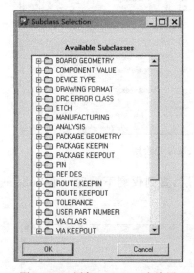

图 4.232　添加 Subclass 光绘层

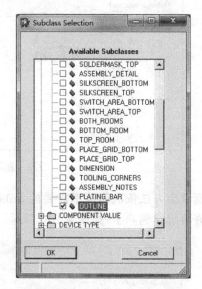

图 4.233　选择 OUTLINE

单击 OK 按钮后，可以看到 BOARD GEOMETRY/OUTLINE 已经被添加到 OUTLINE 的下面，如图 4.234 所示。如果 BOARD GEOMETRY/OUTLINE 没有处于显示状态，需要先将 BOARD GEOMETRY/OUTLINE 显示在 PCB 中，然后再进行添加操作。

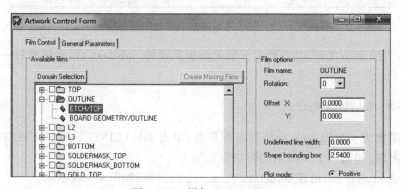

图 4.234　添加 OUTLINE

然后删除 ETCH/TOP，单击选择 OUTLINE，接着右击 Display for Visibility，如图 4.235 所示。

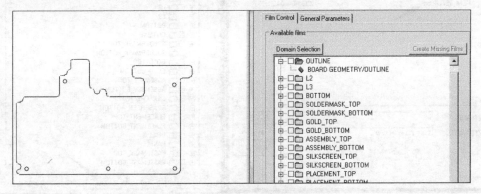

图 4.235　添加 OUTLINE 后 Review

5. 复用源文件光绘层设置

Artwork 设置需要对各种层的信息比较熟悉，不熟悉的新手很容易出现设置问题，PCB 检查没有任何问题，输出的 Gerber 资料有短路的问题，例如把丝印层的 Line 添加到 TOP 层中去，这样 Line 实际上也变成了 Cline。

推荐大家使用成熟的 PCB 模板文件导入 Artwork 进行设置，当然两个 PCB 文件的层数必须是相同的。

1）从成熟的源文件中导出模板文件

打开源文件，单击 Manufacture→Artwork 选项，单击 Select all 按钮，右击出现菜单后，选择 Save All Checked 选项，如图 4.236 所示。

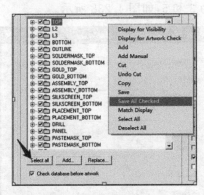

图 4.236　导出模板文件

这样就会在 PCB 同目录下生成一个 FILM_SETUP.txt 文件，这个就是该 4 层板的 Artwork 设置模板文件。

2）在新文件中导入模板文件

接着打开新的 PCB 文件，单击 Manufacture→Artwork 选项，单击 Replace 按钮后，选择刚才导出的 FILM_SETUP.txt 文件，这样就直接继承了源文件的 Artwork 设置，如图 4.237 所示。

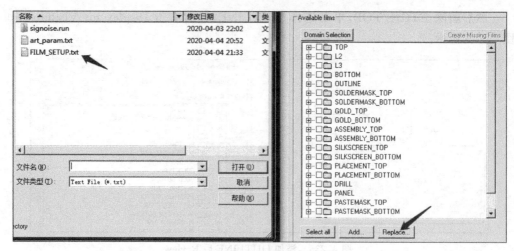

图 4.237　导入模板文件

注意：新 PCB 文件和所有父目录文件夹名字必须保证没有中文、点号、中画线和空格等非法字符，否则导入后显示是空的。

Artwork 设置完成后，单击 OK 按钮，回到图 4.228 界面，选择 Check database before artwork 选项，然后单击 Create Artwork 按钮，这样就会在 PCB 文件同目录下生成扩展名为 art 的 Gerber 文件。

4.8.2　输出钻孔(Drill)文件

打开主菜单 Manufacture→NC→NC Parameters 选项，单位和 PCB 中的单位保持一致，Format 里精确度设置为 3 和 5，如图 4.238 所示。

图 4.238　单位设置

设置好以后,单击 Close 按钮关闭对话框。

单击主菜单 Manufacture→NC→Drill Legend 选项,如图 4.239 所示,Output unit 内的单位已经设置好了,如果和 PCB 不一致,可以单击下拉框更改。

图 4.239　输出 Drill Map

其他选项采用默认设置即可,然后单击 OK 按钮,可以看到鼠标上自动吸附生成的表格文件,如表 4.4 所示。

表 4.4　Drill Map 文件

DRILL CHART: TOP to BOTTOM			
ALL UNITS ARE IN MILLIMETERS			
FIGURE	SIZE	PLATED	OTY
·	0.1999	PLATED	236
·	0.25	PLATED	782
◻	0.9	PLATED	12
·	1.0	PLATED	3
◻	1.0	PLATED	21
◻	1.05	PLATED	13
◻	1.5	PLATED	10
	3.0	PLATED	4
◻	3.25	PLATED	2
·	0.7	NON-PLATED	2
◻	1.7	NON-PLATED	2
◻	1.1×0.7	PLATED	2
⬭	2.6×0.9	PLATED	1
◻	3.1×0.9	PLATED	2

FIGURE：钻孔的标志符号,每种孔径都有一个唯一的钻孔符,不同孔径的钻孔符号外形或尺寸都不同,同时在 PCB 中也会用很多不同的钻孔符号生成,PCB 根据钻孔符号就可以找到具体的钻孔孔径,就像地图一样,所以被称为 Drill Map 文件。

单击主菜单 Manufacture→NC→NC Drill 选项,如图 4.240 所示。

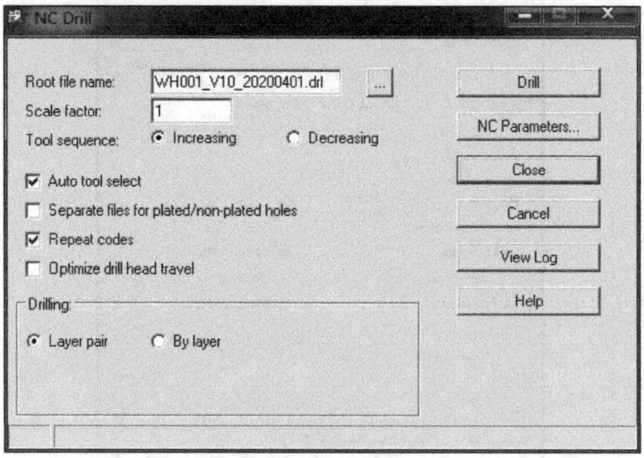

图 4.240　输出 Drill 文件

Root file name：输出文件的名字和路径,一般默认为同 PCB 文件名和 PCB 文件相同目录即可;

Scale factor：比例因子,设置为 1,也可以默认空白;

Tool sequence：默认选择 Increasing;

Auto tool select：建议勾选,否则钻孔和线路比例不同;

Separate files for plated/non-plated holes：将金属化孔和非金属化孔分成两个 drl 文件,建议不勾选,除非板厂提这种要求;

Drilling：默认选择 Layer pair,如果是任意阶或孔种类比较多,建议选择 By layer,例如 12 层任意阶的 PCB,如果选择 Layer pair,孔的种类例如 Via1-2、Via1-3 等会有几十种孔,Drill Map 文件就很庞大,如果选择 By layer,则只有 11 种,处理起来要简单得多。

其他都按默认选择,然后单击 Drill 按钮,这样就生成了一系列扩展名为 drl 的 Drill 文件,每种类型的孔对应一个 drl 文件。

4.8.3　用 CAM350 检查 Gerber 文件

Gerber 文件生成以后,需要用 CAM350 文件进行 Double Check,CAM350 和 Genesis2000 是 PCB 厂家经常处理设计资料的软件,Genesis2000 的操作难度比较大,一般 EDA 经常使用的都是 CAM350。

CAM350 软件的安装很简单,这里不做讲解,本书使用的 CAM350 软件版本为 V9.5.2,不同版本的界面稍微有差别,另外建议使用 V9.5 以上的版本,如果使用版本较低,导入 Gerber 文件后会发现一个光绘层会以相同名字的 4～5 层出现。

单击主菜单 File→Import→AutoImport 选项,如图 4.241 所示,选择包含 Gerber 文件的文件夹。

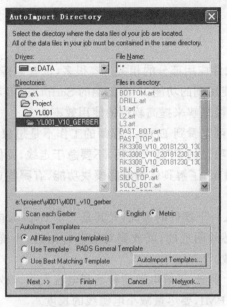

图 4.241　AutoImport Gerber 文件

单位选择和 PCB 所用单位一致,然后单击 Finish 按钮,Gerber 文件就自动被导入 CAM350 软件中,如图 4.242 所示。

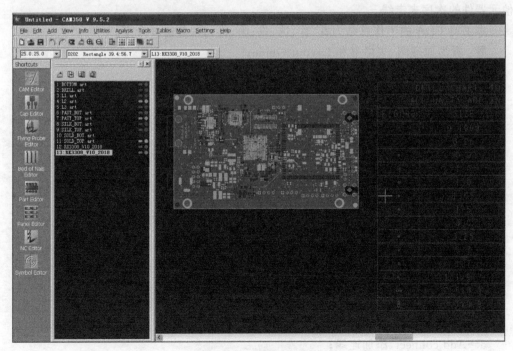

图 4.242　CAM350 界面

然后,双击每层并打开查看,主要检查一下 Soldermask 和 Shape、Cline、Silkscreen 有无干涉,具体 CAM350 的用法可以参阅相关资料。

4.9 小结

本章讲述 Allegro 软件应用部分的相关内容很多,没有像传统那样菜单式地讲解,只是根据设计的次序来讲使用到的功能,一些高端的 Script、Skill 和 Stroke 的使用,大家需要先熟悉设计,然后再慢慢理解来提高软件的使用效率。

通过本章学习,读者可以看到 EDA 工程师的工作不是想象中的拉线工,走线只是工作的一部分,拿到一个新项目的 PCB 文件后,不要急于走线,要做好下面的工作:

(1) 熟悉原理图的框架,了解具体的电路模块功能,有哪些重要线需要保护和做阻抗控制及等长处理。

(2) 根据原理图确认一下摆件的情况,尤其是一个 Bypass 电容,要根据原理图放置,原理图上放在靠近哪个芯片附近的,就放到对应芯片附近,不能认为 Net 一样,值一样,作用相同就可以随便摆放。

(3) 查阅芯片的设计手册,了解电源的种类和电流大小,确定电源线的宽度和需要几层电源,尤其是 PMU 和 PMI,要尽量减小电源线的长度。

(4) 规划板层堆叠,几层几阶,分配电源层、底层和信号层,阻抗线走线层。

(5) 根据堆叠计算阻抗线宽度。

开始走线后,也不是毫无章法地走,要按照电源→时钟→射频→高速线→音频→其他元器件的次序来走线。

本书将 EDA 的工作总结为看、算、选、设、画、优、查、整这 8 个字。

看:看懂原理图、规格书和 Layout Guide;

算:线宽、阻抗和等长要求;

选:叠层、拓扑结构、电源层和底层;

设:规则(线宽线距)、类和颜色;

画:布局、布线;

优:优化、调整、MIPI、RF 和 CLK 等重要线处理,射频线圆弧优化;

查:复查、仿真、查 DRC 和 Checklist;

整:整理制板文件和生产文件。

下面列出本书中 Allegro 使用的一些快捷键(对照小键盘的数字键使用):

0→Custom smooth,自动优化整根走线;

1→Slide,手动移线;

2→Undo,取消操作;

3→Copy,复制;

4→Delete,删除;

5→Add connect,添加连线;

6→Oops,回退一次;

7→Move,移动;

8→Angle 90,旋转 90°;

9→Mirror,镜像;

/→Pop cut,剪切;

＊→Show element,查看属性;

-→Pop singletrace,单根走线模式;

＋→Save,保存文件;

.→Property edit,编辑元素的属性;

End→Unrats all,隐藏所有鼠线;

F12→Rats all,显示所有鼠线;

Pgup→Unrats net,隐藏单根鼠线;

Home→Rats net,显示单根鼠线;

Insert→Z-copy,Z-copy 功能使用;

Delete→Change,Change 功能使用;

i→Zoom in,视窗放大,与 OrCAD 一致;

o→Zoom out,视窗缩小,与 OrCAD 一致;

y→打开颜色设置对话框;

p→Align,元器件对应功能;

l→Layer Control,层控制显示功能;

n→Pop neck mode,Neck 走线模式。

4.10 习题

(1) Line 和 Cline 的区别是什么?

(2) 如何新建一个元器件库呢?

(3) 总共有几种 Symbol 及它们的使用场合有什么不同?

(4) 如何新建 CC2540 的原理图 Part 和 Package Symbol,然后按照参考的 PDF 文件做出原理图和 PCB 呢?

第5章 射频(RF)部分

▶ 6min

射频(RF)是 Radio Frequency 的缩写,手机主射频部分由射频接收和射频发送两部分组成,其主要电路包括天线、天线开关、接收滤波、频率合成器、高频放大、接收本振、混频、中频、发射本振、功放控制、功放等,其他较常见的射频模块包括 WiFi、GPS、蓝牙(Blue Tooth,BT)、近场通信(Near Field Communication,NFC)、收音机(FM)。

5.1 射频的摆件

如何将电路中的元器件按照满足电气性能和结构等要求,在 PCB 上进行合理的放置是 EDA 工程师的主要任务之一。布局设计不是简单地将元器件塞进 PCB 中,或者单纯将电路连通就可以。实践证明一个良好稳定的电路设计,必须有合理规范的元器件布局,这样才能使电路系统在转化成产品后,稳定、可靠地工作。反之,如果元器件布局不合理,它将影响到线路板的工作性能的稳定,乃至不能工作。在满足电路性能的前提下,还要考虑元器件摆放整齐、美观,便于测试,板子的机械尺寸、插座的位置等也需认真考虑。尤其是现在手机电路中射频部分占的比重越来越大,射频的摆件直接关系到一款手机 PCB 设计的成败,而合理规范地规划射频部分的元器件布局是手机 PCB 设计的重中之重。因此,在产品设计过程中,布局设计具有非常重要的地位。

5.1.1 屏蔽罩的介绍

屏蔽罩是用来屏蔽电子信号的元器件,它的作用就是屏蔽外界电磁波对内部电路的影响及内部产生的电磁波向外辐射,具体的样式和分类在第 1 章中已经详细介绍了。在 PCB 中一般是以漏铜和 Package symbol 两种方式添加到板子上,如图 5.1 所示。

在摆件完成后,EDA 工程师会在 PCB 中做出屏蔽罩的尺寸,导出一个 DXF 格式的图纸,结构工程师根据 DXF 做出屏蔽罩尺寸的图纸。

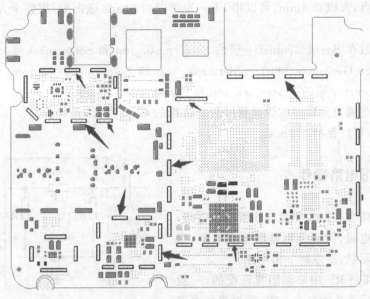

图 5.1　PCB 中的屏蔽罩

屏蔽罩的厚度一般是 0.2mm，Shielding Wall（屏蔽筋）的宽度一般是 0.7mm 左右，Shielding Wall 的开窗可以做成一个整体连续的漏铜，钢网层可以做成一段一段的，如图 5.2 所示。

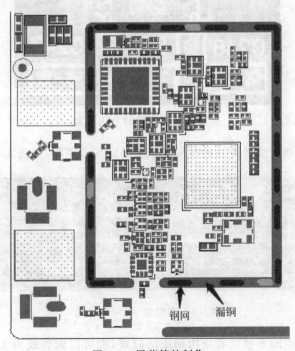

钢网　　漏铜

图 5.2　屏蔽筋的制作

Shielding Wall 可以在 PCB 上全部开窗漏铜，当然有表层走线或元器件的地方可以断开，如图 5.2 所示，在断开处如果有走线需要添加 Silkscreen 的白油，钢网层宽度可以比漏铜小一点,大概 0.6mm,可以用 Line,也可以用 Shape 做出来,根据个人和公司需要选择。

漏铜层放在 Board Geometry 层的 Soldermask_top 和 Soldermask_bottom,也可以放在 Package Geometry 层的 Soldermask_top 和 Soldermask_bottom,钢网层放在 Package Geometry 层的 Pastemask_top 和 Pastemask_bottom。

另外屏蔽罩内元器件的焊盘到屏蔽筋边缘的 Gap(间隙)最好保持 0.5mm 以上,在空间紧张时,可以保持 0.3mm。

5.1.2　π 形电路摆件

射频链路会有很多如图 5.3 所示的电路,中间是一个电阻,两边分别是电容或电阻,组成一个 π 的形状,所以叫 π 形电路。

π 形电路是 RF 用来调阻抗匹配的,一般靠近天线端或芯片端各有一组,需要根据原理图的先后顺序和输入到输出,包括每个元器件

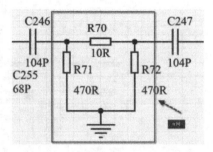

图 5.3　原理图中的 π 形电路

的先后位置,它们之间的距离不宜过大进行布局,布局成"π 形"如图 5.4 所示。

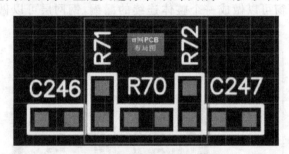

图 5.4　π 形电路的 PCB 布局

整体射频每个通道或者频段的布局应该布局成"一"字形,如图 5.5 所示。

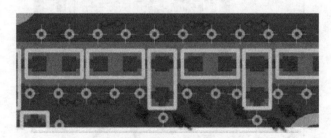

图 5.5　理想的"一"字形布局

当碰到屏蔽罩空间不够或者结构局限的时候,也可以调整成为 U 形布局,如图 5.6 所示。

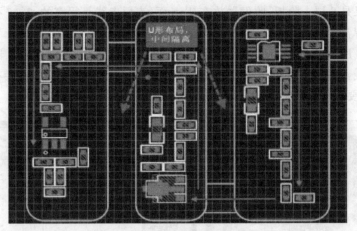

图 5.6　U 形布局

5.1.3　收发器的摆件

射频收发器（Transceiver，简写 TRA）是由在同一封装内的发射器（Transmitter）和接收器（Receiver）组成的，并且它们之间共用一些电路，TRA 是手机主射频模块中最重要的核心元器件之一，它主要负责无线通信，在射频电路通信中，如图 5.7 所示，因为我们没有两个天线，所以发送器和接收器共用一个天线，因此收发器是由全双工模式交换信息的射频发送器和接收器组成的双向射频器件，这样我们在打电话的时候，说话的同时就也能听到对方说话的声音了。

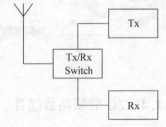

图 5.7　RF 通信框架图

收发器在射频摆件中需要进行优先考虑的，需要有以下要求。

1. 收发器的摆件应该尽可能地靠近 CPU

这样使得到 BB 的 IQ、SPI 等信号尽量短，虽然 IQ 不需要控制阻抗，但是 IQ 一般都是差分信号，过长的布线有可能使 IQ 信号不平衡（Mismatch），而且走线过长也会使 IQ 容易被干扰，而 SPI 信号过长会容易造成 EMI 辐射干扰，所以，尽量在满足整版结构的条件下使收发器靠近基带，这样会省去很多不必要的麻烦。

2. 收发器的接收端口位置应方便接收差分线出线并走表层

同时，发射端的电路要远离，接收是在射频摆件中要优先考虑的，如果接收没有走表层，而是打孔了，那么由于孔的寄生效应也会使接收线有阻抗偏差，另外如果接收离发射近，那么也很容易造成被干扰。

3. 收发器背面最好不要放元器件

如果是双面摆件，那么收发器背面最好不要放元器件，方便收发器中间的地 Pin 打孔到主地。如果是8层1阶板,收发器放在Top面,表层走线是很密的,2~7孔很难避开白层的走线和焊盘。

如图5.8所示,此图为一个实际项目的例子,收发器摆在左边,到双工器的连线尽量利用表层走线,基带CPU摆在右边,IQ线从内层很近就连过去了,IQ线会在以后章节中讲解,这里只要记住这个名字就可以了。

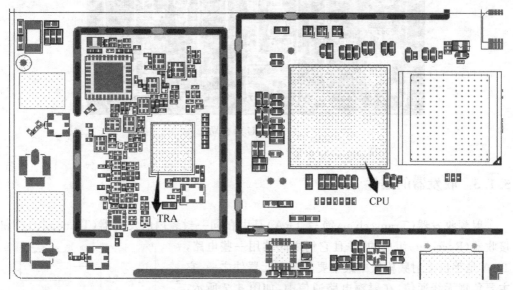

图 5.8　收发器摆件

5.1.4　2G射频功放摆件

射频功率放大器(RFPA)是发射系统中的主要部分,其重要性不言而喻。在发射器的前级电路中,调制振荡电路所产生的射频信号功率很小,需要经过一系列放大——缓冲级、中间放大级、末级功率放大级,在获得足够的射频功率以后,才能发送到天线上辐射出去。为了获得足够大的射频输出功率,必须采用射频功率放大器,功率放大器往往是手机射频中最昂贵、最耗电、效率最低的元器件。

在调制器产生射频信号后,射频已调信号就由RFPA将它放大到足够功率,经匹配网络,再由天线发射出去。放大器的功能,即将输入的内容加以放大并输出。输入和输出的内容,我们称为"信号",往往表示为电压或功率。

一般目前手机的2G PA已经集成了FEM(Front End Module,前端模组),目前在大部分手机的FEM中集成了PA和ASM(Ant Switch Module,天线选择开关),所以一般这部分的摆件是放在射频屏蔽罩的角落,靠近天线连接器或者天线馈点,如图5.9所示。

如果天线连接器和FEM在同一面,那么可以在Shielding(屏蔽罩)表层开口,如图5.9所示,使到天线连接器的这段天线阻抗线走在表层,避免打孔,因为打孔会使阻抗不容易控制。

2G RFPA到TRA收发器的线都是阻抗信号线,如果阻抗线不多,一般都可以从表层走出来,所以和TRA放到一个屏蔽罩内比较方便。同时2G RFPA功耗大,发热比较厉害，所以对温度敏感的元器件要远离。

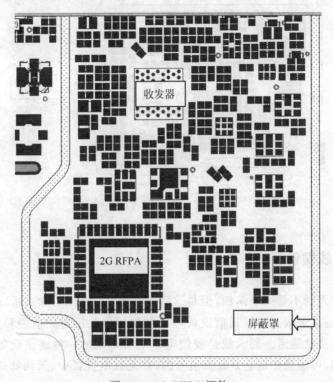

图 5.9　2G RFPA 摆件

5.1.5　4G 射频功放摆件

4G 射频功放的信号通路一般是从 Transceiver 发射通道将信号发射出来并进入 4G 射频功放，信号被放大后，进入双工器，然后到达手机射频的前端模组（FEM），而又由于双工器一般有接收通路，所以一般 4G 射频功放比较难放到双工器的同一面，所以如果是双面摆件，一般都选择把 4G 射频功放放到背面，从而使放大前后的信号刚好跨接在收发器和双工器之间，这样会使信号通路变短，当然如果是单面摆件，那么最好把 4G 射频功放放在靠近双工器一侧的角落里，用单独的屏蔽罩将其隔离开。

因为 2G 网络出现得比较早，当时生产工艺还很落后，所以可以看到 2G RFPA 体积比 4G RFPA 要大得多，这个也是初学者通过 PCB 封装尺寸来区别是 2G RFPA 还是 4G RFPA 的一个好办法。

考虑到 RF 部分阻抗线比较多，所以尽量保证 RF 部分背面不要放元器件，尤其是不要让 4G PA 部分屏蔽罩放置到 RF、GPS 和 NFC 等这些 RF 区域的背面，如图 5.10 所示。

4G RFPA 到 TRA 芯片的连线都是阻抗信号线，一般都是通过内层连接起来的，屏蔽罩的下面至少会有两个 GND 层来做好阻抗信号线的立体包地。

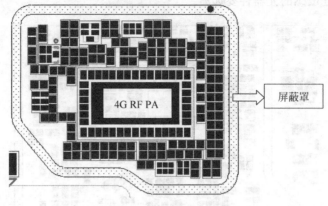

图 5.10　4G RFPA 摆件

5.1.6　RF 天线摆件

其实射频和天线不是一个东西,但是这两个元器件是分不开的,所以人们经常说的射频,其实也涵盖了天线。无线通信设备中的射频部分包括射频前端和天线,射频前端包括发射通道和接收通道。而天线是我们生活中很常见的一种通信设备。大部分人其实对它并不了解,可能只知道它是收发信号的,在无线电设备中,天线就是用来发射和接收无线电波的装置。

在手机线路板中我们一般看到的是天线连接器或者天线馈点,而最终前端模组的信号通过天线连接器引出的射频线,或者是顶在馈点上的弹片和最终机壳上的天线本体连接起来,所以我们在主板设计中最重要的任务是处理好天线连接器和馈点的摆件,一般来说它们都摆在主板四个角落中的一个角,周围不要摆其他模块的元器件。

手机中的 RF 天线将一个主天线(Main　ANT)分为几个副天线(DIV ANT),一路 DIV ANT 连接到 2G 的 RFPA,另外一路经 RF 开关连接到 TRA,如图 5.11 所示。

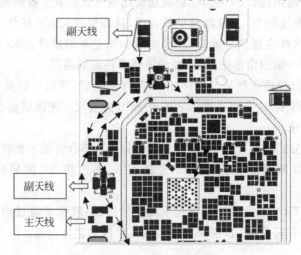

图 5.11　RF 天线摆件

5.1.7　四合一芯片摆件

由于手机的空间有限，各个手机平台所采用的都是将 GPS/WiFi/BT/FM 集成到同一芯片里，当然不同的手机芯片平台厂商可能略微有所不同，有的平台的 GPS 是在射频收发器内，也有的平台集成在 CPU 中。例如低端的功能机，不需要 GPS 和 WiFi 功能，BT 和 FM 一般是集成在 CPU 中的。

这部分的相关元器件摆件都要极为注意，包含 GPS 的滤波器、晶振 TCXO 和 GPS 的供电电源通路都需要仔细考虑。具体摆件效果图如图 5.12 所示。

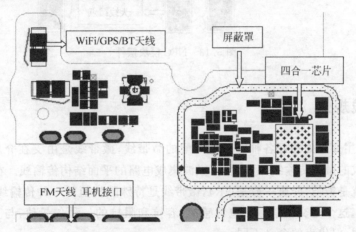

图 5.12　GPS/WiFi/BT/FM 模块摆件

这部分天线的走线一般通过表层走线连起来，根据天线进出方向就可以很方便地进行摆件，电源通过打孔内层走线，且与芯片隔一层 GND 屏蔽。

如果是通孔或 1 阶板，屏蔽罩区域下方最好不要放其他元器件，尤其是其他 RF 部分的元器件或 DDR 部分元器件。如果由于空间限制避不开，则要保证这些元器件的走线在表层完成，最好不要使用内层走线。

5.1.8　NFC 摆件

考虑到成本，NFC 功能一般在中高端手机中才具备，NFC 电路也是由专门的 NFC 芯片加上外围电路和天线组成，外边需要添加一个屏蔽罩，如图 5.13 所示。

NFC 部分的天线根据走线方向来摆放元器件就可以了，天线部分一般通过表层就可以很顺利走出来，如果感觉走线不顺或别扭，那肯定是走线的问题，或请 RF 工程师调整一下天线到芯片的线序。

注意：一般芯片设计都考虑走线顺的问题，如果 RF 部分感觉线不顺，特别是表层交叉的，可以询问 RF 和 BB 工程师，芯片的这两个出线 Pin 的线序是否可以调整一下，除非软件定义好的，否则一般都是可以调整的。

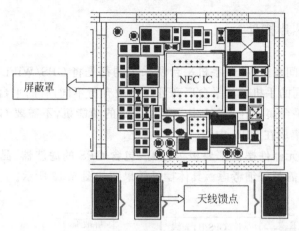

图 5.13　NFC 模块摆件

5.2　走线规则

RF 部分主要是处理好各种有阻抗匹配的微带线,微带线是由支在介质基片上的单一导体带构成的微波传输线,适合制作微波集成电路的平面结构传输线。在 PCB 线路板这里的导体就是铜箔,介质一般是 FR4,微带线是特殊阻抗值的一种传输线,阻抗单位是欧姆(OHM),这个是交流信号中包含感抗、容抗和阻抗的一种矢量值,与直流信号中的阻值单位相同,但代表的含义不同。

微带线根据导线位置又可分为微状线(Microstrip)和带状线(Stripline),RF 的阻抗线阻值为单根 $50 \times (1 \pm 10\%) \Omega$ 或等差 $100 \times (1 \pm 10\%) \Omega$。

5.2.1　微带线

微带线是阻抗线的一种,阻抗线定义可以参照传输线原理部分的知识,理论性比较强,EDA 工程师只要了解哪些线是阻抗线就行了,一般都习惯称为阻抗线,表层的阻抗线(微状线)要左右包地,邻层也是 GND 的 3 面包地,内层阻抗线(带状线)要左右和上下都采用 GND 立体包地处理。

1. 微状线

微状线如图 5.14 所示,一般在 Top 和 Bottom 层,参照邻层或主地层,如 Top 层可以参照 L2 或 L3 层,如果参照 L3 层,则需要将 L2 层在 Top 层投影下方的铜箔挖空。

为了便于线路板厂区分阻抗线,一般阻抗线宽度使用特殊宽度,另外走线同层两侧都要用 GND 信号与其他信号隔离开,如果有条件,最好两侧的 GND 由 VIA 孔直接下到 GND 层。

表 5.1 依 10 层板来说明微状线走线的参考宽度和间距,线的宽度一般比板厂调整的实际值要大些,这样板厂把线变细容易些。

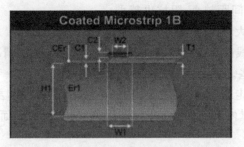

图 5.14　微状线

表 5.1　微状线走线的参考宽度和间距

走线所在层	参照层/L2 或 L9		参照层/L3 或 L8	
	线宽	线距	线宽	线距
TOP	单根 0.095mm	单根 0.15mm	单根 0.305mm	单根 0.5mm
BOTTOM	等差 0.055mm	等差 0.05mm	等差 0.125mm	等差 0.10mm

2. 带状线

带状线如图 5.15 所示，一般在内层，上下邻层都为 GND 层，参照两层的 GND 层，当然也使用特殊的宽度来标识。一般按单根 0.125mm 或等差 0.055mm 来设置宽度，间距设置为 0.05mm，走线需要保证上下邻层和同层左右两侧都是 GND 的立体包地效果，而且每个 VIA 的每层都要有 GND 环包地及 VIA 的上下非连接层都有 GND 覆盖，如果环境允许，周围的 GND 最好由 VIA 孔直接连接到主 GND。

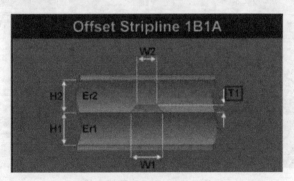

图 5.15　带状线

微带线的阻抗和线宽、铜箔厚度、介电常数、参照层间距等与多方面有关系，也可以使有专门的公式可以计算，考虑到等差计算比较复杂，Polar 公司推出了一款 SI9000 的软件，专门来计算微带线的阻抗，如果需要精确计算可以使用 SI9000 来计算。EDA 工程师只需要知道大概的宽度范围，线宽要比板厂实际做得大点，这样板厂把线变细比较容易。EDA 工程师需要了解阻抗和线宽、厚度等各因素的以下关系：

（1）阻抗和线宽（W）成反比关系，如果其他因素不变，线越宽，阻抗则越小。

（2）阻抗和介电常数（Er）成反比，Er 越大，阻抗则越小。

（3）阻抗和参考面间距（H）成正比，H 越小，阻抗则越小。

（4）同对等差线的间距越小，阻抗也越小。

（5）线厚度（T）越大，阻抗则越小。

可以看到，阻抗和线的长度是没有关系的。在同阻抗值的情况下，Top层的宽度，参照L3比参照L2要大些。

RF的阻抗线优先走表层，其次才走内层，一般占用一个内层和表层就可以了，而且要保证线尽量在屏蔽罩内，2G和3G平台的阻抗线比较少，下面就直接以4G平台具体说明。

1. RF触点或RF连接器到2G RFPA（副天线）

这段一般空间比较大，线走表层，走线邻层下方挖空，参照邻层+1层作为参考地，主要是2G和4G天线这一部分。

图5.16为Top层的走线，RF从左边的天线座子到RF天线开关这段的线很粗，宽度为0.305mm，走线邻层L2层的GND部分挖空，直接参照L3做阻抗控制，表层铜箔避开的间距为1.5W，W指的是此时走线的宽度，当然间距如果能满足3W则更好。

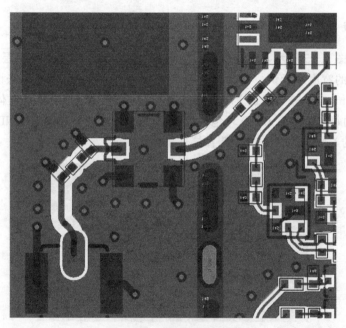

图5.16 副RF天线走线

可以看到沿着阻抗线的周围放置了很多GND孔，如果空间允许，阻抗线周围的GND区域最好通过Via直接到GND层。

2. RF开关——收发器4G RF开关（主天线）

这部分的网络比较好找，一般是以Bxx、WTRxx或TX开头的，空间有限，走表层时参照邻层GND即可。有些不能在表层走出来就从内层走，保证上下邻层和左右都是GND立体包地效果。

如图5.17所示，此图为4G部分的走线部署情况，RF开关前端可以参考次外层的

GND,后端参考邻层的 GND 层。

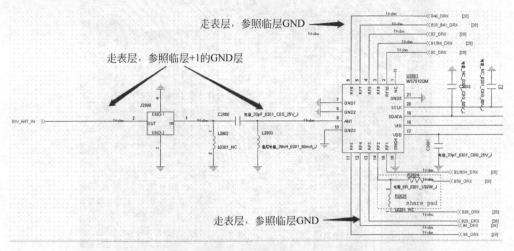

图 5.17 主 RF 天线

PCB 走线如图 5.18 所示,到 RF 开关之前的线宽是 0.305mm,线比较粗,走线下方的 L2 层部分被挖空,直接参照 L3 层做阻抗控制,并且沿着阻抗线放置了很多 GND 过孔。经过了 RF 开关的芯片后,出线就比较细了,L2 层下不挖空,参照 L2 层做阻抗控制。

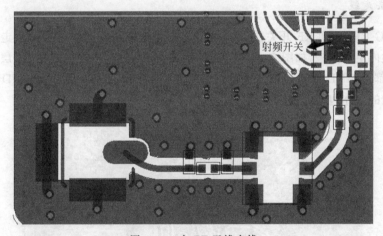

图 5.18 主 RF 天线走线

3. TRA 收发器到单双工

如图 5.19 所示,收发器的 IC 到单双工器的扇出从表层都可以出来,有些出线密集的地方可能不太好出线,可以将瓶颈部分的线宽和线距都缩小到 0.045mm,同时在走线完成后,可以将线的拐角做圆弧处理,这样美观同时还会减少信号反射。

等差线也要保证两根线间距一致,让 RF 和 BB 工程师检查的时候,可以很方便地看出来哪些是等差信号线,板厂也方便控制阻抗。

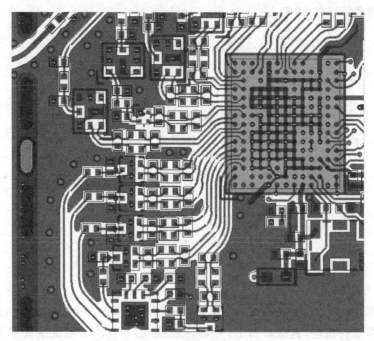

图 5.19　收发器芯片扇出

4. 内层走线

有些 2G RFPA 到 RF 开关,单双工或 TRA 到天线开关的线表层无法走出来,此时就需要通过内层走出来,如图 5.20 所示,该 PCB 为 6 层板,阻抗线走在 L4 层,走线包括 2-5 的过孔都被 GND 铜箔包围并进行信号屏蔽,同时 L5 和 L3 层都为 GND 层,满足了内层阻抗线的立体包地的要求。

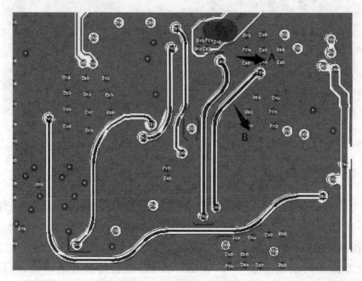

图 5.20　RF 内层走线

另外有些阻抗线离得比较近，不好单独包地，如图 5.20 的 A 和 B，可以和 RF 工程师沟通，询问这两个信号的 Band 是否同时使用，如果 RF 工程师说这两个信号不会同时使用，就可以将 A 和 B 两根线一起包地。

5.2.2 IQ 线

IQ 线也是比较重要的线，也要求上下左右立体包地，IQ 线连接 CPU 和收发器芯片，其网络名字中含有 IP、IN、QP 和 QN，一般有 5 组，每组 2～4 根。每组的功能不同，有 3 组供 2G 和 4G 使用，另外两组供 WiFi 和 GPS 使用。

IQ 线不需要控制阻抗，走线宽度按一般宽度即可，考虑到线比较密，一般设置为 0.05mm 左右即可。IQ 线在 2G 平台上不存在，3G 平台也只要 1 组，处理起来也相对简单，下面就直接以 4G 平台说明各个部分的走线。

1. 主集接收部分

图 5.21 为主集接收部分的 PRX IQ 线，有 I 和 Q 两根线，按差分线走在一起，左右和上下需要做立体包地处理。

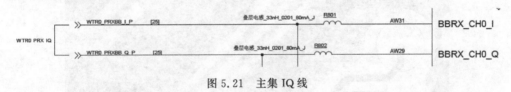

图 5.21　主集 IQ 线

图 5.22 为 PRX IQ 在 TRA 收发器芯片处的 PCB 走线图，两根线的线宽和线距都是 0.06mm，可以看到两根线周围都是 GND 信号线或铜箔，从 CPU 出线到 TRA 结束，都要有 GND 环包，包括埋孔和激光微孔严格上也要包 GND，但很多时候做不到。同时上

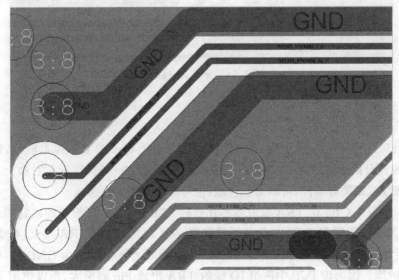

图 5.22　主集 IQ 线走线

下邻层都为 GND 层,确保左右上下立体包地。

2. 分集接收部分

图 5.23 为分集接收部分的 DRX IQ 线,也有 I 和 Q 两根线,按差分线走在一起,左右和上下需要做立体包地处理。

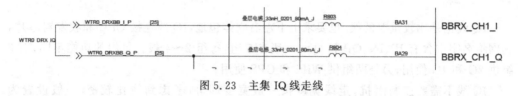

图 5.23　主集 IQ 线走线

图 5.24 为 DRX IQ 在 TRA 收发器芯片处的 PCB 走线图,和 PRX IQ 线一样,两根线的线宽和线距都是 0.06mm,两根线周围都是 GND 信号线或铜箔,从 CPU 出线到 TRA 结束,都要有 GND 环包,包括 Via 和激光微孔严格上也要包 GND。同时上下邻层都为 GND 层,确保左右上下立体包地。

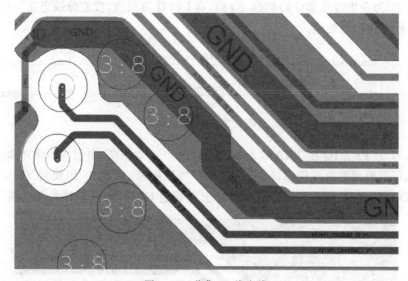

图 5.24　分集 IQ 线走线

3. 发送部分

图 5.25 为射频发送部分的 TX IQ 线,有 IM、IP、QM 和 QP 共 4 根线,IM、IP 和 QM、QP 按差分线走在一起,两组差分线紧挨,4 根线走线一起,然后左右和上下需要做立体包地处理,如果有条件,可以每组包地,也可以 4 根线一起包地。

图 5.26 为 TX IQ 在 TRA 收发器芯片处的 PCB 走线图,两根线的线宽和线距都是 0.06mm,两根线周围都是 GND 信号线或铜箔,从 CPU 出线到 TRA 结束,都要有 GND 环包,包括埋孔和激光微孔严格上也要包 GND。同时上下邻层都为 GND 层,确保左右上下立体包地。因为该 PCB 中两组 IQ 线的 TRA 出线 Pin 间距大,所以使用了两组 IQ 线分别包地。

TX_DAC0_IM	BA33	[25]	WTR0_TXBB_I_M	
TX_DAC0_IP	BB34	[25]	WTR0_TXBB_I_P	WTR0 TXIQ
TX_DAC0_QM	AY36	[25]	WTR0_TXBB_Q_M	
TX_DAC0_QP	AW35	[25]	WTR0_TXBB_Q_P	

图 5.25　RF 发送的 IQ 线

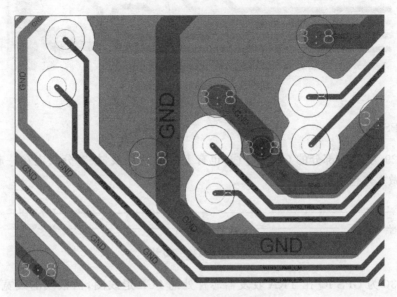

图 5.26　RF 发送的 IQ 线走线

4. Wi-Fi 部分

图 5.27 为射频发送部分的 WLAN IQ 线,有 IN、IP、QN 和 QP 共 4 根线,IN、IP 和 QN、QP 按差分线走在一起,两组差分线紧挨,4 根线走线一起,然后左右和上下需要做立体包地处理,如果有条件,可以每组包地,也可以 4 根线一起包地。

图 5.27　Wi-Fi 的 IQ 线

图 5.28 为 WLAN IQ 在 WiFi 芯片处的 PCB 走线图,两根线的线宽和线距都是 0.06mm,两根线周围都是 GND 信号线或铜箔,从 CPU 出线到 TRA 结束,都要有 GND 环包,包括埋孔和激光微孔严格上也要包 GND。同时上下邻层都为 GND 层,确保左右上下立体包地。因为该 PCB 中两组 IQ 线的 TRA 出线 Pin 间距大,所以使用了两组 IQ 线分别包地。

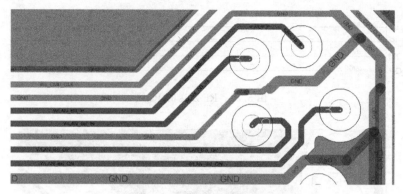

图 5.28　WiFi 的 IQ 线走线

5. GPS 部分

图 5.29 为 GPS 部分的 GPS IQ 线,也有 I 和 Q 两根线,按差分线走在一起,左右和上下需要做立体包地处理。

| GPS_BBI | AU33 | | [25] | WTR0_GPSBB_I_P | | |
| GPS_BBQ | AT34 | | [25] | WTR0_GPSBB_Q_P | | GPS IQ |

图 5.29　GPS IQ 线

图 5.30 为 GPS IQ 在 TRA 收发器芯片处的 PCB 走线图,两根线的线宽和线距都是 0.06mm,且两根线周围都是 GND 信号线或铜箔,从 CPU 出线到 TRA 结束,都要有 GND 环包,包括埋孔和激光微孔严格上也要包地。同时上下邻层都为 GND 层,确保左右上下立体包地。因为 CPU 集成了 GPS 功能,GPS 的 IQ 线是连在 TRA 收发器上的。

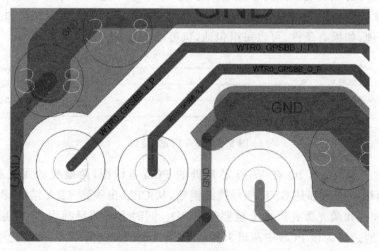

图 5.30　GPS IQ 线走线

5.2.3 电源线

电源在 RF 部分也是比较重要的，要从电池连接器直接拉出一根宽 2mm 以上的粗线，直接给 RF 供电，不要给其他地方供电，如图 5.31 所示。

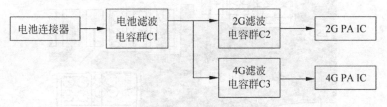

图 5.31 RF 电源分布

1. 2G PA 电源

如图 5.31 所示，C1 到 C2 是 2G 部分，2G 出现得比较早，当时 PA 芯片的工艺比较落后，工作功率比较大，工作电流一般在 2A 左右，所以这部分的线要 1.5~2mm 的宽度。

图 5.32 是 2G PA 的电源部分，4 个电容按照原理图顺序依次放在电源 Pin 的旁边，ESD 元器件放在最前面，电源进入芯片时，先经过 ESD 元器件，再依次经过 4 个电容群滤波，最后进入芯片，2G PA 的电源 Pin 一般有两个以上，可以承载大电流。

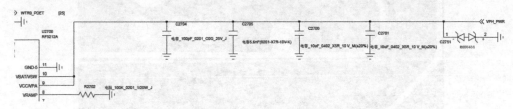

图 5.32 2G PA 电源

图 5.33 为 ESD 和电容群摆件的表层走线，电源表层能连接的地方就整体铺 Shape 连接起来，连不起来的地方就打微孔到内层与 L9 层连接起来，考虑到 2mm 的电源线比较宽，微孔需要 12 个以上。

图 5.34 为内层 L8 层电源走线，电源宽度为 2mm，从右侧进来后，通过微孔首先进入 ESD 的电源焊盘，然后通过 L9 层到 Bottom 层和电容群连起来。

2. 4G PA 电源

如图 5.31 所示，C1 到 C3 的连接是 4G PA 部分，这部分工作电流一般为 0.8A 左右，电源线宽度 0.6mm 以上就可以了。4G PA 的电源 Pin 一般只有 1 个，通过 ESD 元器件和两个电容连接起来，如图 5.35 所示。

如图 5.36 所示，表层两个电容紧靠 IC 的电源 Pin，然后通过铜箔连起来，电容的焊盘上打微孔和内层电源连起来，可以多打几个微孔。

如图 5.37 所示，宽度为 0.6mm 的电源线通过 3~8 孔连接起来，0.6mm 宽度的其他线使用一个大孔连接就可以了。

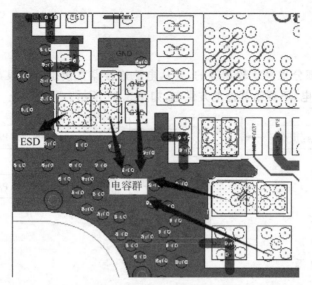

图 5.33　2G PA 电源表层

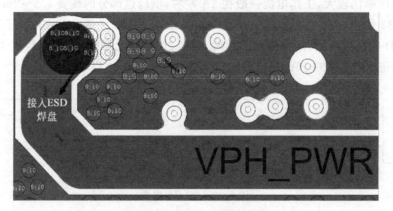

图 5.34　2G PA 电源次内层

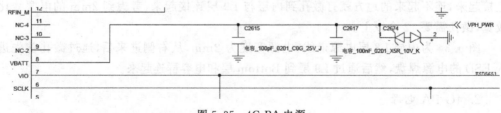

图 5.35　4G PA 电源

3. 其他电源

其他部分,例如 GPS、WiFi、BT 和 NFC 电源,这些芯片的功率不大,电源线的宽度保证为 0.3mm 就可以了。

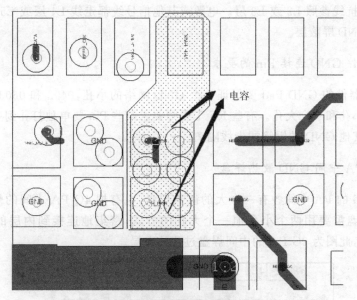

图 5.36　4G PA 电源表层

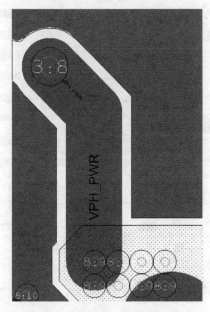

图 5.37　4G PA 电源内层

5.2.4　GND 处理

RF 要保证良好连接 GND 效果，需要做以下处理。

1. 与主地之间的层尽量少走线或不走线

在图 5.19 中，元器件在 Top 层，L2 层下面没有除 GND 以外的其他信号走线，L3 层为主地层,阻抗线参照 L2 或 L3 层。电源或其他信号线都走线 L4 层或 L5 层,这样保证 RF 有两层 GND 屏蔽层。

2. 元器件 GND 连接 Pin 的要求

0201 元器件的 GND Pad 要保证一个 GND 网络的小孔,0402 和 0603 的 GND Pad 要保证两个小孔和一个大孔。有些 RF 工程师要求某些 Pin 要单独打孔到主 GND 层,表层或邻层与其他 GND 的铜箔或走线隔离。

3. RF PA 中间 GND 散热焊盘

2G 和 4G 的 PA 中间各有一个大的散热焊盘,也有把 4G PA 中间的焊盘做成两个的,这几个焊盘需要用两个小孔加一个大孔的方式,密集地连接到内层的 GND 层,如图 5.38 所示,此图为 2G PA 的中间焊盘过孔的布局。

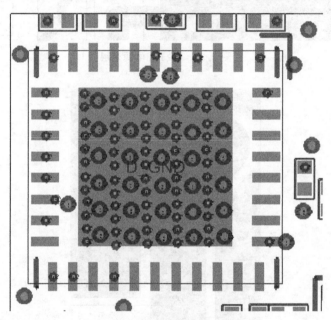

图 5.38　2G PA 中间焊盘打孔

4. 屏蔽筋上 GND 孔的摆放

屏蔽罩的漏铜区也要按"两个小孔加一个大孔"配合,大量放置 GND 的 Via 来提高屏蔽罩的接地效果。

图 5.39 为一个 6 层板的 RF 2G 部分的屏蔽罩,Shielding Wall 布满了大量的 1~2 的微孔和 2~5 的埋孔,有些地方内层有走线,所以不能在 Shielding Wall 上加 Via,可以在 Shielding Wall 的内外侧旁边加孔,当然最好也要加相应的 5~6 孔。

5. 双工器"Y"形打孔

如图 5.40 所示,双工器的 3 个端口之间必须直接用 GND 隔离开,为了保证隔离效果,连接 L1 和 L2 的 1～2 的微孔采用如下图的"Y"形打孔。

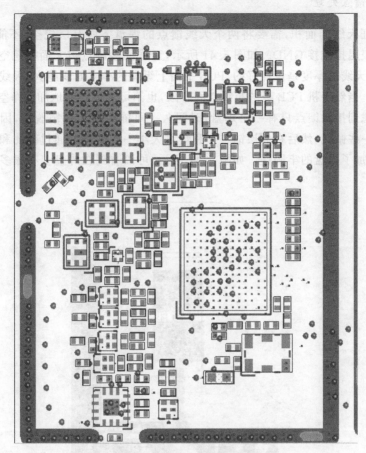

图 5.39 屏蔽筋的处理

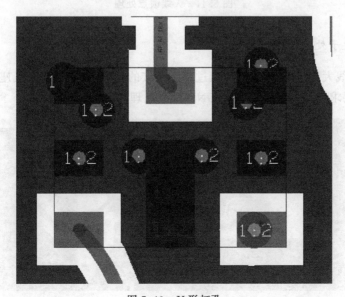

图 5.40 Y形打孔

6. 天线馈点处理

为了保证天线的面积,需要将两个天线馈点的焊盘下所有层挖空,不能走线,GND的馈点可以表层拉线接 GND。如图 5.41 所示,天线的接触点被大面积挖空后,与 GND隔离开,因为天线的厚度是设计好的,PCB 平面上焊盘的净空面积越大,天线的灵敏度和功率就越高。当然手机 PCB 板的布线空间有限,也不可能无限制地加大净空面积。

另外考虑到接触馈点只有一层焊盘,时间久了可能会造成铜箔脱落,因此一般在焊盘的表层打一些微孔,然后在邻层铺一个和焊盘大小一样的铜箔通过微孔和焊盘连接起来,这样就增加了焊盘的牢固性。如图 5.41 所示,可以看到在焊盘上有很多通向邻层的微孔。

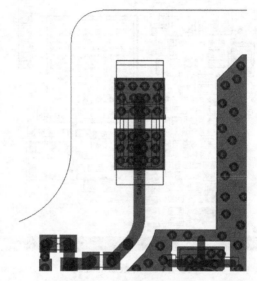

图 5.41　天线馈点处理

7. 天线座子处理

手机的天线大多是 FPC 或钢片通过弹片压接的,但也有是通过天线座子连接到线路板上的,一般要求天线座子内部表层 GND 挖空处理,如图 5.42 所示。

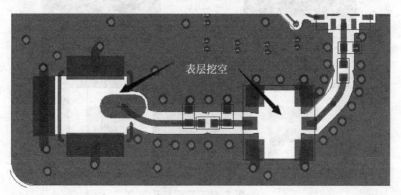

表层挖空

图 5.42　天线座子处理

5.3 小结

本章讲述了 RF 部分的摆件和走线的 Rule,具体的问题要根据实际情况调整处理,读者需要掌握以下知识点:

(1) RF 摆件需要注意的问题,2G 一般和收发器在一个屏蔽罩内,而 4G 单独在一个屏蔽罩内,当然如果单面摆件,则可以放在一个屏蔽罩内。

(2) RF 有单根 50Ω 和等差 100Ω 的微带线,一般走在表层和内层,需要立体包地,宽度要比实际大点即可。

(3) IQ 线走内层,同组走一起,需要立体包地。

(4) 2G PA 的电源线宽度需要 1.5mm 以上,4G PA 电源线宽度需要 0.6mm 以上。

(5) RF 摆件面的邻层要在屏蔽罩内来保证 GND 完整。

5.4 习题

(1) RF 有哪些重要的芯片?

(2) 如何区分 2G 和 4G 的 PA? 电源线宽度要达到多宽?

(3) RF 的阻抗线有哪些? 阻抗值是多少?

(4) IQ 线有哪些? 作用是什么? 走线如何处理?

(5) 什么是立体包地? 如何做到立体包地?

(6) RF 的 GND 如何处理?

第6章 电源部分

▶ 7min

电源电路在智能手机电路中是至关重要的,它所起到的作用是为智能手机各个单元电路提供稳定的直流电压。如果该电路的PCB板级设计出现问题,将会造成整个电路工作的不稳定,甚至造成智能手机无法稳定工作或者无法开机。由于电源电路工作在大电流、温度高的环境,往往容易出现问题,因此学习和理解电源电路的设计原理和方法,对日后的手机PCB设计工作有很大的帮助。

从组成结构上来看,智能手机电源电路主要由电源控制芯片、充电控制芯片、充电接口、电池及插座、复位芯片、晶振、谐振电容、电源开关、场效应管、滤波电容、电感等组成。图6.1为智能手机电源电路组成图。从图中可以看出,电源控制芯片是电源电路的核心。

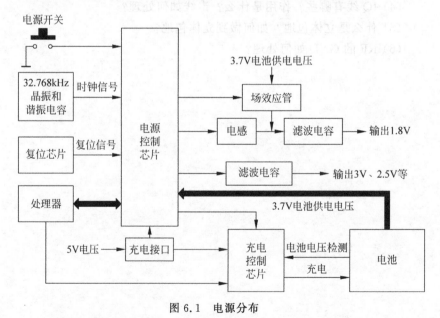

图6.1 电源分布

在电源电路中,重要的芯片包括充电控制芯片和电源控制芯片。其中,充电控制芯片主要负责对电池进行充电,并实时检测充电的电压值。充电控制芯片用于保护电池的电路,可以保护电池过放电、过压、过充、过温,可以有效地保护电池寿命和使用者的安全。

电源控制芯片又称为电源管理芯片PMU(Power Management

Unit),电源控制芯片是开关稳压电源电路的核心,负责对整个电路的控制。

6.1 电源树介绍

电源树的分析在任何电子产品的设计中都是很关键的,合理地对电源树进行布线是确保一个线路板设计成功的核心,所以要成功地设计好电源系统的布线,提前分析电源树是很有必要的,那么怎样一步步地分析电源树呢?

首先,根据估计负载的功率和及各电压等级电流的分配,绘制更加形象直观的电源树状图,如图 6.2 所示,然后在相应的原理图页上熟悉相关的电源部分,为后续的 PCB 设计做分块准备。

6.1.1 电源的种类及电压

手机的电源主要来自锂电池(Battery),Battery 的电源在 PCB 中的网络信号名字为 VBAT,工作电压为 3.7~3.9V,充满电时电压可以达到 4.2V,当电压达到 3.7V 以下时手机就会显示低压并报警,如图 6.2 所示。

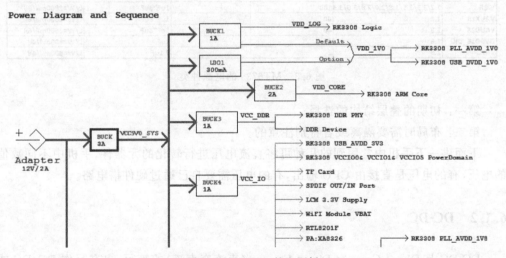

图 6.2 RK3088 的电源树

根据图 6.2,可以看到电源需要供电给 DDR、LCD、Camera、TF 卡、SIM 卡、发动机、WiFi、BT、GPS、RF 等很多部分,每个部分的电压都不相同,同时一个部分所需的电压不止一种,例如现在 AMOLED 的屏,需要 3~4 种电压供电,而且还需要负电压,这样就需要通过大量的不同的电压提供给各种负载设备。

图 6.3 为 MT6735 平台常用的一些电源,根据网络来识别电源是 EDA 工程师必备的一种技能,电源名字一般都是"V"开头的网络。

电源的种类分为高电压、低电压、大电流、小电流,相应的搭配有高电压大电流、低电压大电流、高电压小电流和低电压小电流 4 种配合,在 PCB 设计之初,分清楚各种电源的类型非常关键,因为这会决定:

Regulator	Output Voltage Range(V)	Output Current(mA)	Input Decoupling Cap	Output Decoupling	Note
VPROC	0.6~1.31	5000	>2.2uF	0.33uH+47uF*2+22uF	≧125mil
VCORE	0.6~1.31	3500	>2.2uF	0.47uH+47uF*2	≧88mil
VLTE	0.6~1.31	2800	>2.2uF	0.47uH+22uF*3	≧63mil
VSYS	2	1900	>2.2uF	0.47uH+22uF+10uF	≧48mil
VPA	0.5~3.4	600	>4.7uF	2.2uH+2.2uF+2.2uF	≧30mil
VM	1.24/1.39/1.54	1000		9.4uF~10uF	L/W=1500mil/25mil
VTCXO_0	2.8	40		1uF~3uF	L/W=2800mil/6mil
VTCXO_1	2.8	40		1uF~3uF	L/W=2800mil/6mil
VRF18_0	1.825	350		2.2uF~3.3uF	L/W=2800mil/10mil
VRF18_1	1.2/1.3/1.5/1.825	300		2.2uF~3.3uF	L/W=2800mil/10mil
VSIM1	1.7/1.8/1.86/2.76/3.0/3.1	50		1uF~3uF	L/W=2800mil/6mil
VSIM2	1.7/1.8/1.86/2.76/3.0/3.1	50		1uF~3uF	L/W=2800mil/6mil
VCN18	1.8	150		1uF~3uF	L/W=2800mil/6mil
VCN28	2.8	40		1uF~3uF	L/W=2800mil/6mil
VCN33	3.0/3.1/3.2/3.3/3.4/3.5/3.6	350		4.7uF~5uF	L/W=2800mil/12mil
VIO18	1.8	600		2.2uF~14uF	L/W=2800mil/20mil
VUSB33	3.3	20		1uF~3uF	L/W=2800mil/6mil
VIO28	2.8	200		2.2uF~6.6uF	L/W=2800mil/10mil
VEFUSE	1.8/1.9/2.0/2.1/2.2	200		1uF~3uF	L/W=2800mil/10mil
VMC	1.8/2.9/3.0/3.3	200		1uF~4.7uF	L/W=2800mil/10mil
VMCH	2.9/3.0/3.3	800		4.7uF~7uF	L/W=2800mil/20mil
VEMC_3V3	2.9/3.0/3.3	400		4.7uF~7uF	L/W=2800mil/12mil
VCAMA	1.5/1.8/2.5/2.8	200		2uF~3.3uF	L/W=2800mil/10mil
VCAMAF	1.2/1.3/1.5/1.8/2.0/2.8/3.0/3.3	200		2uF~3.3uF	L/W=2800mil/10mil
VCAMD	0.9/1.0/1.1/1.22/1.3/1.5	500		4.4uF~13.2uF	L/W=2800mil/16mil
VCAMIO	1.2/1.3/1.5/1.8	200		1uF~3uF	L/W=2800mil/10mil
VGP1	1.2/1.3/1.5/1.8/2.5/2.8/3.0/3.3	200		1uF~3uF	L/W=2800mil/10mil
VSRAM	0.6~1.31	400		4.7uF~7uF	L/W=2800mil/12mil
VIBR	1.2/1.3/1.5/1.8/2.0/2.8/3.0/3.3	100		1uF~3uF	L/W=2800mil/8il
VAUX18	1.8	40		1uF~3uF	L/W=2800mil/6il
VAUD28	2.8	40		1uF~3uF	L/W=2800mil/6il
DVDD18_DIG	1.8	20		1uF	L/W=800mil/4il
VRTC	2.8	2		0.1uF	L/W=800mil/4il

图 6.3　MT6735 的电源种类

第一：初期的叠层结构的选择；

第二：布局时需要隔离或者特别注意的。

下面讲一下手机中常用到的几种可将直流电压进行转化的元器件，手机中不同数值的电压，有的电压是直接由 CPU 输出，有的电压需要自己通过硬件搭电路。

6.1.2　DC-DC

DC-DC 是 Direct Current-Direct Current（直流变直流）的简写，也有写作 DC/DC 或 dc-dc 的。是指将一个固定的直流电压变换为可变的直流电压，是开关电源技术的一个分支，图 6.4 为一个 DC-DC 应用电路。

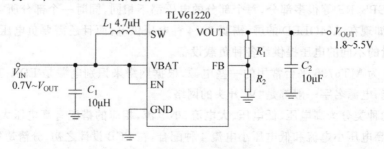

图 6.4　DC-DC 应用电路

1. 工作原理

DC-DC 变换器对电压变换的完整工作过程总结为如下过程：首先，输出电压经过 FB 反馈电路接到 FB pin 采样放大器。此时，反馈电压 VFB 与设定好的比较电压 Vcomp 进行比较，并同时产生差错电压信号。该差错电压信号将会通过变换器的内部电路输入 PWM 模块，然后 PWM 模块根据差错电压的大小来进行占空比的调节，从而达到对输出电压的调节目的。

对 EDA 和硬件工程师来说，不必要熟练掌握 DC-DC 的工作原理，只需要根据芯片的使用手册提供的参考电路图来搭电路就可以了。从图 6.4 中可以看到，FB 端是反馈电压，电流不大，线宽可以设置为 0.06mm 以上就可以了，VOUT、VBAT 和 SW 端是输出输入电压端，电流较大，一般线宽需要设置为 0.3mm 以上。

2. 分类

DC-DC 变换器一般是 SOT23_5 或 SOT23_6 封装的芯片，两者只是相差有没有使能的 EN 引脚，如果长时间让 DC-DC 处于工作状态比较耗电，通过 EN 控制 DC-DC 的工作状态，当系统不需要电源输出时，EN 端就拉低，使 DC-DC 处于关闭状态，可以节省电量。

DC-DC 变换器的基本电路分类一般有升压（Boost）、降压（Buck）和升降压 3 种，这 3 种电路的区别主要根据电感的位置，下面简单介绍一下识别的方法。

1）升压电路

电感接在 SW 和电源之间，二极管正向接 SW，负向接负载，如图 6.4 中的电路就为升压电路，输出的电压高于输入电压。

2）降压电路

电感接在 SW 和负载之间，二极管负向接 SW，正向接地，手机电路中基本用到的都是降压电路。

3）升降压电路

电感接在 SW 和地之间，二极管负向接 SW，正向接负载。

3. 计算公式

DC-DC 变换器中输出电压是由 FB 端两个电阻的比值来决定的，例如图 6.4 中 R_1 和 R_2 的阻值，DC-DC 芯片在 FB 端会由内部产生一个反馈电压 V_{FB}，R_1、R_2 和 V_{out} 的关系如下：

$$V_{out} = [(R_1 + R_2)/R_2] \times V_{FB}$$

根据这个公式，就可以直接选择 R_1 和 R_2 的值，如图 6.4 中根据规格书查到 $V_{FB} = 0.5V$，如果 V_{out} 要求是 3.3V，那只要满足 $(R_1 + R_2)/R_2 = 6.6$ 就可以了，进而计算出 $R_1/R_2 = 5.6$，选择两个常用的阻值：$R_1 = 5.6k\Omega$，$R_2 = 1k\Omega$，这样就可以得到 3.3V 的输出电压。

EDA 工程师只要了解 DC-DC 的哪些 Pin 的连线需要加粗就可以了，R_1 和 R_2 阻值的选择是硬件工程师在做原理图时需要考虑的。

DC-DC 转换器的优点是效率高、可以输出大电流、静态电流小。随着集成度的提高，许多新型 DC-DC 转换器仅需要几个外接电感器和滤波电容。但是,这类电源控制器的输出脉动和开关噪声较大、成本相对较高。

6.1.3　LDO

LDO 是 Low Dropout Regulator 的简写,中文翻译为低压差线性稳压器,LDO 适用于输入和输出压差在 3V 以内的情况,如果输入和输出的压差较大,就要使用 DC-DC 变换器。LDO 和 DC-DC 的芯片外形很像,都有 SOT23 封装的,区别两者的方法可以通过查看电路中有无电感,LDO 的电路中没有电感,而 DC-DC 电路中需要电感。

1. 工作原理

线性稳压器使用在其线性区域内运行的晶体管,从应用的输入电压中减去超额的电压,从而产生经过调节的稳定输出电压。

2. 分类

LDO 大多是固定的输出电压值,如图 6.5 所示,电路非常简单,直接在电源输入和输出处加两个电容即可,封装一般是 SOT23_3 的。

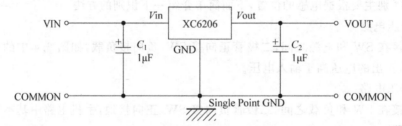

图 6.5　固定输出电压 LDO 电路

也有可以调整电压的,如图 6.6 所示,可以根据公式调节输出电压。

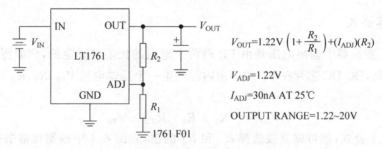

$$V_{OUT}=1.22V\left(1+\frac{R_2}{R_1}\right)+(I_{ADJ})(R_2)$$

$$V_{ADJ}=1.22V$$

$$I_{ADJ}=30nA\ AT\ 25℃$$

OUTPUT RANGE=1.22~20V

图 6.6　可调输出电压 LDO 电路

低压降(LDO)线性稳压器的成本低、噪声低、静态电流小,这些是它的突出优点。它需要的外接元器件也很少,通常只需要一两个旁路电容。如果输入电压和输出电压很接近,最好选用 LDO 稳压器,可达到很高的效率。所以,在把锂离子电池电压转换为 3V 输出电压的应用中大多选用 LDO 稳压器。

注意：LDO 只能用于降压，不能像 DC-DC 变换器那样既可以升压，也可以降压，如果要升压则必须选择 DC-DC 变换器。

6.1.4　PMU

PMU 是 Power Management Unit 的英文缩写，中文名称为电源管理单元，为了给多种不同电压的负载设备供电，必须用到很多路的 DC-DC 和 LDO 电路单元，同时为了减少元器件的数量，可以将多路的 DC-DC 和 LDO 分立电路集成到一个 PMU 芯片里统一进行电源处理，PMU 也集成了音频部分。2G 平台的手机芯片，电压种类比较少，很多厂家基本上把 PMU 集成到 CPU 内部了，例如展讯的 SC 6531 平台。

PMU 芯片基本采用 BGA 封装，面积很小，却承载了 RF、基带的绝大部分负载电源，因此，PMU 部分电源的摆件和走线就变得非常重要。走线开始后，EDA 工程师首先需要完成 PMU 部分电源走线，然后发送 PCB 文件给仿真部门，仿真部门会对 PMU 部分所有的电源进行 PDN(Power-Distribution-Network，电源分配网络)仿真，仿真大概需要 2～3 天才会出结果，在做仿真的同时，EDA 工程师可以继续进行其他部分的布线。

6.1.5　PMI

PMI 是 Power Management Integration 的英文缩写，中文名称为电源管理器，它是一款处理充电到电池及系统电源的集成芯片，目前只有高通有单独的 PMI，在展讯和联发科的很多平台中，PMI 是和 PMU 集成在一起的。

PMI 的电源种类不多，但电流很大，同一个电源网络可能会占据 2～4 个 Pin，一般在表层和次表层都铺大铜箔处理。

6.1.6　电压采样电路

通常在一个电子系统中，我们要对电源进行采样，如图 6.7 所示的手机电路中，由 PMI 对电池连接器进行采样，通过两根 BATSENSE_N 和 BATSENSE_P 的差分采样，这两根线需要走在一起，然后左右包 GND，线宽和线距没有特殊要求。

6.1.7　USB 充电电路

现在手机充电基本支持快充，充电电流高达 4.5A，需要根据电流来选用专门的充电芯片，USB 充电电路我们一般靠近 USB 尾插摆放，但是在目前手机的断板结构中，一般 USB 尾插在小板上，小板是通过一个 FPC 软板连到小板连接器上，然后再由小板连接器连接到 USB 充电电路，所以 USB 充电电路靠近小板连接器，使布线尽量在表层铺铜皮，短而顺，如图 6.8 所示。

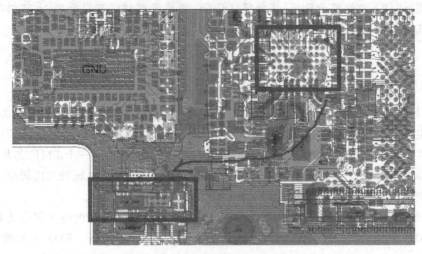

图 6.7　电压采样走线

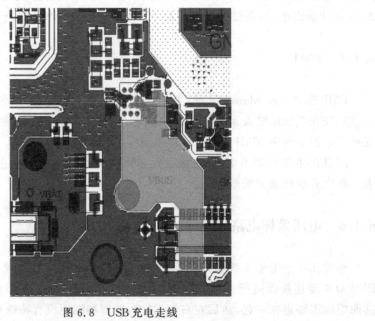

图 6.8　USB 充电走线

6.2　重要电源

　　本节讲述一下比较重要的几个电源,因为平台不同和个人习惯不同,电源的网络名字非常多,有的是按功能起名字的,有的是按电压起名字的,下面介绍几个比较通用的电源网络名字。

6.2.1　3个核心电源

VPROC、VCORE、VLTE 是 PMU 产生出来的 3 个主要核心电压,随着功耗减小和半导体工艺的提高,这 3 个电源的电压都很低,电压一般在 0.6～1.31V,最大电流在 2000mA 以上。

1. VPROC

VPROC 是处理器的电压,英文全称为 Voltage Processor,它是整个系统功耗最大的电源,线路需要承担的电流最大为 5000mA。

2. VCORE

VCORE 是 CPU 核心电压,英文全称为 Voltage CPU Core,线路承受的最大电流为 3500mA。

3. VLTE

VLTE 是 4G LTE 部分的电压,英文全称为 Voltage Long Term Evolution,线路承受的最大电流为 2800mA。

这三路电压都是从 PMU 输出后通过大量的去耦电容群,然后直接连接到 CPU 的电源 Pin 上,给 CPU 供电,而且这三路电压都是软件设置好可以自适应调整的,不同的 CPU 会自动切换到不同的电压来供电。

这三路电源的电流很大,一般要通过内层连接到 CPU 上,换层时大孔(埋孔)的个数要求在 7 个以上,微孔个数也需要在 14 个以上,否则 PDN 仿真时将会失败。

6.2.2　电池电源 VBAT

VBAT 是 Voltage Battery 的简称,说明它是来自手机锂电池的电压,这是手机供电的主要来源,电池电压充满电时电压最大为 4.2V,一般设置当电池电压低于 3V 时,手机就开始低压报警。

VBAT 从电池连接器出来后,分出几路,分别供电到 PMU、2G RFPA、4G RFPA 和充电 MOS 芯片,和第 5 章讲到的一样,2G RFPA 和 4G RFPA 的 BVAT 电源线都单独从连接器出线,与其他 VBAT 线不共用。

6.2.3　SIM 卡电源 VSIM

VSIM 的全称为 Voltage SIM,它是 SIM 卡的电源,SIM 卡的电压一般有 1.5V 和 3.0V 两种,最早还有 5V 供电的。VSIM 是从 PMU 产生出来的,现在手机大多支持双卡,所以有 VSIM 和 VSIM2 两个电压,最大电流为 50mA,一般走线宽度为 0.2mm。

VSIM 电压是通过软件设置自动适应的,根据不同的卡,自动调整电压,在一些场景中,例如飞行模式,还能自动关闭 SIM 卡的电源,因此,必须使用 PMU 出来的 VSIM 电源为 SIM 卡信号供电,不能使用 LDO 或 DC-DC 电路产生的电压。

6.2.4 SD 卡电源 VMCH

VMCH 是存储卡的电源名字,它是从 PMU 中产生出来的,专门给存储卡供电,手机中常用 TF 卡电压一般有 1.8V 和 3.3V 两种,VMCH 电压和 VSIM 一样,也是可以自适应调整的,根据不同类型的卡产生不同的电压。

VMCH 的最大承载电流是 800mA,去耦电容一般需要 $4.7\sim7\mu F$,走线线宽最好要保证 0.5mm 以上,有的平台规格书要求达到 0.8mm。

6.2.5 发动机电源 VIBR

VIBR 是 Vibrate 的缩写,它是振动发动机的电源,也是直接从 PMU 中产生出来的,然后供电给发动机,发动机的电源一般是 $1.2\sim3.3V$,发动机的电路比较简单,VIBR 直接从 PMU 出来,经过两个 $1\mu F$ 的去耦电容与发动机连接起来。

VIBR 的最大提供电流是 100mA,因此 VIBR 的走线宽度只需要 0.2mm 就够了。

6.2.6 摄像头电源 VCAM

VCAM 是 Voltage Camera 的简写,它是摄像头的供电电源,一般为 $2.8\sim3.3V$,直接从 PMU 内产生出来,还细分为 VCAMA(副摄像头)、VCAMAF(前摄像头)和 VCAMD(后摄像头) 3 种电压。

VCAM 的电流一般在 200mA,因此 VCAM 的走线宽度一般为 0.3mm 即可。走线一般需要左右包地。

6.3 电源元器件摆放

电源部分虽然都是在 PMU 和 PMI 集成的,但也需要外围电路的配合,例如电容和电感的摆放等。

6.3.1 电容摆放

PMU 外围的电容一般做滤波使用,称为旁路或 Bypass 电容,这种电容比较多,一般容值也都相同,走线时需要先经过 Bypass 电容的电源 Pin 后,再到达 PMU 的电源 Pin,摆件需要注意:

(1) 尽可能靠近 PMU 的电源 Pin 摆放,每个 PMU 的电源 Pin 旁放一个,有条件的可以放到 PMU 的另外一面,这样保证电源线最短。

(2) 要按照原理图来摆放,例如原理图里 A1 的 Ball 对应 C1,不能认为容值一样,就把 C2 放到 A1 的 Ball 附近。

6.3.2 电感摆放

一般来说,手机平台中的 PMU 集成了 DC-DC,DC-DC 中的关键组成,电感由于体积比较大,不能集成进芯片,所以以分立元器件的形式需要摆放在 PMU 周围,那么电感的摆件就显得非常重要,主要要求有以下几点。

1. 靠近 PMU 摆放

使 PMU 的电源到电感的距离足够短,这样方便后续布线,如图 6.9 中部长方形内所示。

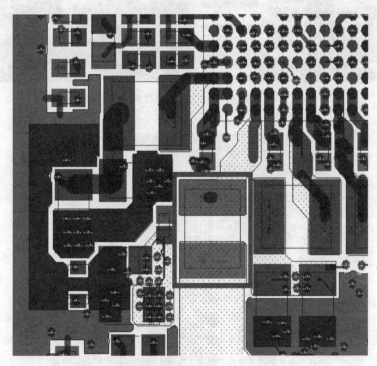

图 6.9　PMU 周围电感摆放

2. 电感和电感之间不能平行摆放

避免互感引起的电源纹波,如图 6.10 中部长方形内所示,如果实在不能避免,则需要在平行时错开一个 Pin 的距离。

6.3.3 隔离和靠近

在处理电源摆件时,我们一般要把握住隔离和靠近这两点的精髓,这样就很容易记住一些要求和规范,例如:背光电压模块是升压,一般需要进行隔离摆件,如图 6.11 所示。

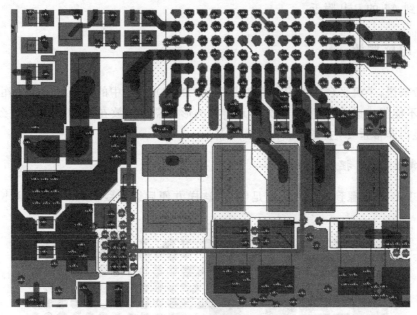

图 6.10　电感垂直摆放

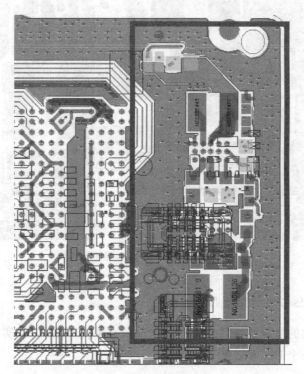

图 6.11　隔离摆放

而一些小的 LDO 稳压电源需要靠近各个用电模块摆件,如图 6.12 所示。

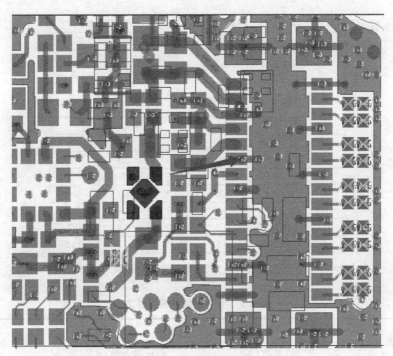

图 6.12　靠近摆放

6.4　电源走线

电源线一般走内层，不要暴露在表层，但屏蔽罩内的电源线可以在表层走线，手机走线主要是对宽度的处理，保证线尽量短，而且宽度要保证线路的通流能力。

6.4.1　线宽的通流能力

图 6.13 是在 25℃ 环境下，线宽、线厚和通过最大电流的对应表格。

手机线路板中铜厚的计量单位一般是盎司（Oz），盎司本来是一个质量单位，1Oz 的铜厚指的是把质量为 1Oz 的铜箔均匀平铺在 1 平方英尺（Foot）面积上的厚度。Oz 和mm 的换算如下：

$$1Oz = 35\mu m$$

手机线路板中 HDI 板居多，由于激光的能量有限，所以铜箔的厚度一般使用 1/3Oz，如果铜箔太厚，激光就不能穿透，行业按照"线宽 1mm：电流 1A"的线性标准来设计线宽，例如线宽 0.1mm 的通流能力就是 100mA，但是实际上会高于 100mA。

6.4.2　通孔的通流能力

走线在换层时需要用到通孔，通孔的通流能力如表 6.1 所示。

铜厚/35μm(1OZ)		铜厚/50μm(1.5OZ)		铜厚/70μm(2OZ)	
电流(A)	线宽(mm)	电流(A)	线宽(mm)	电流(A)	线宽(mm)
4.5	2.5	5.1	2.5	6	2.5
4	2	4.3	2.5	5.1	2
3.2	1.5	3.5	1.5	4.2	1.5
2.7	1.2	3	1.2	3.6	1.2
3.2	1	2.6	1	2.3	1
2	0.8	2.4	0.8	2.8	0.8
1.6	0.6	1.9	0.6	2.3	0.6
1.35	0.5	1.7	0.5	2	0.5
1.1	0.4	1.35	0.4	1.7	0.4
0.8	0.3	1.1	0.3	1.3	0.3
0.55	0.2	0.7	0.2	0.9	0.2
0.2	0.15	0.5	0.15	0.7	0.15

图 6.13　线宽、线厚和通流对照表

表 6.1　不同孔径的通流能力

过孔孔径	温升 10℃		温升 20℃(A)
	计算值(A)	设计推荐值(A)	
0.25mm	1.1848	1	1.6072
0.3mm	1.3415	1.2	1.8199
0.4mm	1.5521	1.4	2.1056
0.5mm	1.7646	1.5	2.3938
0.6mm	1.8720	1.6	2.5396
1mm	2.5287	2.3	3.4305
2mm	3.9433	3.6	5.3496

　　通过表格可以看到，10mil(0.25mm)的孔径，一般认为通流能力可以达到1A，当然孔径和通流能力不是成绝对的线性关系。手机线路板中的孔径如下：

　　机械孔孔径为 0.20～0.25mm；

　　激光孔孔径为 0.075～0.10mm。

　　为了方便计算，EDA 设计中选取了保守的一个公式：

$$W = 2D（D 为孔径直径，W 为相当的线宽）$$

　　例如孔径为 0.25mm 的孔，相当于 $2D = 0.5$mm 线宽的通流能力。

　　按照这个公式，10A 的电流，需要 20 个孔就够了，但实际上电流并不像我们想象的那么听话，平均按每个孔 0.5A 的电流来分配的，图 6.14 是一个简单的 DC 仿真电路，可以看到有的孔承载了 2.4A，有的只承载了 200mA，当然这个通流能力没有太大风险，随着温度的升高，每个孔所需的通流能力也需要增大。

　　通过图 6.14 可以看到，在边缘处孔的承载电流最大，因此在换层打孔时，不要均匀打孔，在两层交界边缘处的孔密度要比中间区域大些。另外激光孔和机械孔要配合换层，一般都按照"两个小孔＋一个大孔"的方式来进行孔的步局。

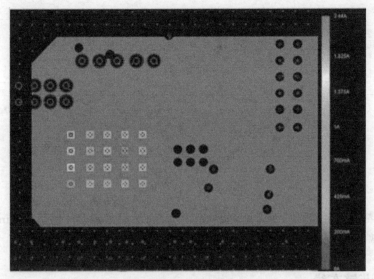

图 6.14　电源仿真

6.4.3　旁路电容和 TVS 管

　　旁路电容是可将混有高频电流和低频电流的交流电中的高频成分通过旁路滤掉的电容。对于同一个电路来说,旁路(Bypass)电容是把输入信号中的高频噪声作为滤除对象,把前级携带的高频杂波滤除,而去耦(Decoupling,也称退耦)电容是把输出信号的干扰作为滤除对象,如图 6.15 所示。

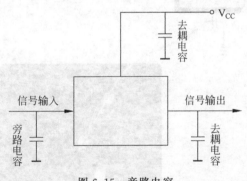

图 6.15　旁路电容

　　TVS(Transient Voltage Suppressor)二极管,又称为瞬态抑制二极管,是普遍使用的一种新型高效电路保护元器件,它具有极快的响应时间(亚纳秒级)和相当高的浪涌吸收能力。当它的两端经受瞬间的高能量冲击时,TVS 能以极高的速度把两端间的阻抗值由高阻抗变为低阻抗,从而吸收一个瞬间大电流,把它的两端电压钳制在一个预定的数值上,从而保护后面电路元器件不受瞬态高压尖峰脉冲的冲击。如图 6.16 所示为手机项目原理图中所加的 VBAT 上的保护 TVS 电路。

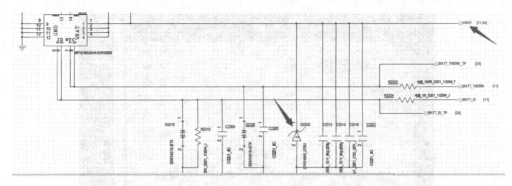

图 6.16　TVS 电路

走线时都要保证信号先到旁路电容或 TVS 管,然后再到芯片的信号 Pin。如果不这样做,则经常会被 RF 或 BB 工程师检查到,说电容或 TVS 管"被旁路了"。

6.4.4　菊花链布线

图 6.17 为菊花链布线方式,由电源管理芯片依次到各个用电 Pin 脚,这样布线的坏处是,如果主电源出来的电源纯净无污染还好,但是如果有很多噪声,那么噪声会一并流到 Pin2 和 Pin3,从而对后面的用电模块进行干扰。另外就是电源走线长了以后仿真会不能通过。

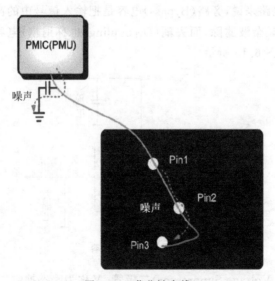

图 6.17　菊花链走线

6.4.5　星形布线

星形布线指的是从输出的一点分出多根线到每个电源 Pin,像一颗星星的形状,如图 6.18 所示的星形布线方式,就算 Pin1 的噪声会反馈到电源端,但一开始说过,主电源有 Bypass 电容,所以 Pin1 回灌回来的噪声会透过 Bypass 电容流到地,也就是说,主电源出来的电源依然是干净无污染的,Pin1 的噪声对 Pin2 和 Pin3 是没影响的。同时这样的好处是,如果其中某根线被烧断了,也不会影响其他路电源通流。

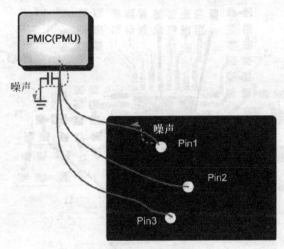

图 6.18　星形走线

6.4.6　总分布线

总分线也是应用比较多的一种电源走线方法,总线承载电流比较大,线要宽一些,分支线是一些芯片的供电线,线宽度可以窄一点。总线可以看作一条大河,然后分出很多条的小分支河流。

如图 6.19 所示,总线宽度是 2.0mm,然后分出很多 1.8mm、1.5mm、1.2mm、1.0mm 和 0.8mm 的分支线。

图 6.19　总分走线

实际走线中的总分线不可能像图中的这样一直向右或向下分支,很可能向很多方向分支走线。星形走线是最合理的一种走线方式,但这种走线方式占据走线空间比较大,所以手机线路板中走线是几种走线方式结合来进行的。

1. 远距离供电采用总分线

例如电池连接器的 VBAT 网络线,到 PMU 或 PMI,PMU 到 CPU 或 DDR,PMU 到 Wi-Fi 等。

2. 芯片内部近距离布线采用星形布线,其次采用菊花链布线

如图 6.20 所示,电源从 A 处进入后,会给芯片的 B～H 几个 Pin 供电,每个供电都需要直接从 A 处拉出来,例如到 H 点,首先使用 A-H 的连接方式,如果不能实现,则可以采用由 A-F-H 的菊花链布线。

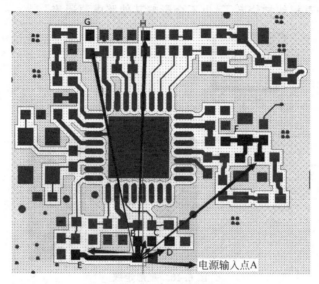

图 6.20　芯片内部星型布线

6.4.7　与敏感线隔离

综前所述我们一般在电源上会加很多电容、TVS 等,电源的纹波是很大的,也是强干扰源,那么在 PCB 布线时,我们需要使一些大电源周围避免走一些敏感线,并把电源用 GND 线包括起来。如图 6.21 所示,在第三层的电源面周围我们进行包地,使电源和其他信号线之间有一定的隔离度。

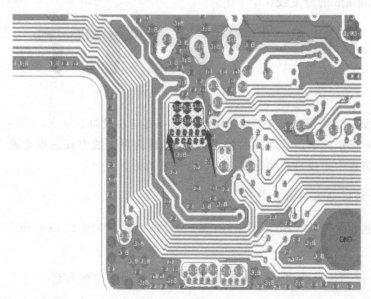

图 6.21　走线隔离

6.5　小结

本章介绍了手机电源部分的内容,主要有以下几个方面:

(1) 手机的电源树、种类和电压、电流。

(2) 几种重要的电压名称和功能。

(3) 电源的菊花链、星型、总分型的布线方式和应用。

(4) 电源线宽度和通孔的通流能力计算。

(5) Bypass 电容、电感、TVS 管如何摆放和走线。

(6) PMU 和 PMI 的外围电路摆件和走线。

(7) 敏感线如何做好隔离。

6.6　习题

(1) 说出手机电池电压网络名字。

(2) 写出手机电池电压采样网络的名字和走线方式。

(3) 电源总分线走线的优缺点分别是什么?

(4) 0.5A 的电流需要走线多宽? 换层需要几个机械孔和激光孔?

(5) PMU 和 PMI 的区别及功能分别是什么?

(6) TVS 管如何放置和走线?

7min

第7章 音频部分介绍

本章介绍音频(Audio)部分,手机的音频处理电路主要处理手机的音频信号,它主要负责接收和发射音频信号,是实现手机听见对方声音的关键电路。

7.1 音频的组成介绍

Audio 部分包含话筒(MIC)、扬声器(Speaker)、功放(PA)、听筒(Receiver)和耳机接口插座(Audio Jack),如图 7.1 所示,音频处理电路是音频部分的核心。

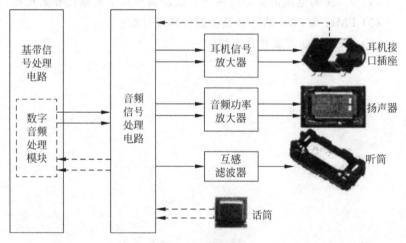

图 7.1 音频电路

目前手机的音频电路在 PCB 线路板上主要有 3 种。

1. PMU 集成音频

音频处理电路与电源管理电路 PMU 集成在一起,这个在 4G 和 5G 用得比较多,信号从 CPU 发出,经 PMU 进行放大和滤波处理后,到达各个音频接口部分,图 7.2 为 MTK 平台常用的一款 PMU-MT6328 的音频部分电路,AUD_CLK_MOSI、AUD_DAT_MOSI_1 和 AUD_DAT_MISO_1 这 3 根线的 SPI 接口连接到 CPU,共用收发器芯片 MT6169 的 26M 时钟信号。SPI 的接口要求不高,这 3 根信号线不需要严格保护,只要走在一起就可以了。

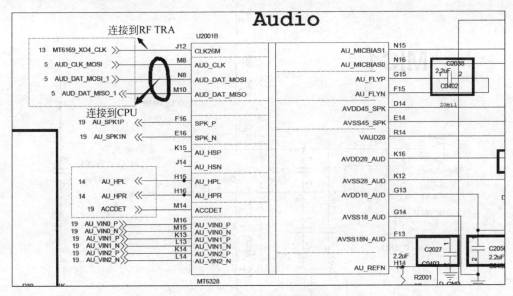

图 7.2 PMU 集成音频电路

PMU 的 3 根信号线的 SPI 接口与 CPU 相连,然后通过 PMU 输出扬声器、听筒、耳机和话筒等各种音频信号。

2. CPU 集成音频

音频处理电路与微处理器 CPU 集成在一起,实际上也是 CPU 集成了 PMU,这个在 2G 手机上应用比较多,展讯 SC6531 是比较常用的一个 2G 平台,所有的音频信号都从 CPU 直接输出到各个音频电路中去。

3. 独立音频电路

另外,有的音频处理电路芯片中集成功率放大器电路,有的则没有集成,需要单配功率放大器。还有的虽然集成了 Audio PA,但不能使用,例如老人机,对扬声器的功率要求很大,集成的 K 类 PA 不能满足要求,这样就必须舍弃集成的 Audio PA 功能,专门另加大功率的 Audio PA 芯片电路。

下面就按照 MTK 公司的 MT6735 平台来讲述音频部分,它的音频信号处理电路被集成在 PMU 芯片 MT6328 内。

7.2 话筒电路

MIC 信号一般从话筒输入,经 PMU 音频处理后,输送到 CPU 内,如图 7.2 中所示。

图 7.3 为话筒(MIC6001)到 AU_VIN0_P 和 AU_VIN0_N 这部分的电路, AU_VIN0_P 和 AU_VIN0_N 连接到 PMU,经处理后传输给 CPU,然后经 RF 放大处理

后,发出信号到对方手机上供接听。

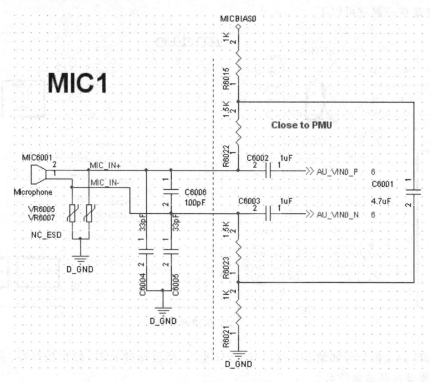

图 7.3　MIC 后端电路

7.2.1　摆件规则

根据原理图提示摆件,例如图 7.3 的虚线右侧,原理图上有标注 Close to PMU,因此虚线右侧部分要靠近 PMU 放置,左侧部分靠近 MIC6001 放置。如图 7.4 所示,黑色高亮的元器件靠近 PMU 放置。

图 7.3 中虚线左侧的部分靠近话筒放置,顺序按照原理图摆放,其中 VR6005 和 VR6007 这两个 TVS 管要靠近话筒。

7.2.2　走线规则

MIC 部分走线很简单,AU_VIN0_P 和 AU_VIN0_N 两根线要走在一起并立体包地,线宽和线距都是 0.1mm 即可,另外 MICBIAS0 是 MIC 的电源,线宽可以稍微大些,按照 0.15mm 走线与 AU_VIN0_P 和 AU_VIN0_N 一侧走线,然后立体包地。地线宽度最好是 0.1mm 以上,如图 7.5 所示,3 根线都走在 1 层,左右用 GND 线包好,上下邻层也要使 GND 线实现立体包地的效果。

另外有的手机电路还有副 MIC 电路,此 MICBIAS1 也是 3 根线走在一起,从 PMU 引出来并连到 Audio-Jack 连接器。

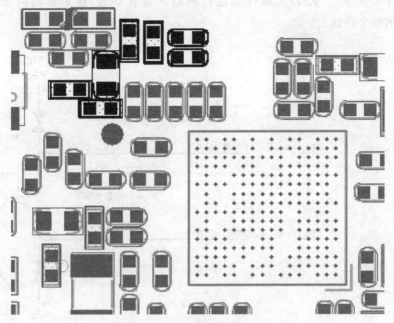

图 7.4　靠近 PMU 部分电路

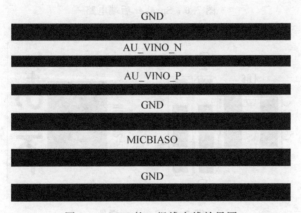

图 7.5　MIC 的 3 根线走线效果图

7.3　Speaker 电路

Speaker 电路也是从 PMU 引出来的，然后到扬声器的，如图 7.2 的 SPK_P 和 SPK_N 两根线所示，到扬声器的电路如图 7.6 所示。

7.3.1　摆件规则

Speaker 电路摆件很简单，因为 Audio PA 被集成到 PMU 里了，只需要对 SPK_P 和 SPK_N 两根线的元器件进行处理就可以了。按照原理图进行摆件，如图 7.7 所示，

VR508 和 VR507 两个 ESD 元器件靠近扬声器的焊盘摆放,扬声器的两根线焊接在 MIC6002 的两个焊盘上。

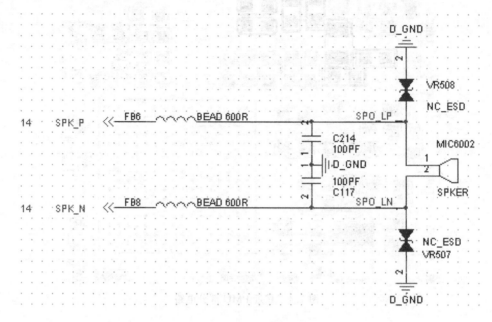

图 7.6　Speaker 后端电路

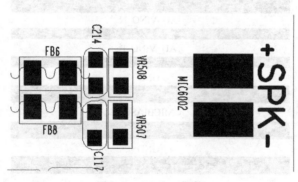

图 7.7　Speaker 摆件

7.3.2　走线规则

由于空间限制越来越大和外放声音需求,手机上 Speaker 的功率一般在 $0.5 \sim 2W$,阻抗为 4Ω 或 8Ω,阻抗越小,功率也就越大。PMU 因为集成了 Audio PA,输出的电流一般在 $300 \sim 500\text{mA}$ 左右,所以 SPK_P 和 SPK_N 的走线宽度要 0.3mm 以上,有条件最好能做到 0.5mm。

走线时 SPK_P 和 SPK_N 走在一起,线距没有特殊要求,然后两根线左右包 GND,上或下邻层也是 GND 的立体包地效果。

PMU 到 Speaker 的距离一般比较远,SPK_P 和 SPK_N 这两根线从 PMU 出来走内层,连接到 FB6 和 FB8 后,可以走表层并连接到 Speaker,如图 7.8 所示。

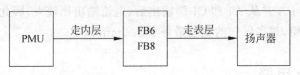

图 7.8　Speaker 走线

7.4　Audio PA 电路

电路为了配合不同的扬声器,一般会做 Audio PA 的兼容,如图 7.9 所示,此处使用的 Audio PA 芯片型号为 AW87329CSR,如果 PMU 内置的 PA 不能满足输出需要,就必须将 Audio PA 的电路焊接到线路板上。

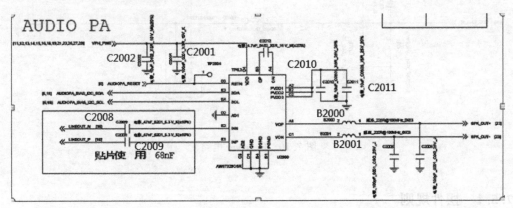

图 7.9　Audio PA 电路

7.4.1　摆件规则

摆件按照靠近原则,如图 7.9 所示。主要有电源和音频输入和输出两个重点:

1. 电源靠近

Bypass 电容靠近电源 Pin,如图 7.9 中的 C2001 和 C2002 靠近 D4 脚的电源输入进行摆放,C2010 和 C2011 也同样处理。

2. 音频靠近

音频滤波元器件靠近音频的输入和输出 Pin,如图 7.9 中的 C2009 和 C2008 靠近 E2 和 E1 脚的音频输入脚进行摆放,B2000 和 B2001 靠近音频输出 A1 和 C1 脚摆放。

7.4.2　走线规则

走线部分电源按 0.3mm 以上进行设置,从 PMU 到 Audio PA 的连线 SPK_N 和

SPK_P 可以按平常的线宽和线距走线,然后进行立体包地处理。

但经过 Audio PA 并从 A1 和 C1 脚输出后,电流输出比较大,因此 SPO_LP 和 SPO_LN 这两根线要加粗,现在保守的宽度最好要 1.0mm 以上。

7.5 Receiver 电路

为了降成本,有的 Receiver 电路都被去掉了,直接用扬声器外放代替听筒来播放声音,Receiver 电路如图 7.10 所示。

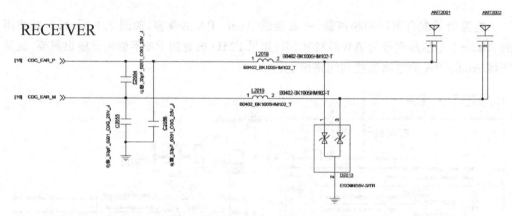

图 7.10 Receiver 电路

7.5.1 摆件规则

摆件按照靠近原则,如图 7.10 所示,D2013 为两个 TVS 管集成元器件,靠近听筒的两个焊接馈点,这部分元器件不多,摆件比较简单。

7.5.2 走线规则

走线部分按照 CDC_EAR_P 和 CDC_EAR_P 从 PMU 端一起走出来,线宽需要比 0.2mm 稍宽一些,线距没有显示,然后左右和上线邻层立体包地。

7.6 Audio Jack 电路

Audio Jack 是 ϕ2.5mm 和 ϕ3.5mm 的耳机插孔,Audio Jack 具有左右声道、MIC、检测插入和 FM 天线的功能。

7.6.1 FM 天线

现在手机在打开 FM 功能时,如果没有插入耳机,手机会提示没有插入耳机,这是因为手机本身没有 FM 接收的天线装置，必须通过耳机来作为天线才能接收到 FM 信号，图 7.11 是 FM 天线的电路图，FM_ANT 是从 WiFi 芯片的 FM 天线脚出来的 FM 天线信号，PH_REF 连接到 Audio Jack。

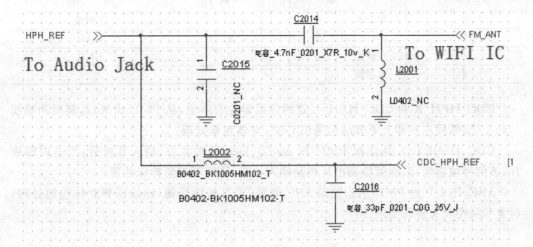

图 7.11　FM 电路

该电路的所有元器件要靠近 Audio Jack 摆放，FM_ANT 从 WiFi 芯片出来后，线宽和线距没有特殊要求，只要求左右和上下邻层立体包地。HPH_REF 的信号线求越短越好，然后走表层连接到 Audio Jack，并且也要满足立体包地。

7.6.2　Audio Jack 接口

图 7.12 是 Audio Jack 的外围电路图，摆件都按照原理图靠近 Audio Jack 接口摆放，ESD 元器件靠近信号脚最近放置。

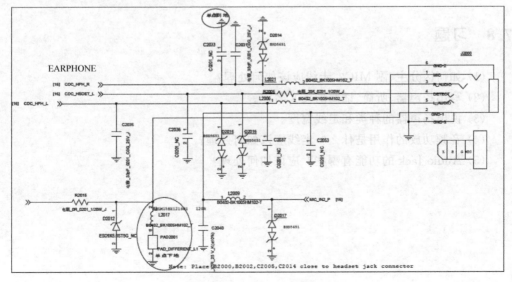

图 7.12　Audio Jack 电路

表 7.1 是 Audio Jack 各 Pin 的功能分配。

表 7.1　Audio Jack Pin Map

PIN 编号	功　　能	PIN 编号	功　　能
1	副 MIC	5	左声道
2	GND,FM 天线	6	GND
3	右声道	7	GND
4	检测脚		

CDC_HPH_R 和 CDC_HPH_L 这两根线是左右声道,从 PMU 出来后,需要两根线一起走线,然后左右和上下邻层包采用 GND 立体包地处理。

CDC_HSDET_L 是连接 PMU 和 Audio_Jack 的检测脚,插入耳机后,压迫内部铜片,该信号被置低,系统就检测出耳机是插入状态,该线不需要特殊处理。

MIC_IN2_P 为 PMU 引出的副 MIC 电路,可以外接话筒,该线需要立体包地处理,线宽和线距没有特殊要求。

7.7　小结

本章讲述了音频部分的摆件和走线,由于不同平台和外设需求不同,所以音频部分也会有不同,有的平台把音频集成在 PMU 内,有的则集成在 CPU 内。需要了解以下几点:

(1) 音频有哪几类?

(2) 音频的外设的样式是什么样的?

(3) 音频的摆件和走线有什么要求?

(4) 哪些音频线要走一起?

(5) 哪些音频线要立体包地和加粗处理?

7.8　习题

(1) 如何区分主、副 MIC? 走线应该如何处理?

(2) 写出扬声器、听筒、话筒的英文名称。

(3) 说出扬声器的种类和走线宽度。

(4) 音频功放的作用是什么? 走线应该如何处理?

(5) Audio Jack 的功能有哪些? 应该如何处理?

第8章 时钟介绍

学过单片机的读者都知道一个最小的系统由电源、时钟和复位组成。其中时钟系统是时序逻辑的基础,用于决定各逻辑单元状态何时更新,是处理器电路开始工作的基本条件之一,在电路中有着非常重要的作用。

当手机接上电源之后,电源电路两端就会产生 3.7V 的电压,这个电压直接为处理器内部的晶振(Oscillator)供电,时钟电路开始工作,为处理器芯片内部的微处理器电路中的开机模块提供所需的时钟频率。

手机中的时钟大致分为逻辑电路主时钟和实时时钟两大类。逻辑电路的主时钟通常有 13MHz、26MHz 和 19.5MHz 等。实时时钟一般为 32.768kHz。无论是逻辑电路的主时钟还是实时时钟,均是手机正常工作的必要条件,由于手机各厂家设计思路和电路结构不同,主时钟和实时时钟电路若不正常时,反映出的故障现象也不尽相同。

8.1 实时时钟

手机中的实时时钟频率基本上是 32.768kHz,是由 32.768kHz 晶体配合其他电路产生的。因为 $2^{15} = 32\,768$,这样经过 15 次分频后可以得到 1Hz 的时钟信号,这样 1s 就走一个周期,时钟最准确。为了维持手机中时间的连续性,32.768kHz 不能间断工作,关机或取下电池后,由备用电池供电工作,有的手机取下电池一段时间后,开机需再调整时间,这是因为机内没有备用电池或备用电池需要更换。

32.768kHz 实时时钟的作用一般有两个,一是保持手机中时间的准确性,二是在待机状态下,作为逻辑电路的主时钟(目的是为了节电,待机时 13MHz 间隔工作的周期延长,基本处于休眠状态,逻辑电路主要由 32.768kHz 作为主时钟)。

由于各厂家设计思路不同,32.768kHz 的具体作用也有所不同,如果在使用中 32.768kHz 时钟损坏,有的平台直接导致不能开机,而有的平台不影响开机和信号,如图 8.1 所示。

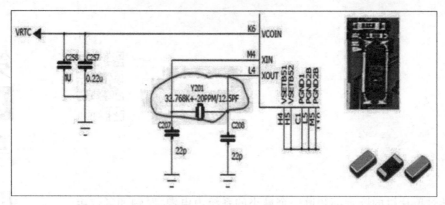

图 8.1 实时时钟原理图

8.2 逻辑电路主时钟

大多数手机的主时钟是13MHz(CDMA 为 19.68MHz,小灵通为 19.2MHz)。MTK和展讯平台手机多采用 26MHz,三星和高通平台手机多采用 19.5MHz,经分频后获得13MHz供逻辑电路。13MHz 作为逻辑电路的主时钟(好比人按照北京时间安排作息),逻辑电路按时序进行有规律地工作。

13MHz 产生电路分为纯石英晶振和 13MHz 组件两种。石英晶体与其他电路共同组成振荡电路产生 13MHz。13MHz 组件电路只要加电即可产生 13MHz 频率。

在手机电路中,无论纯石英晶体还是 13MHz 组件电路,均需要电源正常工作并供电,13MHz 电路才能产生 13MHz 输出。

8.2.1 逻辑电路主时钟的作用

13MHz 作为逻辑电路的主时钟,是逻辑电路工作的必要条件。开机时只需满足足够的幅度(9~15MHz)均可开机。

开机后,13MHz 作为射频电路的基准频率时钟,完成射频系统共用收发本振频率合成、PLL 锁相,以及倍频作为基准副载波用于 I/Q 调制解调。因此,信号对 13MHz 的频率要求精度较高(应在 12.9999~13.0000MHz,±误差不超过 150Hz),只有 13MHz 基准频率精确,才能保证收发本振的频率准确,使手机与基站保持正常的通信,从而完成基本的收发功能。

8.2.2 电路的摆放

19MHz 的晶振与 PMU 连接,要远离发热、大功耗的元器件,手机中发热和功耗大的元器件有 RFPA(包含 2G 和 4G)、PMU、PMI、充电(Charge)MOS、WiFi PA 这几个。

图 8.2 是 MTK 公司在 MTK6162 平台的规格书中给出的摆放指导说明,这个晶振摆放很重要,有经验的基带工程师在摆件时会重点关注这个晶振的位置。

结合 MTK 公司提供的图片和规格书,下面详细说明一下 19MHz 晶振的摆放要求:

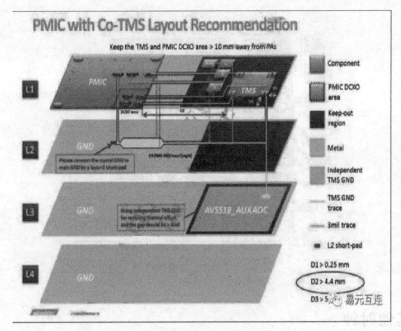

图 8.2　MT6762 晶振摆放

（1）离 PMU 或 PMI 的距离要大于 4.4mm，不管是否在同一面上；

（2）使用 1A 的 Charge MOS 时，离 Charge MOS 的距离应大于 10mm；使用 2A 的 Charge MOS 时，离 Charge MOS 的距离应大于 20mm；

（3）离 WiFi PA 的距离要大于 10mm；

（4）晶振周围 0.25mm 的区域内不能出现金属元器件；

（5）晶振要放在屏蔽罩内，离 PCB 的边缘要大于 1mm，离 USB、听筒、发动机的距离应大于 10mm。

32.768Hz 的晶振靠近 CPC 芯片，如图 8.3 所示，一般为 4 或 6 个脚的晶振，该晶振的摆放没有特殊要求，只要电容靠近每个 Pin 并保证走线时电容不被旁路就行。PCB 的摆件如图 8.4 所示。

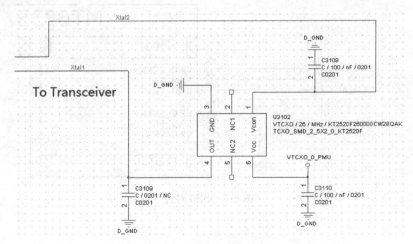

图 8.3　26MHz 晶振原理图

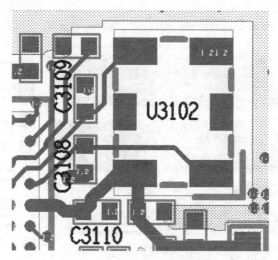

图 8.4　26MHz 晶振摆件图

8.3　其他时钟

　　由主时钟通过 CPU 分频或倍频衍生出来很多的时钟信号供各个外设使用,一般有 SIM1 Card、SIM2 Card、LCD、Front Camera、Back Camera、SD Card、WiFi 和 NFC 等,这些网络的名字一般都带有 CLK 字样。

　　手机平台中 SIM、SD Card、键盘、屏幕、摄像头、WiFi 之类的都有专门接口,芯片厂家在底层的驱动程序里已经分配好了,BB 工程师只需要引出来并连接到外设就可以了,例如图 8.5 中 3.25MHz 的 SIM Card 时钟,现在除苹果外,绝大多数的手机平台支持双 SIM 卡,展讯平台还有支持 3 个 SIM 卡的。

　　图 8.5 中 SIM1 和 SIM2 的两个时钟信号就是 SIM1_SCLK 和 SIM2_SCLK,当然该电路中只使用了 SIM1。

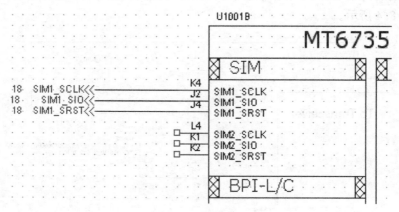

图 8.5　SIM 时钟

8.4　走线要求

实时时钟和逻辑电路主时钟,走线时对这两个 CLK 信号的要求比较高,而且不能有任何妥协,主要有以下几个方面:

(1) 如果是有源的晶振,电源线宽度应在 0.3mm 以上。

(2) 晶振或晶体线走在元器件面,比较严点的要求是 Pin 与 Pin 之间不能走线,包括自身的 In 和 Out 信号。

(3) In 和 Out 线宽度按平常 0.05～0.1mm 就行,没有特殊要求。

(4) 晶体或晶振的表层和邻层挖空,与其他 GND 隔离,然后在主 GND 层连起来,如果邻层下面避不开走线,仅表层挖空,则在表层 GND 连起来。

(5) In 和 Out 两根线周围 GND 隔离开,下方邻层不允许有非 GND 的信号线穿过,这一点非常重要,不能有任何妥协,而且手机板层数比较多,这点做起来难度不大。

(6) In 和 Out 信号要经过电容,然后到达每个 Pin,电容不能被旁路掉。

如图 8.4 所示,可以看到晶振 U3102 四周已经与 GND 隔离了。

其他的 CLK 信号,要求不是太高,能与同层 GND 左右包地和其他信号隔离就行。

8.5　小结

本章讲述了时钟系统,重点讲述了实时时钟和逻辑电路主时钟,虽然篇幅不长,但是在讲述的 5 大系统中是最重要的。在摆件和走线时首先需要考虑的是时钟系统,其次才是电源系统和射频系统等其他系统,本章主要讲述了下列几个方面知识:

(1) 手机中两大时钟系统和如何识别这两大系统。

(2) 实时时钟的作用和摆件。

(3) 逻辑电路主时钟的作用和摆件。

(4) 时钟电路走线要注意的问题。

8.6　习题

(1) 实时时钟频率选择 32.768kHz 的原因是什么?

(2) 逻辑电路主时钟的作用和频率分别是什么?

(3) 晶体与晶振的区别分别是什么?

(4) 实时时钟的晶体离 PMU 的距离是多少?

(5) 靠近 Transceiver 芯片的是哪种时钟?

(6) SIM 卡的时钟频率是多少?

2min

第9章 MIPI系统介绍

MIPI 是 Mobile Industry Processor Interface 的缩写,中文名称为移动产业处理器接口,是 MIPI 联盟发起的为移动应用处理器制定的开放标准和一个规范。

MIPI 系统在走线中的重要性仅次于 DDR 和 RF,DDR 部分的走线,行业内都是按照芯片厂家提供的参考板直接贴线的,另外高端的芯片都采用 PoP(Package on Package)的立体贴装工艺,如第 1 章中的图 1.6 所示,可以看到 DDR 芯片直接被焊接在 CPU 背部,和 CPU 芯片是合二为一的。所以 DDR 部分走线虽然很重要,但对 EDA 工程师来说只要能使用 Sub-drawing 功能来复制线,然后优化一下就可以了。

9.1 MIPI 接口介绍

随着智能手机对摄像头和屏的像素要求越来越高,同时又要求高的传输速度,传统的并口传输越来越受到挑战。采用 MIPI 接口的模组,相较于并口具有速度快,传输数据量大,功耗低,抗干扰好的优点,因此越来越受到客户的青睐,并在迅速增长。例如一款同时具备 MIPI 和并口传输的 8M 的模组,8 位并口传输时,需要至少 11 根传输线,高达 96MHz 的输出时钟,才能达到 12FPS 的全像素输出。而采用 MIPI 接口仅需要 2 个通道 6 根传输线就可以达到在全像素下 12FPS 的帧率,且消耗电流会比并口传输低大概 20MA。

由于 MIPI 是采用差分信号传输的,所以在设计上需要按照差分设计的一般规则进行严格设计,需要实现差分阻抗的匹配,MIPI 协议规定传输线差分阻抗值为 80~125Ω,手机上一般按照 $100 \times (1 \pm 10\%)\Omega$ 的标准。

9.1.1 MIPI 的用途

手机中用的 MIPI 的一般有 LCD、Front Camer 和 Back/Rear Camera,如图 9.1 所示,MIPI 线从 CPU 引出后连到 EMI 元器件,然后连接到 LCD 或 Camera。

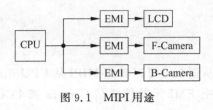

图 9.1　MIPI 用途

9.1.2　MIPI 的定义

　　手机中 MIPI 通常为专用接口,图 9.2 为高通 SDM439 平台的 MIPI 接口的网络连接,可以看到 MIPI 分为 MIPI_CSI 和 MIPI_DSI,其中 C 代表 Camera,表示提供给 Camera 的接口,D 代表 Display,表示提供给显示设备 LCD 的接口。

　　从图 9.2 可以看到每个 MIPI_CSI 或 MIPI_DSI 接口包含 2 组 CLK 线和 4 组 Data 线,其中每组 Data 称为 1 个 LANE,并不是每个 LANE 都需要连接的。

MIPI_CSI0_CLK_N [19]	AE1	MIPI_CSI0_CLK0_N	MIPI_DSI0_CLK_N	AN3	[18] MIPI_DSI0_CLK_N
MIPI_CSI0_CLK_P [19]	AD2	MIPI_CSI0_CLK0_P	MIPI_DSI0_CLK_P	AM4	[18] MIPI_DSI0_CLK_P
	AF2	MIPI_CSI0_CLK1_N			
	AE3	MIPI_CSI0_CLK1_P			
MIPI_CSI0_LANE0_N [19]	AC3	MIPI_CSI0_DATA0_N	MIPI_DSI0_DATA0_N	AT4	[18] MIPI_DSI0_LANE0_N
MIPI_CSI0_LANE0_P [19]	AB4	MIPI_CSI0_DATA0_P	MIPI_DSI0_DATA0_P	AR5	[19] MIPI_DSI0_LANE0_P
MIPI_CSI0_LANE1_N [19]	AB2	MIPI_CSI0_DATA1_N	MIPI_DSI0_DATA1_N	AR3	[18] MIPI_DSI0_LANE1_N
MIPI_CSI0_LANE1_P [19]	AA3	MIPI_CSI0_DATA1_P	MIPI_DSI0_DATA1_P	AP4	[18] MIPI_DSI0_LANE1_P
MIPI_CSI0_LANE2_N [19]	AH2	MIPI_CSI0_DATA2_N	MIPI_DSI0_DATA2_N	AM2	[18] MIPI_DSI0_LANE2_N
MIPI_CSI0_LANE2_P [19]	AG3	MIPI_CSI0_DATA2_P	MIPI_DSI0_DATA2_P	AL3	[18] MIPI_DSI0_LANE2_P
MIPI_CSI0_LANE3_N [19]	AJ3	MIPI_CSI0_DATA3_N	MIPI_DSI0_DATA3_N	AL1	[18] MIPI_DSI0_LANE3_N
MIPI_CSI0_LANE3_P [19]	AH4	MIPI_CSI0_DATA3_P	MIPI_DSI0_DATA3_P	AK2	[18] MIPI_DSI0_LANE3_P

图 9.2　SDM439 的 MIPI 接口

　　表 9.1 是摄像头像素和需要使用相应 LANE 的个数的对照表。

表 9.1　像素与 LANE 对照表

像素	使用 LANE 个数	像素	使用 LANE 个数
5M 以下	1	8～13M	3
5～8M	2	13～20M	4

　　例如 8M 像素的摄像头,MIPI 有的平台使用 2 个 LANE,有的使用 3 个 LANE,根据具体的平台手册来设计就行了。

　　随着拍照需求的提高,后摄逐渐出现 2 摄、3 摄、4 摄,屏幕也出现了主屏和副屏,以及弯曲屏,MIPI 系统越来越庞大,为了适应设计需求,更多的平台推出了多摄、多屏的 MIPI 接口。MIPI_CSI 或 MIPI_DSI 一般各有两套,每套 MIPI_CSI 有两组 CLK,每套 MIPI_DSI 有一组 CLK,可以驱动 4 个摄像头和两个屏幕。

9.1.3 元器件摆件

MIPI的摆件很简单,从图9.1可以看到MIPI从CPU出来后,经过EMI元器件到达Camera或LCD。只要把EMI元器件紧贴Camera或LCD的连接器Pin放置就可以了。

9.2 MIPI设备介绍

本节详细介绍一下几种MIPI设备的连接方法和接口分配,这个主要是原理图部分的规划,由BB工程师来完成,EDA工程师可以了解一下。

9.2.1 前摄像头

前摄像头一般像素比后摄像头低一些,本文中使用8M像素的前摄像头,如图9.3所示。

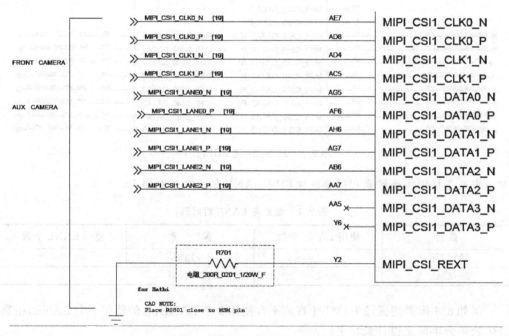

图9.3 前摄和辅摄像头MIPI接口

如图9.3所示,8M像素的前摄像头使用1组CLK和2个LANE如下:
一组CLK线:MIPI_CSI1_CLK0_N 和 MIPI_CSI1_CLK0_P;
2个LANE:MIPI_CSI1_LANE0_N、MIPI_CSI1_LANE0_P;
         MIPI_CSI1_LANE1_N、MIPI_CSI1_LANE1_P。
图9.4是前摄像头连接器的连接图,摄像头一般使用BtB(Board-to-Board)的母座连

接器,然后和摄像头模组的公头连接器扣起来。前摄像头的电源电压有 1.2V 和 1.8V 两种,直接通过 PMU 芯片输出提供电压。

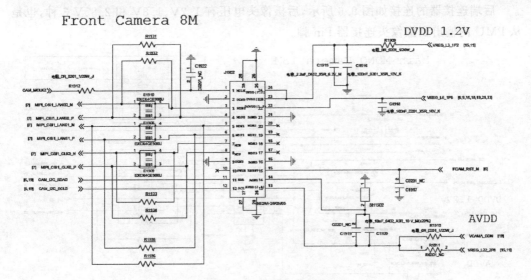

图 9.4　前摄像头连接器

9.2.2　后摄像头

后摄像的像素比前摄像头的像素要高些,本文使用 13M 像素的摄像头,如图 9.5 所示。

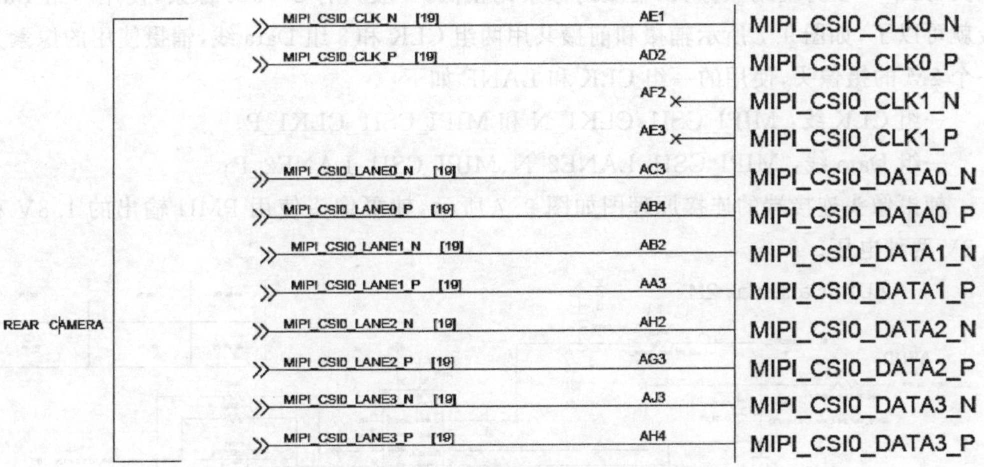

图 9.5　后摄像头 MIPI 接口

从图中可以看到,后摄使用 1 组 CLK 线和 4 组 Data 线如下。

一组 CLK 线：MIPI_CSI0_CLK_N 和 MIPI_CSI0_CLK_P;

四组 Data 线：MIPI_CSI0_LANE0_N、MIPI_CSI0_LANE0_P;

　　　　　　　MIPI_CSI0_LANE1_N、MIPI_CSI0_LANE1_P;

MIPI_CSI0_LANE2_N、MIPI_CSI0_LANE2_P；

MIPI_CSI0_LANE3_N、MIPI_CSI0_LANE3_P。

后端连接器的连接如图9.6所示,后摄像头电压有1.2V、1.8V和2.85V 3种,也是从PMU内输出到摄像头连接器Pin脚。

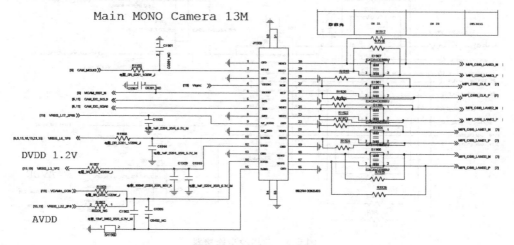

图 9.6　后摄像头连接器

9.2.3　辅摄像头

现在后摄还有1个或多个辅助摄像头,如图1.31所示,华为的P30 Pro有4个后摄像头,其中3个为辅助摄像头,辅摄的像素比较低,一般只有2~5M像素,使用一组Data线就可以了,如图9.7所示辅摄和前摄共用两组CLK和3组Data线,辅摄使用的像素为一个2M的摄像头,使用的一组CLK和LANE如下:

一组CLK线:MIPI_CSI1_CLK1_N和MIPI_CSI1_CLK1_P；

一组Data线:MIPI_CSI1_LANE2_N、MIPI_CSI1_LANE2_P；

辅摄像头连接端的连接原理图如图9.7所示,辅摄像头使用PMU输出的1.8V和2.8V两种电压。

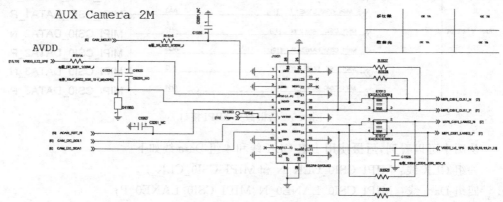

图 9.7　辅摄像头连接器

9.2.4 高清屏

随着墨水屏、折叠屏的出现,越来越多的手机新芯片平台开始支持双显示屏,不再有原来的主副屏之分,直接分为屏 1 和屏 2。现在手机流行 720P、1080P,甚至 2K、4K 的高清屏,同时对屏的响应时间也由 5ms 缩短到 2ms,所以 4 组 Data 线需要全部用到,图 9.8 为 CPU 端 LCD 的 MIPI 接口。

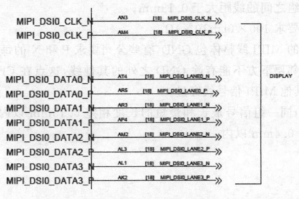

图 9.8 LCD 的 MIPI 接口

图 9.9 为 LCD 连接器端的原理图连接,4 个 LANE 线和一组 CLK 线通过 EMI 元器件后,连接到 LCD 连接器的 Pin 上,LCD 连接器一般是单排的 ZiF(Zero-insert-Force)连接器。

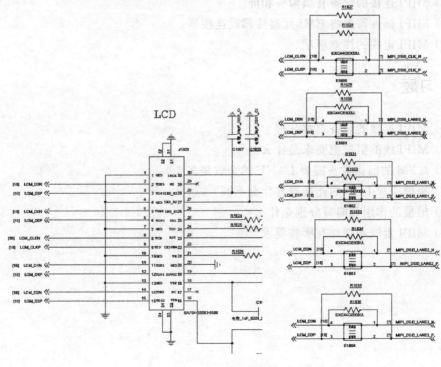

图 9.9 LCD 连接器

9.3　MIPI 走线介绍

MIPI 走线的要求很高,同时因为传输频率高,对走线的长度也有不同的需求,这个需要根据设计指导书来查询一下。一般 MIPI 走线的要求如下(因不同公司和平台的要求有差异,该 Rule 只作为参考):

(1) P 和 N 两根线走等差,线宽为 $0.06 \sim 0.08$mm,线距为 0.10mm。

(2) 不同等差组之间的线距大于 0.15mm。

(3) 等差阻抗要求 $100 \times (1 \pm 10\%)\Omega$。

(4) 每个设备的 MIPI 线整体包 GND,有些公司要求 P 和 N 的每组线都要包 GND。

(5) 信号线的邻层下方不能有除 GND 之外的其他线,这点在 CPU 内很难做到,在 CPU 内可以允许其他 MIPI 信号线穿过。

(6) 等长要求,同一组信号最长和最短的长度相差 0.15mm 以内,同一设备的最长和最短的长度相差 0.4mm 以内。

9.4　小结

本章讲述了五大系统的最后一个系统——MIPI 系统,MIPI 的线虽然不多,但要求比较高,它是除 RF 以外占据走线时间最长的一个系统。本章重点如下:

(1) MIPI 的用途和信号定义。

(2) MIPI 连接的设备有摄像头和屏。

(3) MIPI 摆件需要将 EMI 元器件靠近连接器。

(4) MIPI 走线的注意事项。

9.5　习题

(1) MIPI 连接的设备有哪几种?

(2) MIPI 线的阻抗值要求是什么?

(3) 1.3M 的前摄像头需要 LANE 的个数是多少?

(4) 摄像头和 LCD 的连接器有什么不同?

(5) 辅摄的作用和简写分别是什么?

(6) MIPI 走线和摆件有哪些要求?

实战操作篇

4min

本章介绍高通 SDM439 平台的一款手机线路板的 PCB 设计,很多的操作在前面章节已经有介绍,在这里就不做详细讲解了,不理解的地方,可以往前查看相关知识。

10.1　高通 SDM439 介绍(原理图部分)

高通平台是目前国内主流手机平台之一,具体原理框图如图 10.1 所示,CPU 为 SDM439,主要模块分为:DDR(内存)、PM439(电源管理)、WCN3680(蓝牙、WiFi 芯片)、LCD/CAMERA(显示设备)和 AUDIO(音频)等。

10.1.1　电源系统

电源系统如图 10.2 所示,其中包含了第 7 章中所介绍的 PMU: PM439 和 PMI: PMI632,如图所示 PMI632 是处理 USB 充电和电池电源,以及系统电源的集成芯片,同时也集成了背光驱动供电电路、闪光灯供电电路,以及发动机的供电电路,而 PM439 集成了多路 DC-DC 和 LDO 电源管理芯片,同时也集成了音频相关的模块,至于音频我们在此章的后续部分再继续讨论。而 PMI632 和 PM439 与 SDM439 之间的沟通是通过 SPMI 通信沟通,SPMI 串行总线的频率是 19.2MHz,所以需要以高速线的布线方式来处理,至于高速线的布线方式在后续走线部分还会详细介绍。

10.1.2　时钟系统

SDM439 平台的实时时钟已经被集成在 CPU 的内部了,整个外围电路仅有一个逻辑主时钟,使用的逻辑主时钟频率为 19MHz,此逻辑主时钟与 PMU 相连,SDM439 平台与 MTK 等其他手机平台有很大不同,图 10.3 是该时钟的输入系统。

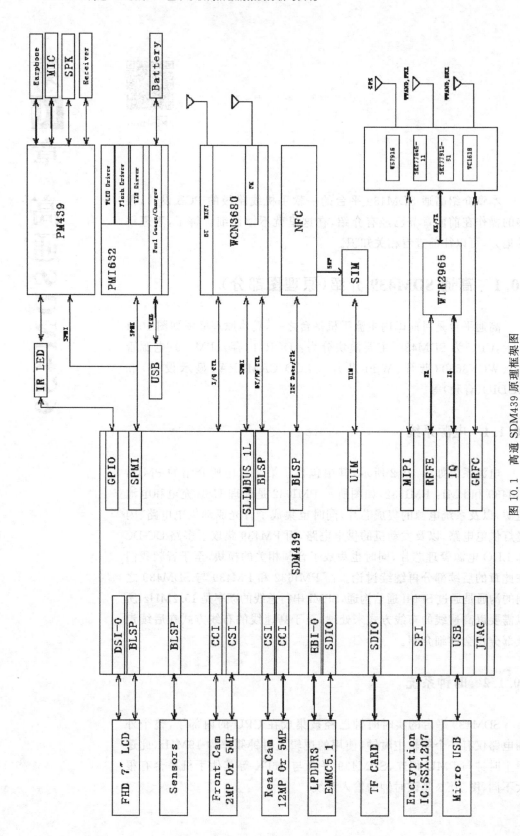

图 10.1 高通 SDM439 原理框架图

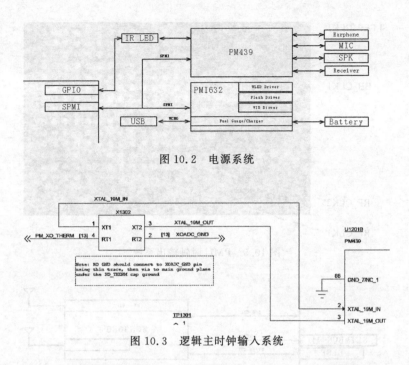

图 10.2　电源系统

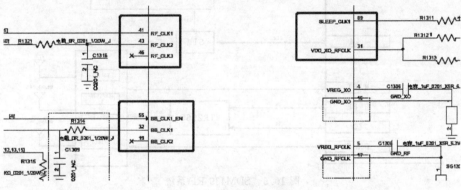

图 10.3　逻辑主时钟输入系统

图 10.4 为几个时钟的输出电路,主要提供给 RF 和 WiFi 等系统使用。

图 10.4　时钟输出系统

图 10.5 是 PMU 中输入 CLK 信号的 Pin 布局情况。

10.1.3　射频系统

射频系统如图 10.6 所示。

图 10.7 为 RF 中各 Band 的使用分配情况。

10.1.4　音频系统

音频系统比较简单,全部被集成到 PM439 的内部了,如图 10.8 所示。

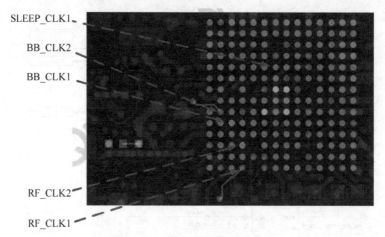

图 10.5　PMU 时钟输出系统

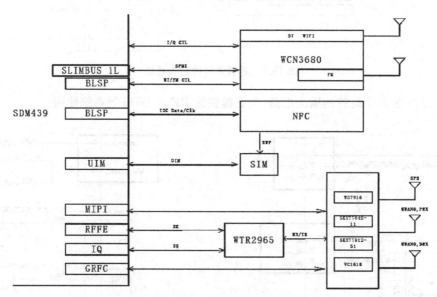

图 10.6　SDM439 RF 系统

RF Configuration	Low Bands	Mid Bands	High Bands
NA	B5/B26, B8, B12/B17, B13, B14, B71	B1, B2/B25, B3, B4/B66	B7, B30, B41
JPL	B5/B26, B8, B28A, B28B	B1, B2, B3, B4,B11,B21	B7, B41
CHIE	B5/B26, B8, B20, B27	B1, B2, B3, B34, B39	B7, B40, B41

图 10.7　SDM439 RF Band

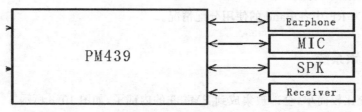

图 10.8　PM439 平台的音频系统

图 10.9 是 PM439 的音频输出接口分配图。

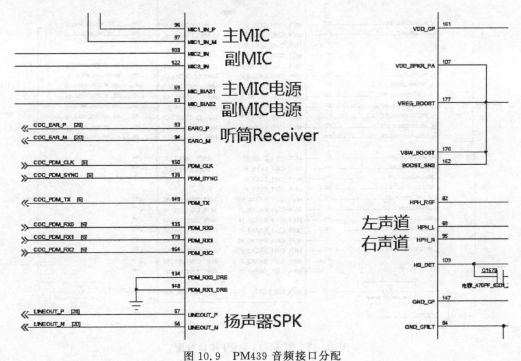

图 10.9　PM439 音频接口分配

10.1.5　MIPI 系统

图 10.10 为 SDM439 平台的 MIPI 系统功能框图。

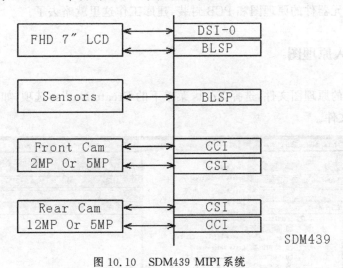

图 10.10　SDM439 MIPI 系统

SDM439 平台可以支持 4 个摄像头和 2 个显示屏,如图 10.11 所示。

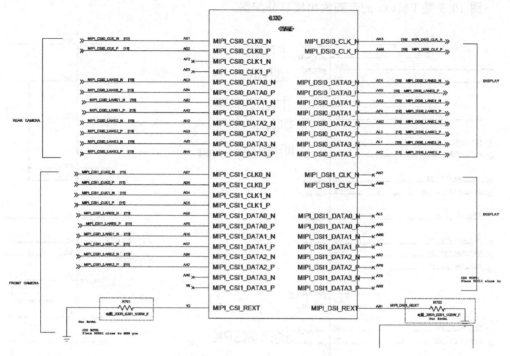

图 10.11　SDM439 MIPI 接口分配

▶ 3min

10.2　元器件摆放

原理图一般是在芯片厂家给的参考图中更改的,根据实际需要添加和删减功能,一般会新建很多元器件的原理图和 PCB 封装,建库工作这里就略去了。

10.2.1　导入原理图

打开 dsn 的原理图文件,选择 Tools 菜单下的 Create Netlist 选项,如图 10.12 所示,生成 Netlist 文件。

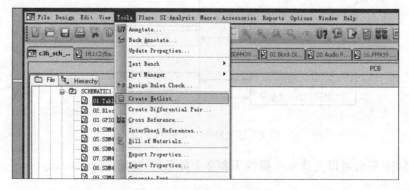

图 10.12　生成 Netlist 文件

　　进入图 10.13 界面后,在 Netlist Files 内选择生成 Netlist 文件的文件夹地址,一般选择默认即可,自动在原理图文件目录产生一个 allegro 文件,Netlist 文件就被放在这个文件夹中。

图 10.13　选择 Netlist 文件位置

　　打开 brd 文件,选择 File→Import→Logic 选项,选择输入文件路径,输入文件路径为原理图同目录下的 allegro 文件夹,如图 10.14 所示。单击 Import Cadence 按钮,更新 PCB 文件。

　　可能会出现很多元器件的报错信息,这个要仔细核对并处理,这里不做讲解。

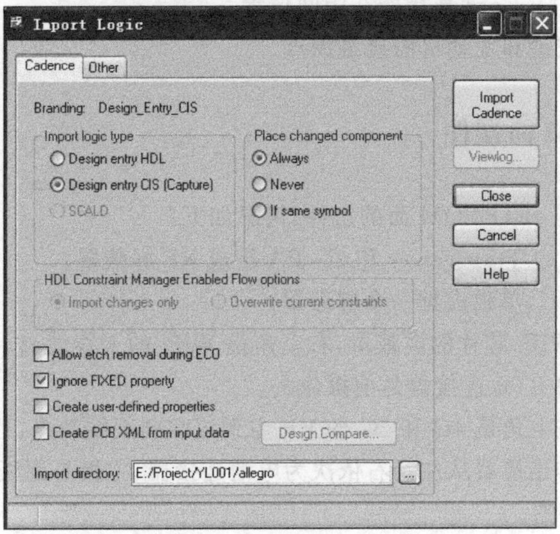

图 10.14　选择输入文件路径

10.2.2　TOP 面摆件

图 10.15 是 TOP 面的摆件情况,具体的摆件操作流程可以查看前面章节。

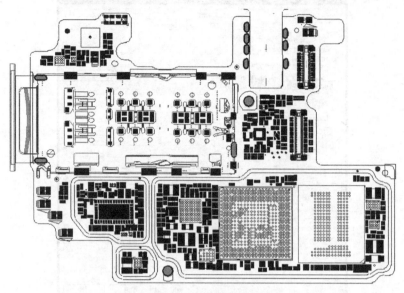

图 10.15　TOP 面摆件

(1) CPU、DDR 和 PMI 被放置在基带屏蔽罩内。

(2) RF 的 4G 部分做成一个屏蔽罩。

(3) 右上角的 BTB 连接器是副摄像头。

(4) 后摄像头的 BTB 连接器在副摄像头连接器的下方,同时使 EMI 元器件靠近连接器。

(5) 双 SIM 和 TF Card 连接器在中间位置。

(6) 左下方是按键和发动机的接触馈点。

10.2.3　BOTTOM 面摆件

图 10.16 所示是 BOTTOM 面的摆件,情况如下:

(1) 左边是 RF 的 Transceiver 和 2G PA 组成 RF 屏蔽罩。

(2) 中间是 PMU,单独占据一个屏蔽罩。

(3) 最右边是 WiFi 芯片的屏蔽罩,右上角是 WiFi 的天线馈点。

(4) 中间上面的 BTB 连接器是前摄像头。

(5) 最左边和左上角是 4G 和 2G 的 RF 主天线和副天线馈点,还有副 MIC。

(6) 最下面一排连接器从左到右依次为电池连接器、主板与副板 FPC 连接的连接器和 LCD FPC 的连接器。

(7) 右下角是按键连接器,其正上面是指纹连接器。

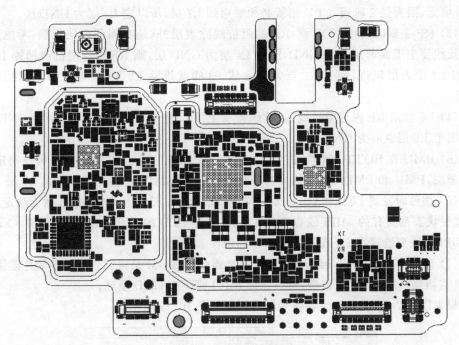

图 10.16　BOTTOM 面摆件

10.2.4　导出 2D 和 3D 图

摆件结束后,例如屏蔽罩、漏铜和丝印这些信息,需要发送给结构工程师去器件位置检查是否与外壳干涉,如图 10.16 所示,导出 2D 和 3D 的方法,在第 4 章中有讲述。

摆件检查时,EDA 工程师一般会经历和基带工程师、射频工程师和结构工程师很多反复确认的过程。例如导出 2D 图和 3D 图给结构工程师,结构工程师会调整结构图,然后 EDA 工程师重新导入新的结构图到 PCB 中去。

10.3　走线介绍

▶ 3min

摆件完成后,一般不会直接开始走线,要根据摆件情况来布局走线的方式,此时很多优秀的硬件工程师和 EDA 工程师在摆件时都会考虑到走线最优化的问题。

10.3.1　信号层规划

该项目使用的是和参考板一样的 10 层 2 阶板设计,信号层设置如下:

(1) CPU 和 DDR 在 TOP 层,DDR 的 Data 和 Address 线走在 TOP 层,Control 和 CLK 线走在 L 层,DDR 下的 L2 层需要全部是 GND,这样表层线才能参照 L2 做阻抗控制。

(2) DDR 的 CLK 线需要上下邻层必须都是 GND,那 DDR 下方的 L4 层也要是

GND 填充,因为是 2 阶板,CPU 出线必须要用到 L2 层,所以定 L4 层为 GND 层。

(3) RF 主要区域在 TOP 面,RF 的阻抗线除表层外,还有用到内层走线,考虑到内层阻抗线要上下面邻层都是 GND,同时 L4 层为 GND 层,则 RF 内层阻抗线选择 L3 或 L5,但 L3 距表层较近,而且 L2 层需要走线,这样就排除 L3 层,确定内部阻抗线走线 L5 层。

(4) L5 层走 RF 内层阻抗线,阻抗线需要上下邻层为 GND,同时 L4 层为 GND 层,就说明了 L6 层也应为 GND。

(5) PMU 在 BOTTOM 层,需要大电流,排除 BOTTOM、L9 和 L8 层,可以确定 L7 为电源层,PMU 和 PMI 内输出的大电流电源线走 L7 层,DDR 的电源线也走 L7 层。

(6) 摆件时发现 LCD 和 Camera 的 MIPI 线有交叉,这样所有的 MIPI 就无法走在一层,理想状态是所有的 MIPI 线也走线 L5 层,这样 LCD 的 MIPI 走线在 L5 层,Camera 的 MIPI 走线要选择在 L3 或 L7 层,最终确定在 L7 层。

(7) L7 层有 MIPI 线,但作为 2 阶板,L8 到 BOTTOM 是可以直接通过微孔连接的,把 L8 层再做一层 GND 太浪费,可以保证 MIPI 线下方 GND 填充。

根据以上 7 点,就确立了各信号层的规划如图 10.17 所示。

1					
2	TOP	SURFACE		AIR	
		CONDUCTOR	▼	COPPER	▼	0.028
3		DIELECTRIC	▼	FR-4	▼	0.0622
4	L2-S	CONDUCTOR	▼	COPPER	▼	0.023
5		DIELECTRIC	▼	FR-4	▼	0.0622
6	L3-S	CONDUCTOR	▼	COPPER	▼	0.022
7		DIELECTRIC	▼	FR-4	▼	0.0622
8	L4-GND	CONDUCTOR	▼	COPPER	▼	0.015
9		DIELECTRIC	▼	FR-4	▼	0.0762
10	L5-S	CONDUCTOR	▼	COPPER	▼	0.015
11		DIELECTRIC	▼	FR-4	▼	0.0775
12	L6-GND	CONDUCTOR	▼	COPPER	▼	0.015
13		DIELECTRIC	▼	FR-4	▼	0.0762
14	L7-P	CONDUCTOR	▼	COPPER	▼	0.015
15		DIELECTRIC	▼	FR-4	▼	0.0622
16	L8-S	CONDUCTOR	▼	COPPER	▼	0.022
17		DIELECTRIC	▼	FR-4	▼	0.0622
18	L9-S	CONDUCTOR	▼	COPPER	▼	0.023
19		DIELECTRIC	▼	FR-4	▼	0.0622
20	BOTTOM	CONDUCTOR	▼	COPPER	▼	0.028
21		SURFACE		AIR	

图 10.17　信号层设置

L4 和 L6 层为 GND 层,两层内除 GND 以外,不允许走其他线,MIPI、RF、IQ、CLK 等重要线尽量走线 L5 层,因为 L5 层的上下邻层都是 GND,信号的屏蔽效果最好。

一般情况下 6 层板有一层 GND,8 层板有两层 GND,10 层板有 3 层 GND,但这个板子在 TOP 和 BOTTOM 层双面摆件,所以只能保留两层做 GND。

10.3.2　DDR 线复用

走线第一步就是 DDR 线的复制、复用,最好也要选择 10 层 2 阶板,CPU 和 DDR 都在 BOTTOM 的模板来复制线。该项目遇到的问题是高通提供的 DDR 复制线模板上 CPU 和 DDR 都在 TOP 面,不能直接以 Sub-drawing 的方式来复制线。

具体的实现方法是用 Cadence 17.2 以上版本打开模板文件,利用 Mirror 功能中的新功能将 TOP 和 BOTTOM 整体镜像,然后将版本通过 Skill 降低到 Cadence 16.6,再以 Sub-drawing 的方式来复制线。这个操作属于 Cadence 高阶使用方法,这里不做讲述,有兴趣的读者可以关注我们的微信公众号"易元互连"。

DDR 部分和 CPU 出线可以一块复制线,PMU 和 PMI 也可以单独从其他板复制线,这样可以大大减少走线的工作量。

10.3.3　走线的优先级

走线开始后,并不是像程序执行那样从左到右,或从上到下的顺序来走线,一般走线的顺序是先难后易。难指的是 RF 阻抗线、MIPI、IQ、CLK 等线需要立体包地保护、隔离,还有比较粗的电源线;易指的是那些抗干扰、只要能连通就行的线。

以下是给出的参考走线顺序:

(1) CLK 线,指的是主时钟和实时时钟的 CLK,走出线后要做好保护。

(2) RF 部分,一般 RF 和 BB 区域不交叉的,优先处理好 RF,最好是两个工程师分工,一个处理 RF,一个处理 BB,两个工程师同时走线。

(3) 电源部分,优先处里 PMU,3 路大电源线要用粗线引出来,先占据好空间。

(4) IQ 线,属于 RF 部分,可以放在电源之后。

(5) MIPI 线处理时,先将 CPU 分别与摄像头、LCD 的 EMI 连起来,做好 GND 隔离,绕线不需要考虑。

(6) 处理 SIM、SD、WiFi 等 CPU 引出的线,从 CPU 开始向各个连接的设备连线,先连长线,最后处理短线。

10.3.4　重要线处理

走线结束后,每层都铺 GND,如果发现没有飞线,就可以开始优化走线了,重要线需要多次检查处理,按照下面步骤进行:

(1) RF 阻抗线内层包 GND 检查,包括每个 3~8 孔每层都要包 GND,而且不能有 L2 和 L9 的非 GND 线穿过这些 3~8 孔。

(2) RF 表层和内层阻抗线圆弧处理,将 45°角化为圆弧,减少信号反射。

(3) 电源线处理,检查电源线宽度和换层孔的数量,例如 PMU 的 3 路大电源,要求 3~8 孔的数量要不少于 7 个,并且一个大孔配合两个小孔换层。

(4) IQ 和 MIPI 线同层包 GND 检查。

(5) 天线参考层和走线宽度检查,还有馈点挖空区域面积和硬件、结构工程师确认。

(6) MIPI 等长处理。

10.3.5　检查连通性

连通性检查很重要,每次在出 Gerber 资料前,先进行 DB Doctor 操作,然后单击 Report 按钮以便检查出未连接的 Net。要形成习惯,随时单击 Display 按钮下的 Status

关注走线的状态,如图 10.18 所示。

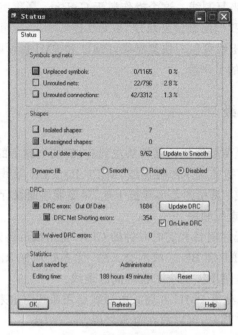

图 10.18　走线状态显示

10.4　小结

本章讲述了高通 SDM439 平台的实战操作,讲述的篇幅不长,但实践性很强,各部分都需要读者在走线的过程中去领会。走线是一个由生到熟,不断地重复、重复再重复的过程、一个区域需要 3～4 次预演走线,如果对结果不满意,全部删除重新走也很正常,必须有足够的耐心。

本章根据原理图讲述了时钟、射频、电源、MIPI、音频这五大系统,接着展示了全局的摆件,最后重点讲述了信号层规划、DDR 复制线、走线的优先级、重要线处理等内容。

10.5　习题

(1) 五大系统分别是什么?

(2) DDR 如何复制线?

(3) 如何更好地规划信号层? 如何确定 GND 和电源层?

(4) 10 层板一般有几层 GND?

(5) 说出走线的优先级及走线顺序。

(6) RF 线如何处理? 圆弧走线的好处是什么?

走线完成以后,EDA 工程师需要整理资料,然后将资料分别发送给 PCB 和 SMT 生产厂商,资料整理也很重要,每个文件的名字使用统一格式、版本,这样资料虽然多,但看起来整齐而不显得臃肿。整理资料的能力也是一个优秀 EDA 工程师必备的技能,因此,将整理资料作为单独的一个章节来讲述。

11.1　设计文件

PCB 文件在设计中会在同一目录下产生不同文件,这样很多 brd 文件混在这些文件夹中,很不容易寻找,也容易被误删掉。同时原理图修改,结构图修改和 EDA 工程师另存文件也会产生很多名字类似的文件,这样文件夹下文件很多并且很乱。

一个项目走线时间是很长的,建议每天的工作按日期建一个文件夹,如图 11.1 所示。为了防止 PCB 文件损坏,PCB 文件建议每隔 2h 另存一份,另存的 PCB 文件名字可以按项目名字_日期_时间来命名,这样只需要打开当日最新日期的最新时间命名的文件编辑即可。

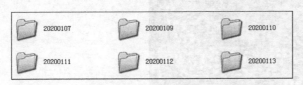

图 11.1　文件保存

最后,建立一个名字为"项目名_版本_设计文件"的文件夹,把最终的 dsn 和 brd 文件放入此文件夹,brd 文件可以按照"项目名_版本_end"来表示最终文件,这样便可以与其他过程中产生的 brd 文件区分开。

11.2　制板文件

文件制作完成以后,需要将资料发送给板厂,然后新建一个文件夹名字为"项目名_版本号_制板文件",把上述完成的 6 种资料,放入这个文件夹中即可。图 11.2 为一个制板资料包含的 6 个文件。

图 11.2　制板文件

最后,将制板文件压缩为一个 RAR 文件,通过邮件发送给板厂生产。

11.2.1　阻抗文件

PCB 中的某些线需要做阻抗控制,这就需要制作一个阻抗文件来具体说明阻抗值和参考层,一般有以下几种信号需要做阻抗控制:

(1) RF 的 TX 和 RX 线需要单根 $50 \times (1 \pm 10\%)\Omega$,或等差 $100 \times (1 \pm 10\%)\Omega$ 控制。

(2) MIPI、HDMI、LVDS 线需要等差 $100 \times (1 \pm 10\%)\Omega$ 控制。

(3) DDR 数据线需要单根 $50 \times (1 \pm 10\%)\Omega$,或等差 $100 \times (1 \pm 10\%)\Omega$ 控制。

(4) USB 2.0 需要等差 $90 \times (1 \pm 10\%)\Omega$ 控制,USB 3.0 需要等差 $85 \times (1 \pm 10\%)\Omega$ 控制。

(5) RS422、RS485、CAN 需要 $120 \times (1 \pm 10\%)\Omega$ 控制。

(6) PCI-E 总线需要等差 $85 \times (1 \pm 10\%)\Omega$ 控制。

具体方法一般是文字描述加图片,如图 11.3 所示。

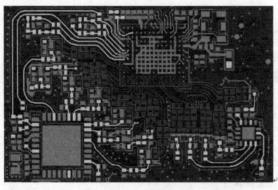

TOP层需要做差分阻抗控制,差分阻抗为100×(1±10%)Ω,参考层为L2

图 11.3　阻抗控制文件

阻抗文件根据个人需要,Word 或 Excel 格式都可以,只要能说明高亮线的位置、阻抗值和参考层就可以了。如果阻抗线特意使用了特殊的宽度,可以写出宽度的数值,这样更容易让板厂找到这些阻抗线。

11.2.2　制板说明

制板说明中,需要明确板子的厚度、孔径、孔种类、表面处理方式、加工误差、堆叠等信息,一般需要一个 Word 文档就可以了。图 11.4 为制板说明的格式。

WH001_V20_制板说明

- Total PCB thickness: $1.0 \times (1 \pm 10\%)$mm
- Layer   8

  Standardvias   1~2,2~3,3~6,6~7,7~8,1~8
- Minimum Hole dia. Standardvia   0.1mm
- Minimum track width: 0.042mm
- Minimum clearance: 0.042mm
- Track width tolerance: ± 0.05 mm
- Minimum clearance on innerlayer track to nonplated hole   0.1mm
- Structure/build: Symmetrical
- PCB dielectric const.:   FR4 4.6 (measured at 1 MHz)
- Core materials FR4 - Epoxi woven glass, flame retardant grade 4 sheet
- Prepreg materials 2125/1080 or 2116   See Material build-up
- Core Thickness   See Material build-up
- Plating   Imersion Gold
- Soldermask Thickness   Photopolymer liquid film, 5~50 μm
- Along breakaway section of the PCB, Copper may be used
- Along breakaway section of the PCB, balanced copper may be used
- Copper from edge of PCB   Maximum 0.25mm
- Vias with double side windows do not need plug holes, vias with single side windows need half plug holes, and vias without windows need full plug treatment

BUILD-UP

- The thickness of this board is 1.0mm,the buid-up is as follows:

Layer No.	sig/pln	Copper thk. before process (oz)	Construction	Finished thikness (um)	Tolerance	Dk (1GHz)
Customer Name:				Total Thickness: 1.0+/-0.10mm		
Customer P/N:				Measure from SM~SM		
S/M				20	+/-10	3
1	1/3			30	+/-5	
压合前：76+/-10.2 um			PP 1067X1(RC75%)	66	+/-12	3.5
2	1/3			20	+/-5	
压合前：76+/-10.2 um			PP 1067X1(RC75%)	66	+/-12	3.3
3	1/3			20	+/-5	
压合前：122+/-10.2 um			PP 2116X1(RC53%)	114	+/-22	3.3
4	H			15	+/-5	
5			Core	300	+/-40	3.6
	H			15	+/-5	
压合前：122+/-10.2 um			PP 2116X1(RC53%)	114	+/-22	3.3
6	1/3			20	+/-5	
压合前：76+/-10.2 um			PP 1067X1(RC75%)	66	+/-12	3.3
7	1/3			20	+/-5	
压合前：76+/-10.2 um			PP 1067X1(RC75%)	66	+/-12	3.5
8	1/3			30	+/-5	
S/M				20	+/-10	3
				1002		

- For impedance control,please refer to the file of WH001_V20_阻抗控制要求.doc；
- The soldermask and silkscreen are green and white。

图 11.4 制板说明

11.2.3   拼板文件

一般线路板单板尺寸小于 200mm 的，为了提高贴片效率，都会采用拼板的方式，板与板之间用邮票孔连接，拼板方式一般有正正（也叫 AA）拼板和正反（又称 AB、阴阳和鸳鸯）拼板，两种拼板方式各有优缺点，根据公司需要选择使用。拼板文件名字为"项目名_版本_PBT"，PBT 代表拼板图的中文拼音首字母缩写。

拼板文件一般由结构工程师用 AutoCAD 绘制，然后保存为 DXF 文件。拼板时要和 PCB 文件对照检查一下，一般检查以下几处：

（1）板厂的铣刀直径最小是 1.8mm 的，因此拼板间距要大于 1.8mm，这里就取了个整数为 2.0mm。

（2）邮票孔不能在壳料卡扣、元器件切入板边的地方，这样分板后留有毛刺，会导致安装时出现问题。

（3）工艺边保留 4～5mm，可以在工艺边上加定位孔和定位基准点。

（4）拼板数量根据板厚、单板尺寸确定，板子太薄，拼板个数不宜太多，否则贴片时板子容易翘起。

（5）邮票孔不宜太多，而且需要采用外切板边，这样不会对板子内走线造成损伤。

拼板中板与板间的连接一般使用邮票孔、V-CUT 和锣边，V-CUT 也称 V 型槽，成本比较高，一般大型板厂才有这种加工设备，锣边必须要分板机来分板，手工分板容易对板边的线造成损伤。因此，手机板大多使用邮票孔方式来连接。

邮票孔是在板与板之间使用一定间距的孔进行密集钻孔，分板后外形像邮票边缘的半孔而得名，如图 11.5 所示。

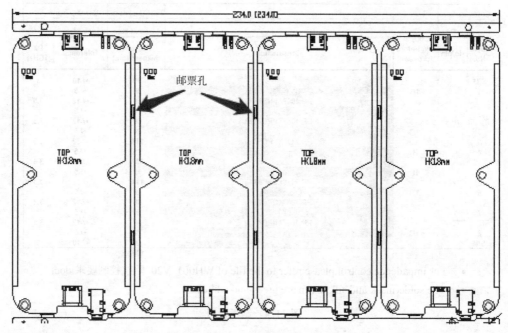

图 11.5   拼板文件

11.2.4 GERBER 文件

GERBER 文件是 PCB 文件生成的 art、drl 等一系列的底片文件,检查文件数量是否缺失,如果缺少某一层就不能生产,然后放入 GERBER 文件夹内。

11.2.5 IPC 文件

因为 GERBER 文件只是一个图片,没有网络信息,不利于 PCB 厂家来进行资料的二次检查——Open/Short 测试,所以需要专门出一个 IPC 文件给板厂。

打开 PCB 文件,选择 File→Export→IPC 356 选项,如图 11.6 所示,然后单击 Export 按钮,就可以自动在 brd 文件同目录下生成一个 WH001_V20.IPC 文件。

图 11.6 IPC 文件

11.2.6 ODB 文件

ODB++文件是 Valor 公司提出的一种双向传输的 ASCII 码文件,GERBER 文件只是每层走线的图片,没有网络的信息。IPC 文件有网络信息,但没有图形信息,而 ODB++文件正好集合了 GERBER 文件和 IPC 文件的所有信息。同时 IPC 文件在做 Open/Short 测试时误报的概率比较高,使用 ODB++文件测试,测试结果的准确度高些。

新手 EDA 工程师对 ODB++文件不了解,更不知道如何输出 ODB++文件,下面就介绍一下输出 ODB++文件的方法:

(1) 首先要安装 odb_inside 文件,使用图 11.7 所示的 odb_inside_install.nt.v76.exe 文件,有需要这个 Valor 公司插件程序的读者请在公众号留言,如图 11.7 所示。

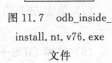

图 11.7 odb_inside_install.nt.v76.exe 文件

(2) PCB 文件要保证自身名字和父目录没有汉字、空格和小数点等非法字符,选择 Tools→Database Check 选项,对 PCB 文件做 DBDoctor 操作。

(3) 选择 File→Export→ODB++inside 选项,首先根据 techfile,输出板层信息,如

图 11.8 所示。

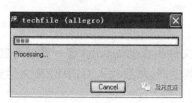

图 11.8 板层输出

（4）在出现的界面中设置 ODB 文件，需要选中 GZIP，如图 11.9 所示，这样输出的数据便会自动压缩成一个文件，如果 PCB 文件或父目录有非法字符，就会在 Path 中出现乱码，这样就会导致输出失败。

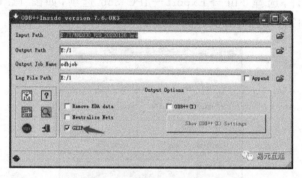

图 11.9 输出 ODB 文件设置

（5）单击 ODB 图标，出现对话框，如图 11.10 所示。

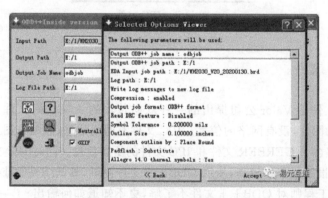

图 11.10 ODB 文件输出

（6）单击 Accept 按钮，开始输出文件，最后需要等待窗口出现成功的信息，如图 11.11 所示。

（7）单击左下角的 VUV 图标，可以生成 View 的 ODB＋＋文件信息，如图 11.12 所示。

（8）关掉 ODB＋＋输出界面后，可以看到在输出路径下生成了一个 odbjob. tgz 文件，这个文件可以用 CAM350、Valor 或 Genesis2000 打开，把这个文件放入 ODB 的文件夹内，如图 11.13 所示。

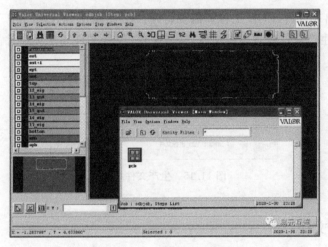

图 11.11 输出成功

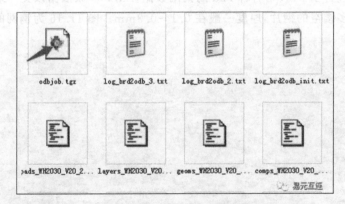

图 11.12 View ODB 文件

图 11.13 ODB 文件生成路径

（9）odbjob. tgz 文件通过解压缩文件打开，可以看到包含有很多文件夹在里面，如图 11.14 所示。

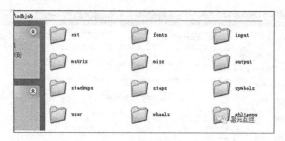

图 11.14   ODB 文件夹结构

11.3   生产文件

PCB 制作出来以后,EDA 工程师需要将生产文件发送给 SMT 工厂,厂家根据资料进行贴片,一般生产文件包含钢网文件、夹具文件、位号文件和坐标文件。图 11.15 为生产文件的结构。

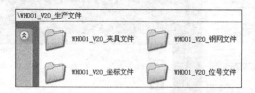

图 11.15   生产文件结构

11.3.1   钢网文件

钢网文件包含了 PCB 中各种 Pad 的钢网数据,SMT 厂家依据该文件来制作钢网,钢网是一张有很多镂空的钢片,厚度一般在 0.1~0.3mm。图 11.16 为钢网的截图。

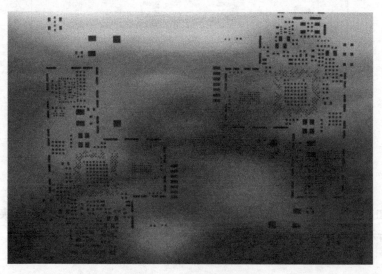

图 11.16   SMT 激光钢网

钢网文件一般是拼板的,直接向 PCB 厂家索要工作文稿即可,有些不需要开钢网的,例如压接式的发动机、话筒、天线馈点、测试点和锅仔按键等,就需要出 Gerber 文件时在 Paste 文件内去除,有的是在位号图文件中将这些元器件打叉进行标记处理,由 SMT 厂家来去除这些镂空点。

EDA 工程师也可以自己操作,要把厂家提供的拼板钢网导入 CAM350 中删除掉不需要钢网的一些 Pin,删除前要和 BB、RF 工程师做好确认。这个涉及 CAM350 的使用,由于篇幅有限,在这里不做过多讲解,有兴趣的读者,可以关注我们的公众号,联系笔者进行学习。

有一些板厂需要 Mark 点的位置信息来调试机器,PCB 中的 4 个 Mark 点虽然不上焊锡,也建议保留下。确认钢网文件正确后,把 TOP 和 BOTTOM 两面的钢网文件放入钢网的文件夹里。钢网文件的格式不定,有 txt、art 等很多种,还有无扩展名的钢网文件。

11.3.2 夹具文件

从产品设计到大批量生产一般要经历以下 3 个阶段:

1. EVT——Engineering Verification Test,工程验证测试

根据制板资料做 30 套(PCS)的 PCB 光板,然后贴片验证产品的电路功能,习惯称为试产,一般由 BB 和 RF 工程师调通电路,然后交给测试工程师,因为是初期的功能验证测试,出现的问题会比较多,可能会反复做 N 次这样的试产。

2. DVT——Design Verification Test,设计验证测试

验证产品的外观测试、模具、射频、音频、基带性能,此时产品已经成型。

3. PVT——Design Verification Test,小批量过程验证测试

验证新机器的各种功能实现、稳定性和可靠性。

进入 PVT 阶段后,生产厂家会利用 PCB 中的测试点来制作夹具(也称治具),以此提高产品的生产效率。EDA 工程师根据 PCB 资料导出一个 DXF 格式的文件,在文件中会有各种测试点的坐标位置信息,厂家根据各个测试点的位置制作出符合生产需要的测试夹具。

厂家制作夹具就必须知道线路板上每个焊点的坐标信息和丝印信息,因此需要导出线路板的 DXF 文件,信息包括元器件 Pin 外形、外形丝印、漏铜区域、屏蔽罩、板框。生成的 DXF 文件,按照 TOP 和 BOTTOM 面规范命名,放入夹具文件夹内,如图 11.17 所示。

11.3.3 位号文件

位号图文件是告知 SMT 厂家,每个焊点贴片元器件的位号。图 11.18 为位号文件的局部图纸,一般包含位号、方向等信息。

图 11.17　夹具文件结构

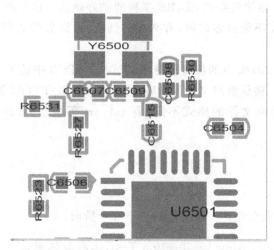

图 11.18　SMT 位号文件

从图 11.18 中可以看到,位号一般正中放置在元器件的中心,而且旋转方向保持与元器件摆放方向相同,同时焊盘的颜色要在位号的下层。

首先关闭所有层,只打开 Pin/Top、Board Geometry/Outline、Board Geometry/Silkscreen_Top、Package Geometry/Silkscreen_Top、Package Geometry/Assembly_Top 和 RefDes/Silkscreen_ Top,同时把 RefDes/Silkscreen_ Top 层放置最上层显示,如图 11.19 所示。

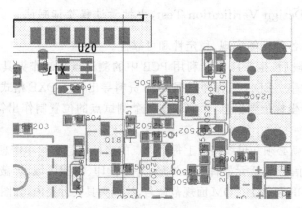

图 11.19　位号显示

可以看到位号显示非常凌乱,必须手动调整一下 Text 的大小和方向,在这里引入一个 Skill 的小程序来自动对应 Text 的方向和坐标。这个 Skill 包括菜单更改都会整体共享给本书的读者们免费使用。

打开"上海卫红工具箱"→"丝印工具"→"自动旋转位号",然后选中所有的 RefDes 后单击完成,这样就可以看到 RefDes 自动旋转并和元器件方向一致了。打开"我的工具"→"丝印工具"→"自动位号归中",选择所有器件,这样就可以看到 RefDes 被自动移动到元器件中心了,统一用 Change 命令,更改一下 RefDes 的字体尺寸即可。最后看一下如果有丝印重叠,则手动移开就可以了。

单击主菜单 File→Plot Setup 选项,如图 11.20 所示。

设置不再多说,和平常打印机设置相似,另外 PCB 中 Bottom 是镜像看的,所以在做 Bottom 的位号图文件时,Plot Orientation 要选中 Mirror 项。

切换至 Windows 选项卡,如图 11.21 所示。位号图是 PDF 格式的文件,如果 SMT 厂家要求文档必须拥有通过搜索位号找到元器件的功能,Non-vectorized text 项必须选中,否则 PDF 只是一张图片,无法进行搜索,Font height 和 Font width 可以根据打印结果进行修改。

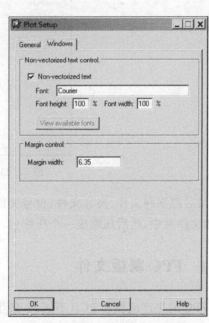

图 11.20　打印设置　　　　　　　图 11.21　字体设置

设置完成以后,直接单击主菜单 File→Plot 选项,使用 PDF 虚拟打印机打印出 PDF 文件,命名为"项目_版本_TOP"。

用同样的方法,做出 BOTTOM 面的位号文件,不同的是 Bottom 面需要 Mirror 显示,在图 11.20 中 Plot orientation 要选中 Mirror 项。

最后把两个文件规范命名,放入位号文件夹中,如图 11.22 所示。

图 11.22　位号文件结构

11.3.4　坐标文件

坐标文件包含了 PCB 中每个元器件的坐标位置,工程人员需要导入这个文件到贴片机中设置每个喂料器(Feeder)的下落坐标。有些 SMT 产线的计算机比较老,无法安装 Office,所以 Allegro 提供的位号文件是 txt 文本格式的。

单击主菜单 File→Export→Placement 选项,如图 11.23 所示,一般 Package Symbol 的原点就在中心位置,直接使用默认设置,然后单击 Export 按钮即可,可以看到在 PCB 文件同目录下生成了一个 place_txt.txt 文件,把这个文件直接改名为"项目名_版本_Placement"。

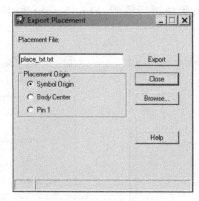

图 11.23　输出位号文件

最后把钢网文件、夹具文件、位号文件、坐标文件,放到新建的"项目名_版本_生产文件"的文件夹中,然后压缩成一个压缩包,发给 SMT 工厂就可以了。

11.4　FPC 制板文件

FPC 的生产流程和 PCB 不同,一般生产和贴片直接由 FPC 厂家来完成,所以只需要给 FPC 厂家一个制板文件资料包就可以了。

如图 11.24 所示,FPC 的制板资料包含 IPC 文件、ODB 文件、GERBER 文件、DXF 加工文件、阻抗文件、BOM 文件、位号文件和坐标文件,如图 11.24 所示。

图 11.24　FPC 制板文件结构

11.4.1 BOM 文件

BOM 文件是基带工程师提供的 Excel 格式文件,里面是贴片物料信息,包含物料位号图、料号和厂家信息,FPC 厂家根据 BOM 文件来购买贴片物料。

图 11.25 是 BOM 文件打开后的信息,这是 3 个按键的物料信息。

	A	B	C	D	E	F	G
	Item Number	Part Type	Description	Manufacture Part Num	Manufactur	Quantity	Part Reference
	1	CON	Light touch switch 3.0*2.0mm SMD	EVPAWCD4AT01	Panasonic	3	K1 K2 K3

图 11.25 BOM 文件

11.4.2 加工文件

加工文件是机构提供的 DXF 文件,一般是三视图格式,FPC 会有弯折区,通过贴胶固定在壳体上,这些信息要在 DXF 文件上体现出来,会标注板子的厚度、贴胶区、弯折区、补强区等信息,如图 11.26 所示。

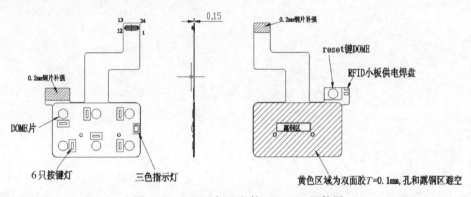

图 11.26 DXF 加工文件——FPC 组件图

接着同 PCB 生产资料一样,制作阻抗文件、位号文件、坐标文件,然后放到制板文件夹下就可以了。

11.5 小结

本章介绍了各种文件的制作,这个需要花费很多时间来完成,所以很多公司高层不重视 EDA 工程师,觉得 EDA 工程师和一个操作工一样,拉个线而已,线走通了,EDA 工程师也没啥事了,这种想法是不对的,走线虽然占据了大部分的时间,但只是 EDA 工程师工作的一部分,而不是全部工作。

本章介绍了设计文件、制板文件和生产文件的制作和归档方法,设计文件是发给公司 DCC 文控做留档保存的,制板文件是发给 PCB 厂家生产的,生产文件是发给 SMT 厂家贴片生产和测试的,每种文件对应不同的发送对象。

11.6 习题

(1) 生产文件包含哪些文件？如何对每个文件命名？

(2) 制板文件包含哪些文件？如何对每个文件命名？

(3) 拼板有几种方式？需要拼板的原因是什么？

(4) 钢网文件的作用和钢网的用途分别是什么？

(5) HDMI 和 USB 的阻抗值分别是多少？

在接下来的生产中，如果生产厂家有疑问，会以发送邮件的方式询问 EDA 工程师。下面就讲述一下工程确认和试产报告。

12.1　工程确认

制板文件发给板厂后，板厂一般在两天内会发一个工程确认的 EQ（Engineering Query）文件，文件格式为 Word 或 Excel 文件，如图 12.1 所示。

Item	Status	Date	Author	Type	Details	Suggestion
1		2019-08-16	JohanLu	Impedance PE general info	For the stack up information. 1. Not define the material type. 2. Not define solder mask ink type and exist two kind of solder mask thickness 3. Considering the material status, we want to change the dielectric thickness a little. 4. copper thickness tolerance is critical for us. 5. Exist two kind of board thickness：	1.We propose to use S1000(base material) and S1000E(prepreg) from Shengyi, which is halogen material（like other project）； 2 We suggest using Sun Chemical CAWN2619 for fabrication, We will control the SM thickness as 10~45um, Min5um on line edge. 3&4. Detial as attachment： 5. Base on current stack up adjust，We suggest control the board thickness 1.24+/-10%mm
2		2019-08-16	JohanLu	Impedance	For L5 exist impedance lines, the copper thickness is 35um．Base on this copper thickness，we can't change the width of impedance line meet the impedance value：	we suggest to change the impedance value： L5 ref L4&L6 from 50+/-10% ohm to 45+/-5 ohm L5 ref L4&L6 from 85/90/100+/-10% ohm to 80+/-8 ohm

图 12.1　工程确认

初次加工时，EQ 会列出 40～70 项问题描述，要求 EDA 工程师进行确认。下面依次说明 EQ 的主要确认点。

12.1.1　板材确认

板材确认是确认板子是否无卤、无铅及 TG 值大小的，TG 值越高，板材价格就越高。一般选择接受板厂建议的板材就可以了，如图 12.2 所示。

项目	问题描述	图示	我司建议	客户回复
Q1	此板贵司要求使用无卤素板材。		使用我司常规台光TG150无卤板材，请确认是否OK？	请选择： 客户建议:接受

图 12.2　板材材料确认

12.1.2　叠层确认

板厂根据总厚度和层数给出每层厚度的叠层建议,选择接受就可以了,如图 12.3 所示。

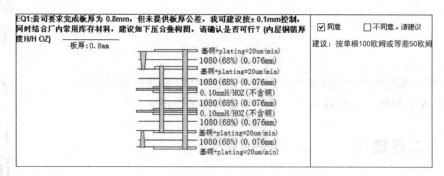

图 12.3　叠层确认

有些公司 PCB 设计完成后,做了电源和信号完整性仿真,可以在制板说明中提供仿真使用的板层堆叠给 PCB 厂家,让厂家按照该堆叠来生产就可以了。

12.1.3　阻抗线确认

板厂会根据叠层来调整阻抗线的宽度,一般实际生产出来的线的宽度和间距与 PCB 资料不一样,选择接受就可以了,如图 12.4 所示。

EQ4:按上图的叠构,由于客户提供的阻抗线宽,不能满足阻值控制需求,我司将对阻抗线宽做少许更改,请确认是否可行。(忽略参考层无屏蔽铜阻值偏差问题;不符合差分性质的仅调整线宽,线距不做调整;将阻抗线调整至最小2.5mil无法满足阻值要求的将阻值更改为94欧姆)

☑同意　　□不同意,请建议
建议:

阻抗控制层	阻抗类型	阻抗参考层	阻抗值(OHMS)	阻抗值控制范围	贵司原始线宽(mil)	贵司原始线距	调整后线宽(mil)	调整后线距(mil)	客户要求阻抗值
L1	特性	L2	50	±5	4		4.8		50
L8	特性	L7	50	±5	4		4.8		50
L4	特性	L3&L5	50	±5	4		2.9		50
L6	特性	L5&L7	50	±5	4		2.9		50
L2	特性	L1&L3	50	±5	4		2.5		50
L7	特性	L6&L8	50	±5	4		2.5		50

图 12.4　阻抗线的宽度和间距确认

建议阻抗线尽量宽点,这样板厂把线变细比较容易,而且不容易出问题。

12.1.4　绿油桥确认

板厂做出的绿油最窄为 0.17mm(有的是 8mil),如果焊盘之间的 Gap 小于 0.17mm,焊盘之间就无法做出绿油桥,我们知道绿油在板子上起到阻焊的作用,如果两个焊盘之间的区域没有绿油覆盖,那么焊接的时候,尤其手工焊接时很容易造成两个焊盘之间连锡。

如图12.5所示,焊盘之间的Gap为5.9075mil,小于8mil,板厂无法做出阻焊桥。有时板厂会向EDA工程师发来如下信息。

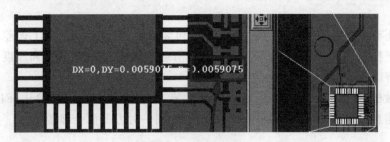

图12.5　绿油桥确认

此板要求做黑油,我司黑油需8mil才可做出阻焊桥,因此板部分SMD PAD之间的间距不足8mil。我司无法正常做出阻焊桥。

出现这种问题后,解决的方法一般有3种。

1. 两个焊盘整体开窗

中间不做绿油阻焊处理,如果是机器贴片,不做绿油阻焊桥也问题不大。

2. 削掉焊盘

保证做出绿油桥,建议选择这个。

3. 允许绿油上焊盘

强行做出绿油阻焊桥,虽然和上一条效果一样,但焊盘上绿油后,绿油是有厚度的,这样在贴片的时候,焊盘两边高,中间低,元器件的引脚就会被抬高,虚焊的风险很高,建议不这样选择。

12.1.5　塞孔确认

板子上的通孔会碰到两面都开窗的情况,尤其是焊点的孔,如果通孔孔径大于0.25mm,焊接时孔径内焊锡会因为重力流向另一面,如果另一面是锅仔片按键的漏铜区,焊接后在按键的漏铜区孔的周围会造成焊锡的堆积,影响按键的手感和灵敏度。

如图12.6所示,板厂会给出通孔处的图片,需要根据具体情况做出回复,该板子的通孔直径为0.15mm,对焊接无影响,可以直接接受板厂建议。

贵司Gerber中有部分Via孔双面开窗,对于类似孔我司无法确定如何处理!	附图4-1	双面开窗的Via孔从BOTTTOM面适当掏开窗做塞孔,允许成品孔边有轻微阻焊环,请确认!	请选择: 客户建议:无须塞孔焊接

图12.6　塞孔确认

12.1.6　其他

另外还有很多需要确认的信息,例如板子包装方式、板子外形的加工误差、板子四个角的圆弧半径等,FPC中也有很多需要确认的信息,例如使用胶的类型和厚度、使用压延铜还是电解铜等,这里不做过多列出。

首次做板时,板厂为了说明自家的生产工艺,会列出几十条工程确认,EDA工程师对于每条信息都需要详细看,然后给出答复,不要图一时方便而全部接受。

12.2　试产报告

试产报告是SMT厂家在贴完元器件后给出的一个报告书,试产报告大多是Excel格式的文件,在文件中会说明某个位号的贴片出现了什么问题,以及改善的方法。

12.2.1　焊盘与实物不符

这个在贴片问题中出现得最频繁,例如PCB上是0603的焊盘,但来料却是0402封装的,焊盘太大,贴上去后,元器件很容易漂移从而产生倾斜。

出现该问题的原因有很多,一般有以下几种原因。

1. 规格书描述与实物不符

EDA工程师一般根据厂家提供的规格书来设计元器件的封装,设计时并未拿到实际的物料做对照测量,厂家新生产物料时,也未及时更新规格书给客户,这样就造成了这种问题的出现。

2. 使用了替代料

BOM里提供的主料有时会出现买不到或供货周期长、价格高等原因,厂家在使用替代料时,只关心物料的数值,而忽略了封装兼容。

3. EDA工程师设计的封装有错误

例如同一种功能的芯片在一个规格书中有DIP8、SO8、SSOP8、TSSOP8或DFN8等很多种PCB封装形式,原理图的封装是一样的,并且在PCB上只能选择一种封装形式,如果硬件工程师和EDA工程师沟通不畅,并且各自选择了不同的元器件封装形式则会出现封装错误。

4. 来料原因

简单来说就是买错料了,不管是采购人员向厂家提供了错误的料号,还是厂家发错料,总归是来料错了,这个解决起来相对方便。

焊盘与实际物料不符时一般有两种解决方法,简单来说就是更改设计或者更换物料,这个要看具体的成本核算。

1. 更换物料

新物料的价格低还好解决问题,如果高了或者供货不好会提高采购成本。

2. 更改设计

又要重新设计板子、生产板子、贴片、测试,钢网和生产夹具也要重新做,这样成本也会很高。

这个要根据实际情况来确定使用哪个方案,如果量产的数量很小,更换物料所用的费用要小于重新试产一次的费用,就可以采用方案 1,直接采购替代料。如果量产的数量很大,物料降成本的需求很大,遇到这种情况就需要重新设计和试产了。

12.2.2 元器件包装方式

元器件出厂的包装方式一般有编带包装(Tape)、托盘包装(Tray)和管装(Tube)3 种方式,如图 12.7 所示,SMT 厂自动贴片时,首选 Tape 包装,其次选择 Tray 包装,Tube 包装的元器件在贴片时最麻烦,在设计时元器件尽量选用 Tape 包装的型号,这样会提高 SMT 生产效率和降低生产成本。元器件的包装方式一般在规格书中有说明,如图 12.8 所示,该规格书就写明了包装方式和每盘(Reel)的元器件个数。

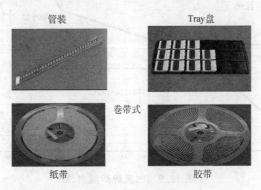

图 12.7 元器件包装方式

■ MURATA Part No. System								
(Ex.)	GRM	15	5	5C	1H	150	J	A01	D
	(1)L/W Dimensions	(2)T Dimensions	(3)Temperature Characteristics	(4)Rated Voltage	(5)Nominal Capacitance	(6)Capacitance Tolerance	(7)Murata's Control Code	(8)Packaging Code

■ Package		
(8)Code	Packaging	Packaging Unit
D	φ180mm Reel PAPER Tape W8P2	10000 pcs./Reel
W	φ180mm Reel PAPER Tape W8P1	20000 pcs./Reel
J	φ330mm Reel PAPER Tape W8P2	50000 pcs./Reel

图 12.8 元器件包装代码

试产时所需的每种物料的个数不多,包装方式也不规范,有时会遇到直接用塑料真空袋包装的散料,厂家在贴片时还要将这些物料手工放置到空的料带中,从而导致效率很低,还容易出错。因此碰到这种情况时,厂家会建议采购 Tape 包装的物料来提高效率和降低人力成本。

12.2.3 元器件干涉

这个问题也会经常碰到,有设计的问题,焊盘小,物料大,相邻的物料容易卡在一起了,也有的是板子突出部分太多,卡到工艺边上而导致翘起,这个问题一般需要修改设计来解决。

12.2.4 炉温曲线

报告结尾,SMT 厂家会给出此次焊接的炉温曲线,如图 12.9 所示,现在手机板上SMT 元器件占多数,少部分插件的波峰焊(Wave)也被回流焊(Reflow)所代替。

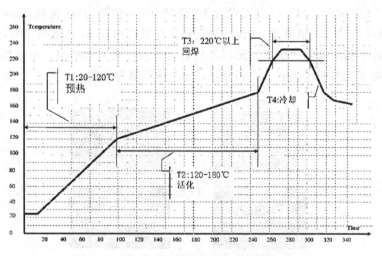

图 12.9　回流焊炉温曲线

12.3　小结

本章讲述了 PCB 厂家的工程确认和 SMT 厂家的试产报告,EDA 工程师需要时刻与厂家保持技术和生产上的沟通,了解厂家的生产工艺,这需要不断地日积月累。EDA 工程师对这些问题的处理方法需多积累经验,学习 DFM(Design For Manufacturability,可制造性设计)、DFA(Design For Assembly,可装配性设计)和 DFY(Design For Yield,量产性设计)方面的知识,通过工程确认和试产报告来不断完善和提高自己的技能。

12.4　习题

（1）EQ 是什么？EQ 一般的格式是什么？EQ 一般的发出时间是多少？

（2）绿油阻焊桥的最小宽度是多少？

（3）绿油上焊盘的风险是什么？

（4）通孔不塞孔会有什么问题？

（5）元器件出厂包装方式有几种？各种包装的英文名称是什么？

（6）焊接有哪两种方式？它们的英文名称是什么？

（7）焊盘与实物不符产生的原因是什么？责任人是谁？

第13章 信号完整性仿真和电源完整性仿真

走线完成以后，EDA 工程师需要整理相应的信号完整性和电源完整性部分的文件，然后将资料发送给平台厂商，由平台厂商来进行信号完整性和电源完整性仿真，并返回给 EDA 工程师相应的信号完整性和电源完整性报告及建议，这样 EDA 工程师可以有针对性地改动，并最终使 PCB 能够通过仿真。

13.1　信号完整性

对于手机产品而言，现在的 PCB 设计密度越来越大，信号种类也越来越多，那么在高速信号的传输过程中，由于高速信号的布线或者电源平面大小不足导致电源供电、信号线过长或者对层面的选择会存在一些困难等，这些问题都会导致电子产品设计失败或者系统稳定性不够，这样在手机极限工作的情况下可能会导致死机和重启等问题。

那么在 PCB 设计的过程中如何来避免这些问题发生呢？这就要求 PCB 工程师具备相关的经验，信号完整性就是信号从发送端芯片出来后，经过 PCB 上的传输线，在接收端能分辨并能判断出信号的高低电平。

信号完整性主要包括信号时序、信号质量和 EMI 这三方面内容。一般在仿真阶段主要对信号的质量进行相关的分析，信号质量包含反射、串扰、过冲和下冲等，这些是每一个信号完整性工程师必须了解的内容，还包含阻抗、眼图、误码率、损耗等。

13.1.1　信号完整性仿真文件提交

PCB 布线完毕后，PCB 工程师要针对性地优化 DDR 部分的电源及走线还有地的处理，使之能够达到仿真的要求，也就是处理好 DDR 部分的连接性和间距性问题，以及重要的数据线、时钟线和地址线的走线要求，例如包地、参考、间距等。优化完后如图 13.1～图 13.3 所示。

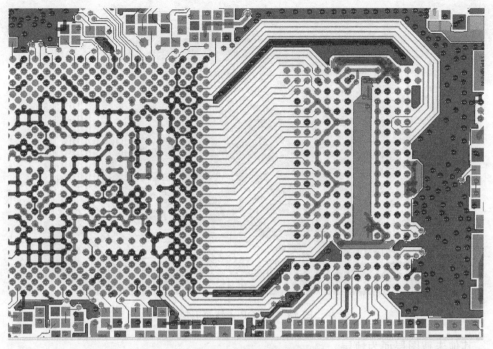

图 13.1 DDR 走线第一层

图 13.2 DDR 走线第三层

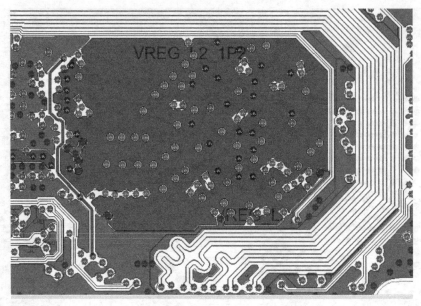

图 13.3　DDR 走线第五层

其他未截图层面为地层。

13.1.2　信号完整性仿真报告分析

如图 13.4 所示，这样的报告表明我们的 DDR 部分的信号完整性仿真都通过了。

SI Simulation Result					
Net Name		Spec & Result			PASS/FAIL
DQ	spec	LPDDR2 @ 533MHz		LPDDR3 @ 1200MHz（Pairwise Coupling）	
		farcross (9Hk) (dB)	nearcrosstalk (dB)	nearcrosstalk (dB)	
				<-27	
	Result				
DQS	spec	LPDDR2 @ 533MHz		LPDDR3 @ 1200MHz（Pairwise Coupling）	
		farcrosstalk (dB)	nearcrosstalk (dB)	nearcrosstalk (dB)	
				<-27	
	Result				
CA	spec	LPDDR2 @ 533GHz		LPDDR3 @ 1200MHz（Pairwise Coupling）	
		farcrosstalk (dB)	nearcrosstalk (dB)	nearcrosstalk (dB)	
				<-27	
	Result				
length control		|DQSx - DQSNx| ≤ 1mm			
		|CLKDP - CLKDM| ≤ 1mm			
		|DQS - DQ | ≤ 7mm			
		|CLK - CA | ≤ 7mm			

图 13.4　信号完整性报告

如图 13.5 所示报告,说明这个项目中的 EMMC、SDIO,以及 MIPI 部分仿真有问题,我们需要进行相应的优化。

Interface	Spec & Result (Next: Near Crosstalk)			PASS/FAIL
EMMC	spec	NEXT @ 200MHz(dB)		FAIL
		< -30		
	Result(Worst)	-29.3		
SDIO	spec	NEXT @ 208MHz(dB)		FAIL
		< -30		
	Result(Worst)	-25.5		
MIPI	Differential Impedance	80 ohm ≤ Z_diff ≤ 110 ohm		MDSI部分,走线～90mm,长度过长,有风险。MCSI0部分,位于L7上,差分阻抗～65ohm,不满足要求,且缺少屏蔽地线
	Length Control	Total length L ≤ 60mm		
		Intra Lane:|DATA_x_P - DATA_x_N|≤1.25mm		
		Inter Lane:|DATA - CLK|≤2.5mm		
LVDS	Differential Impedance	80 ohm ≤ Zdiff ≤ 110 ohm		PASS
	Length Control	Total length L ≤ 60mm		
		Intra Lane:|DATA_x_P - DATA_x_N|≤1.25mm		

图 13.5　信号完整性报告

13.1.3　根据信号完整性报告进行相应的优化

我们针对性地做一些优化,使 PCB 能够通过信号完整性仿真,如图 13.6 所示,我们需要在画圈处增加绕线,使 EMMC 满足时延需求。

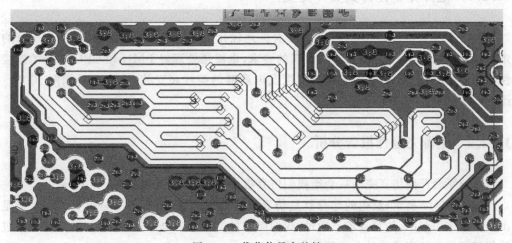

图 13.6　优化信号完整性

如图 13.7 所示,我们需要在箭头处增加包地,使时钟信号包地良好,从而避免被干扰。

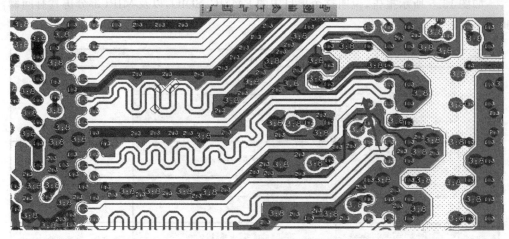

图 13.7　优化信号完整性

13.2　电源完整性

电源完整性是为手机线路板提供一个稳定可靠的电源分配系统,具体到特定的电源网络就是使此电源给用电芯片提供持续稳定的供电电源,并在芯片用电时控制电压的波动及噪声以满足设计的需求。

电源完整性设计一直存在于每个电子设计中,只是很多时候都没有引起工程师的重视,从而导致后期在手机成品测试中出现产品不良或者可靠性问题,所以在 PCB 完成后进行 PCB 后仿真来避免大部分电源完整性问题是很有必要的。

13.2.1　电源完整性仿真文件提交

PCB 布线完毕后,PCB 工程师要针对性地优化 PMU 部分的电源及到 CPU 部分的走线还有地的处理,使之能够达到仿真的要求,也就是处理好 PMU 和 CPU 部分的连接性和间距性错误,以及电源通路的宽度及电容群的摆放和安装,优化完后如图 13.8～图 13.11 所示。

13.2.2　电源完整性报告分析

一般平台厂商仿真完毕后会给我们仿真报告,如图 13.12 和图 13.13 所示。

如图 13.12 所示,红色的部分就是仿真没有通过的,这时候可能是由直流也可能是由交流阻抗引起的,如果直流不通过,我们需要加宽相应的电源走线,而如果交流不通过我们需要优化相应通路的电容群的安装。

如图 13.13 所示,因为此 VDD_VCORE2 交流阻抗仿真不通过,所以我们需要针对性地对它的电容进行优化,例如调整位置、打孔和连线的宽度等。

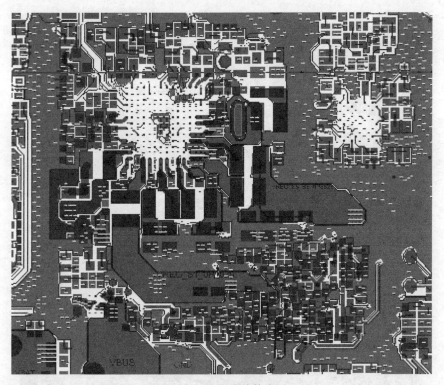

图 13.8　电源走线第十层

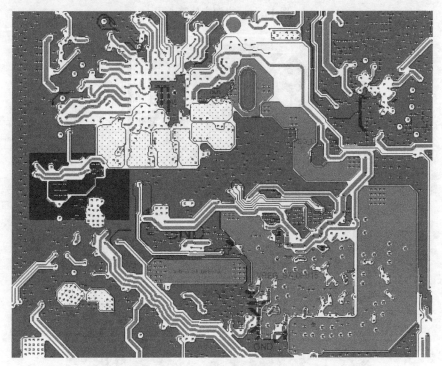

图 13.9　电源走线第九层

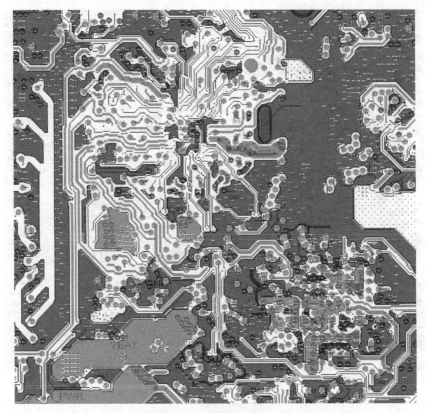

图 13.10　电源走线第八层

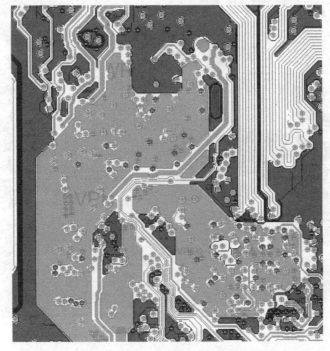

图 13.11　电源走线第七层

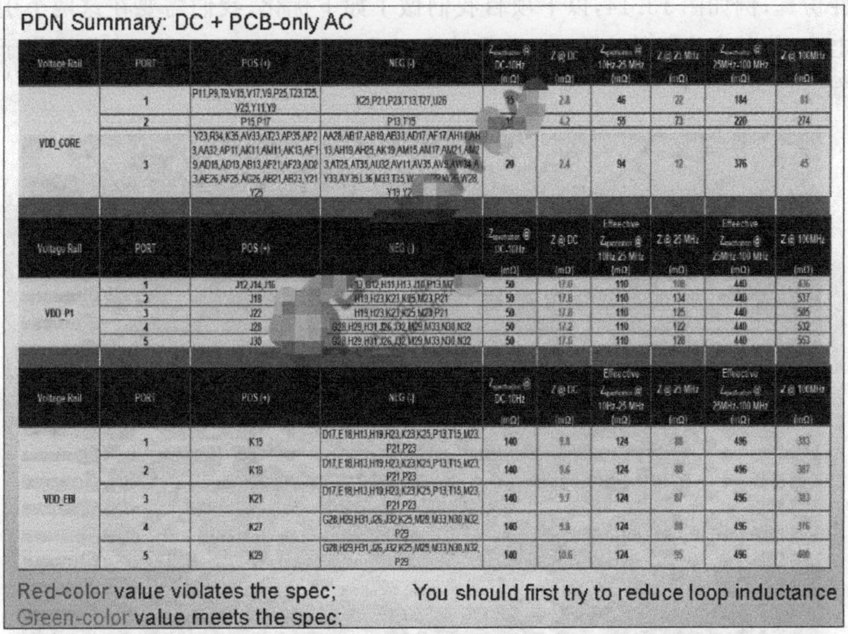

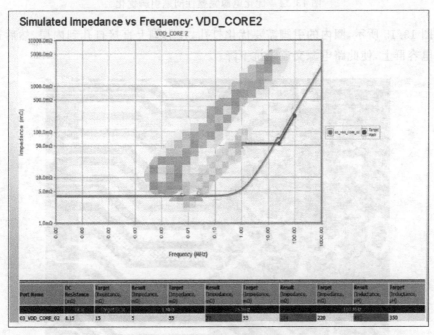

图 13.12 电源完整性仿真报告 1

图 13.13 电源完整性仿真报告 2

13.2.3 根据电源完整性报告优化 PCB 设计

接下来我们就需要针对以上仿真出现的问题,进行相应的优化,最终使 PCB 通过电源完整性仿真,例如图 13.14,以下项目我们做了如下优化,我们需要在这两个引脚的背面增加电容,使其交流阻抗变小,也就是使上一小节图 13.12 中红色的曲线位于蓝色的曲线上方。

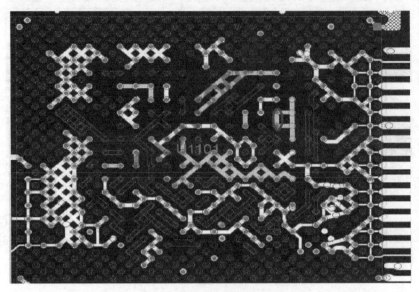

图 13.14　优化电源完整性问题引脚优化

如图 13.15 所示,圈内的引脚需要优化打孔,在引脚上直接打孔到内层,然后连接到反面的电容群上,使此路电源交流阻抗下降。

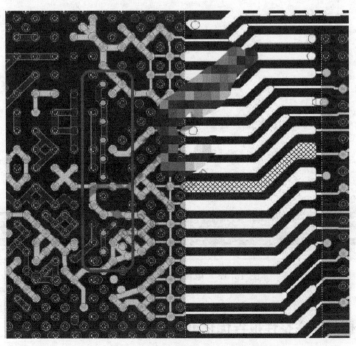

图 13.15　优化电源完整性问题引脚打孔

13.3 小结

本章介绍了信号完整性和电源完整性在实际项目中的仿真流程及具体操作。本章重点如下：

(1) 信号完整性和电源完整性的定义。

(2) 信号完整性和电源完整性的仿真提交。

(3) 信号完整性和电源完整性的报告分析。

(4) 信号完整性和电源完整性的优化。

13.4 习题

(1) 信号完整性是指什么？

(2) 电源完整性是指什么？

(3) 什么阶段需要提交信号完整性和电源完整性报告？

(4) 怎样的报告算是通过的？怎样的报告算是失败的？

(5) 优化信号完整性和电源完整性时主要采用哪些方面的措施？

附录 A 电子技术专业术语

1. 数电模电（Analog/Digital）

Semiconductor　半导体

Diode　二极管

Polarity　极性

Anode　正极

Cathode　负极

Schottky diode　肖特基二极管

LED(Light-Emitting Diode)　发光二极管

Transistor　晶体管

Collector　集电极

Base　基极

Emitter　发射极

Field-Effect Transistor　场效应管

Drain　漏极

Gate　栅极

Source　源极

MOSFET(Metal-Oxide-Semiconductor-Field-Effect)　金属氧化物半导体场效应管

Common-base　共基极

Common-emitter　共发射极

Common-collector　共集电极

IC Integrated Circuit　集成电路

Wafer　晶圆

Resistor　电阻

Capacitance　电容

Inductor　电感

Amplifier　放大器

Oscillator　振荡器

Filter　滤波器

Loudspeaker　扩音器

Switch　开关

Switching Circuit　开关电路

SHDN-Shutdown　关闭

Feedback Resistor　反馈电阻

Sensor Resistor　采样电路

Positive/Plus　正

Negative/Minus　负

DP(Difference Plus)　等差正

DM(Difference Minus)　等差负

Power　电源、功率

Charger　充电器

Charge　充电

LCD(Liquid Crystal Display)　液晶显示器

CTP(Capacitance Touch Panel)　电容触摸屏

HDMI(High Definition Multimedia Interface)　高清晰多媒体接口

SIM(Subscriber Identification Module)　用户身份识别卡

Key　按键

TP(Test Point)　测试点

Sensor　传感器

USB(Universal Serial Bus)　通用串行总线

MIPI(Mobile Industry Processor Interface)　移动产业处理器接口

PCI(Peripheral Component Interconnect)　周边元器件扩展结构

RJ45(Registered Jack 45)　信息插座

GPIO(General Purpose Input Output)　通用输入输出接口

Hole　孔

Current　电流

Voltage　电压

DC(Direct Current)　直流

AC(Alternating Current)　交流

CS(Current Sense)　电流采样

Vref(Voltage reference)　参考电压

V_{in}　输入电压

V_{out}　输出电压

BTB 或 B2B(Board To Board)　板对板的双排连接器

ZIF(Zero Insertion Force)　零插入力单排金手指连接,分为上压接、下压接和上下压接

VCC(Voltage Collector Circuit)　电路的供电电压

VDD(Voltage Drain Device)　元器件内部工作电压

VSS(Voltage Source Series)　公共连接端,一般是公共接地端

Transfer　转换

Verify　验证

Desktop Computer　台式计算机

Laptop Computer　便携式计算机

Tablet Computer　平板计算机

Mother/Main Board　主板

Daughter/Sub Board　副板

Stereo　立体的

Pixel　像素

Priority　优先级

Synchronous　同步

Asynchronous　异步

Register　寄存器

Current source　电流源

Network　网络

Kirchhoff's Current Law　基尔霍夫电流定律,并联电路电流之和等于整个回路的电流

Kirchhoff's Voltage Law　基尔霍夫电压定律

HLD-High Level Design　顶层设计

LLD-Low Level Design　底层设计

LNA-Low Noise Amplifier　低噪声放大器

CODEC(Code+Decode)　编码+解码

Layout Engineer PCB　设计工程师

Hardware/HW Engineer　硬件工程师

SI Engineer　信号完整性工程师

EMC Engineer　电磁兼容工程师

EMC(Electro Magnetic Compatibility)　电磁兼容(综合攻防能力,EMC=EMS+EMI)

EMS(Electro Magnetic Susceptibility)　电磁敏感度(攻击能力)

EMI(Electro Magnetic Interference)　电磁干扰(防御能力)

2. EDA

PCB(Printed Circuit Board)　印制电路板/线路板

EDA(Electronic Design Automation)　电路设计自动化

HDI(High Density Interconnector)　高密度互连

DFM(Design For Manufacture)　可制造性设计

DFT(Design For Test)　可测试性设计

SMT(Surface Mount Technology)　表面组装技术

PTH(Plate Through Hole) 镀锡孔

NPTH(No-Plate Through Hole) 非镀锡孔

Trace Intra-Pair Spacing 组内间距

Trace Inter-Pair Spacing 组间间距

Line 丝印类线,无电气连接属性

Cline 线路板上有电气连接属性的走线

Trace 走线

Etch 走线

Connect 连线

Via 过孔

Add Via 添加过孔

Fanout 扇出

Shape 铺铜

Polygon 多边形

Pin 元器件的焊脚

Layer 层

Loop 回路,环路

Stretch Slide 移动走线

Mirror 镜像

Oops 退回一步

Swap 交换

Void 避空

Rectangle 长方形

Square 正方形

Round/Circle 圆形

Slot 槽形

Octagon 八角形

Element 元素

Boundary 边界

Function Key 功能键

Plate 电镀

Rotate 旋转

Alphabetic 字母顺序的

Numberic 数字顺序的

Package 封装

Footprint PCB 封装类型

Substrate 基材

SST(Silkscreen Top) 顶层丝印层

SSB(Silkscreen Bottom) 底层丝印层

PMT(Pastemask Top)　顶层钢网层

PMB(Pastemask Bottom)　底层钢网层

SMT(Soldermask Top)　顶层阻焊层

SMB(Soldermask Bottom)　底层阻焊层

Recommand PCB LAYOUT 推荐的 PCB 封装尺寸

Least　最小

Nominal　标称

Most　最大,封装 L、N 和 M 3 种尺寸

Stencil　钢网

Reflow　回流焊

Wavesoldering　波峰焊

Pitch　引脚中心间距

Gap　间隙

Row　行

Row Pitch　行间距

Column　列

Column Pitch　列间距

Co-pad　两个焊盘叠加放置

Co-lay　两个元器件叠加放置

Breakout/Breakin　芯片内部的散出走线

Transmission Line　传输线

Differential Signals　差分走线

RF Radio Frequency　射频/无线电

SAW Filter(Surface Acoustic Wave Filter)　声表面滤波器

BALUN(Balance+Unbalance)　巴仑平衡不平衡滤波器

Description　描述

Geometry Height　元器件的高度

Manufactor　生产厂家

Manufactor Part　厂家号

Part Number　物料编号

Value　数值

Tolerance　精度/误差

Function　功能

PMIC(Power Manager IC)　电源管理芯片

PMU(Power Manager Unit)　电源管理单元

FEM(Front End Module)　射频前端模组

Decoupling　去耦

SMPS(Switch Mode Power Supply)　交换模式开关电源

Thermal Relief Connect　热焊盘连接

Battery　电池

TVS(Transient Voltage Suppressor)　瞬态(瞬变)电压抑制二极管

ESD(Electro Static Discharge)　静电释放

OVP(Over Voltage Protection)　过压保护

Audio　音频

Headphone/Earphone　耳机

REC(Receiver)　听筒

SPK(Speaker)　扬声器

MIC(Microphone)　话筒

EN(Enable)　使能信号

Ctrl(Control)　控制信号

RST(Reset)　复位信号

ID(Identity Document)　识别信号

INT(Interrupt)　中断信号

Detect　检测

SEL(Select)　选择信号

CS(Chip Select)　片选信号

FB(Feedback)　反馈信号

Measure　测量

Component　元器件

Library　库

Version　版本

BOM(Bill Of Material)　物料清单

Open/Short Check　开路/短路检测

DRC(Design Rule Check)　设计规则检查

Function Verification　功能验证

Layout Versus Schematic　原理图和PCB对照比对

Finished Thickness　完成的铜厚

Copper　铜箔

DDR SDRAM(Double Data Rate SDRAM)　双倍速率同步动态随机存储器

SDRAM(Synchronous Dynamic Random Access Memory)　同步动态随机存取存储器

SI(Signal Integrity)　信号完整性

Simulation　仿真

PI(Power Integrity)　电源完整性

PDN(Power Distribute Network)　电源分配网络

Length Matching　等长匹配

Frequency　频率

Period　周期

Layout Guide 布线指导书

Datasheet 规格书

Electrical Specification 电器特性

Signal 信号

Oscillator Amplifier 振荡放大器

TSX/TXC(Temperature Sensing Crystal) 带热敏电阻的晶体

Pull Up 上拉

Pull Down 下拉

3. SI

IBIS(Input/Output Buffer Informational Specification) 描述 IC 器件的输入、输出和 I/O Buffer 行为特性的文件

Transient Simulation 稳态模型,暂态仿真

Pulse 脉冲

V_{low} 低电平

V_{high} 高电平

Edge 信号的边沿

Linear 线性

Rise 上升沿

Fall 下降沿

Width 脉冲的宽度

Period 信号的周期

Delay 信号的延迟

Stop Time 仿真的停止时间

Max Time Step 仿真时一格的时间

Sweep 扫描

Sweeping Node 扫描点

Timing 时序

Fourier Analysis 傅里叶分析

SPICE(Simulation Program With Integrated Circuit Emphasis) 电路级模拟程序

PSpice(Picture SPICE) 具有图形输入的电路级模拟程序

Latency 传输(延迟)时间

Jitter 抖动

Parameter Simulation 参数仿真

Layout Parasitic Extraction 版图参数提取

KF(Knee Frequency) 截止频率

Characteristic Impedance 特性阻抗

Propagation Delay 传输延迟

Micro-Strip 微带线

Strip-Line　带状线

Reflection　反射

Over Shoot　过冲

Under Shoot　下冲

Termination　匹配

Crosstalk　串扰

Return Current　信号回流

Forward Crosstalk　前向串扰

Backward Crosstalk　后向串扰

Setup Time　建立时间

Hold Time　保持时间

Flight Time　飞行时间

Tco　信号在元器件内部的所有延迟总和,包含逻辑延迟和缓冲延迟

Buffer Delay　缓冲延迟

Jitter　时钟抖动

Skew　时钟偏移

Threshold　阈值

Simultaneous Switch Noise　同步开关噪声

Critical Length　临界长度

Slew Rate 电压转换速率

附录 B 常用PCB封装术语

BGA(Ball Grid Array)　球状引脚栅格阵列

FBGA(Fine-Pitch Ball Grid Array)　细间距球栅阵列

TBGA(Tie Ball Grid Array)　带状球形光栅阵列

WBGA(Windows-Ball Grid Array)　Windows-球状矩阵排列

PGA(PinGrid Array)　阵列引脚封装

LGA(Land Grid Array)　栅格阵列封装

DO(Diode)　二极管

TO(Transistor Out-line)　晶体管外形

DPAK(Democratic Patriotic Alliance of Kurdistan)　分立封装

SO(Small Outline)　小外形封装，同SOP

SOP(Small Outline Package)　小外形封装

SOJ(Small Outline J-leaded Package)　J形引脚小外形封装

SOI(Small Out-line I-leaded package)　I形引脚小外形封装

SOIC(Small Outline Integrated Chip)　小外形集成芯片

SSOP(Shrink Small Outline Package)　缩小的小外形封装

VSOP(Very Small Outline Package)　更小的小外形封装

VSSOP(Very Shrink Small Outline Package)　更缩小的小外形封装

TSOP(Thin Small Outline Package)　薄的小外形封装

TSSOP(Thin Shrink Small Outline Package)　薄小的小外形封装

MSOP(Mini Small Outline Package)　迷你小外形封装

SOT(Small Outline Transistor)　小外形晶体管

TSOT(Thin Small Outline Transistor)　薄型小外形晶体管

DIP(Dual In-line Package)　双列直插封装

CDIP(Ceramic Dual In-line Package)　陶瓷双列直插封装

ZIP(Z-leaded In-line Package Z)　形引脚的直插封装

SL-DIP(Slim Dual In-line Package)　窄型双列直插封装

PDIP(Plastic Dual In-Line Package)　塑料双列直插式封装

SDIP(Shrink Dual In-Line Package)　收缩的双列直插封装

DIC(Dual In-line Ceramic Package)　陶瓷双列直插封装

DTP(Dual Tape-carrier Package)　双侧引脚带载封装

DSO(Dual Small Out-line)　双侧引脚小外形封装

SIP(Single In-line Package)　单列直插式封装

SIMM(Single In-line Memory Module)　单列存储器组件

QUIP(Quad In-line Package)　四列直插封装

QIC(Quad In-line Ceramic)　四列直插陶瓷封装

DFN(Dual Flat No-lead package)　双边扁平无引脚

UTDFN(Ultra Thin Dual Flat No Lead)　超薄双边扁平无引脚

QTCP(Quad Tape Carrier Package)　四侧引脚带载封装

QFN(Quad Flat No-lead)　方形扁平无引脚

WQFN(Width Quad Flat No-lead)　宽的方形扁平无引脚

UQFN(Quad Flat No-lead)　超薄方形扁平无引脚

VQFN(Very-thin Quad Flat Non-Leaded Package)　超薄四方扁平无引线封装

DFP(Dual Flat Package)　双列扁平封装

QFP(Quad Flat Package)　方形扁平式封装

MQFP(Metric Quad Flat Package)　公制四方扁平封装

CQFP(Ceramic Quad Flat Package)　陶瓷方形扁平式封装

BQFP(Bumpered Quad Flat Package)　带缓冲垫的四侧引脚扁平封装

FQFP(Fine-pitch Quad Flat Package)　小引脚的方形扁平式封装

PQFP(Plastic Quad Flat Package)　塑料方块平面封装

LQFP(Low-profile Quad Flat Package)　薄型方形扁平式封装

TQFP(Thin Quad Flat Package)　薄塑封四角扁平封装

QFJ(Quad Flat J-lead Package)　四侧 J 形引脚扁平封装

QFI(Quad Flat I-lead Package)　四侧 I 形引脚扁平封装

QFH(Quad Flat High Package)　四侧引脚厚体扁平封装

LCC(Leadless Chip Carriers)　无引脚芯片封装

PLCC(Plastic Leaded Chip Carrier)　带引脚的塑料芯片载体

CLCC(Ceramic Leaded Chip Carrier)　带引脚的陶瓷芯片载体

JLCC(J-Leaded Chip Carrier)　J 形引脚芯片载体

图书资源支持

感谢您一直以来对清华大学出版社图书的支持和爱护。为了配合本书的使用，本书提供配套的资源，有需求的读者请扫描下方的"书圈"微信公众号二维码，在图书专区下载，也可以拨打电话或发送电子邮件咨询。

如果您在使用本书的过程中遇到了什么问题，或者有相关图书出版计划，也请您发邮件告诉我们，以便我们更好地为您服务。

我们的联系方式：

地　　址：北京市海淀区双清路学研大厦 A 座 701

邮　　编：100084

电　　话：010-83470236　010-83470237

资源下载：http://www.tup.com.cn

客服邮箱：tupjsj@vip.163.com

QQ：2301891038（请写明您的单位和姓名）

用微信扫一扫右边的二维码，即可关注清华大学出版社公众号。

教学资源·教学样书·新书信息

人工智能科学与技术
人工智能|电子通信|自动控制

资料下载·样书申请

书圈